The Ten Equations that Rule the World

And How You Can Use Them Too

David Sumpter

$$dX = hdt + f(X)dt + \sigma \cdot \epsilon_t \qquad h \cdot n \pm 1.96 \cdot \sigma \cdot \sqrt{n}$$

$$A \cdot \rho_\infty = \rho_\infty$$

世界を支配する人々だけが知っている10の方程式

$$-\frac{d(y-y_\theta)^2}{d\theta}$$

$$Q_{t+1} = (1-\alpha)Q_t + \alpha R_t$$

成功と権力を手にするための数学講座

デイヴィッド・サンプター
千葉敏生［訳］

光文社

$$P(S_{t+1}|S_t) = P(S_{t+1}|S_t, S_{t-1}, S_{t-2}, \ldots, S_1)$$

$$r_{x,y} = \frac{\sum_i (M_{i,x} - \overline{M_x})(M_{i,y} - \overline{M_y})}{\sqrt{\sum_i (M_{i,x} - \overline{M_x})^2 \sum_i (M_{i,y} - \overline{M_y})^2}}$$

$$P(\text{favourite wins}) = \frac{1}{1 + \alpha x^\beta}$$

$$P(M|D) = \frac{P(D|M) \cdot P(M)}{P(D|M) \cdot P(M) + P(D|M^c) \cdot P(M^c)}$$

世界を支配する人々だけが知っている10の方程式

——成功と権力を手にするための数学講座

目次

第2章 判断の数式 —— 状況を正しく理解する　59

第3章 信頼の数式 —— 統計的な正しさを計算する　95

第4章 スキルの数式

スポーツを科学する

147

第5章 影響力の数式

インフルエンサーを科学する

189

第6章 市場の数式　投資に成功する

第7章 広告の数式　消費者の嗜好パターンに訴える

第8章　報酬の数式　利益を最大化する　305

第9章　学習の数式　ネットのアルゴリズムを改善する　339

第10章 普遍の数式
絶対的な正しさを生み出す

はじめに

秘密結社TEN

成功の秘密を隠し持つ人たち

お金持ちになれる秘密の公式は存在するのか？　幸せになれる公式は？　人気者になれる公式は？　みるみる自信がみなぎり、正しい判断が下せる公式は？

世の中には、人生の成功の秘訣を説いた本なんて腐るほどある。あなたが近所の書店でこの本を立ち読みしているなら、またはオンライン書店の「試し読み」ボタンでこの本を読んでいるなら、本書もそんな本のひとつにすぎないと思っているだろう。

近藤麻理恵は片づけを、シェリル・サンドバーグはリーン・インを、ジョーダン・ピーターソンは背筋を伸ばして立つことを、ブレネー・ブラウンは弱みをさらけ出すことを勧めている。心を落ち着かせ、バカなことはせず、人のことなんか気にしないで、自己憐憫《れんびん》に浸《ひた》らず、最高の自分になれ……。朝は早く起き、ベッドを直し、未来を切り開き、やるべきことを減らし、記憶力を上げ、心を整理し、仕事を効率的に成し遂げ、意志力を最大化し、幸せの答えを見つけ、女性らしく考えて男性らしく行動せよ……。世の中は、恋愛の秘訣、お金持ちになるための科学、成功の青写真、自信をつけるための5つ（または8つ、12個）の法則であふれ返っている。挙げ句の果てには、「不可能な目標を必然へと変える」奇跡の方程式なんてものまである。

しかし、こうしたアドバイスはみな、ひとつのパラドックスを抱えている。物事がそんなに単純なら、望みどおりの人生を送る魔法のような公式が存在するなら、どうして自己啓発本やライフスタイル雑誌は、互いに正反対のメッセージで埋め尽くされているのだろう？　どうして人々を鼓舞するテレビ番組やＴＥＤトークは、やる気を奮い起こさせるメッセージの連続なのだろう？　なぜその魔法の方程式だけを述べ、いくつかの応用例を紹介して、自己啓発業界を蹴散らしてやらないのだろう？　数学的な公式や自明の理なんてものがあるなら、どうして余計な講釈なんて垂れずに、その「答え」だけを今すぐ教えてくれないのか？

人生の葛藤を解決するアイデアが増えるにつれて、たったひとつ（またはせいぜい数個）の成功の秘訣があると信じるのは、どんどん難しくなる。もしかすると、人生が投げかけてくる問題をたちどころに解決できる魔法のような方法なんて、本当は存在しないのでは？

私は、この本をお読みのみなさんに、別の可能性を考えてもらいたいと思っている。それが本書で探っていく可能性だ。本書では、その暗号の解読に成功した特別な人たちの物語を紹介していこうと思う。その集団のメンバーたちは、成功、人気、富、自信、判断力を与えてくれる計10個の数式を発見した。ほかの人々が答えを模索しつづけるところを横目に見ながら、彼らだけがその成功の秘密を隠し持っているのだ。

その集団、いうなれば秘密結社は、実は何世紀も前から存在する。その秘密結社のメンバーたちは、代々自分たちの知識を後世に伝えてきた。そんな彼らは行政、金融、学界、そして最近ではテクノロジー企業の世界で実権を握り、一般人に紛れて過ごしつつも、私たちにこっそりと力強い助言を送り、時には私たちを陰で操ってさえいる。一般の人々が心から手に入れたいと望む秘密を見つけ出し、裕福で、満ち足りた、自信満々な人生を送っている。

ダン・ブラウンの著書『ダ・ヴィンチ・コード』で、暗号解読官のソフィー・ヌヴーは、祖父の殺害に関する捜査中、とある数学的暗号を発見する。彼女との出会いを果たしたロバート・ラングドン教授は、ヌヴーの祖父が、黄金比$\phi \approx 1.618$というひとつの数字を通じて世界を理解する秘密結社「シオン修道会」の総長だったことを突き止める。

もちろん、『ダ・ヴィンチ・コード』はフィクションだけれど、私が本書で探っていく秘密結社は、ブラウンが記した秘密結社と共通する点が多い。その秘密は暗号で書かれていて、完全に理解できる者はほんの一握りのみ。そのメンバーは秘密の文字を使ってコミュニケーションを交わす。キリスト教にルーツを持ち、内部の倫理闘争や対立によって幾度となく分裂を繰り返してきた。ただ、このあとすぐにわかるとおり、シオン修道会とは重要な点で異なる。儀式らしき儀式がひとつもないのだ。だからこそ、その秘密結社は、シオン修道会と比べてはるかに目立たず、活動が世の中にずっと浸透しきっている。部外者には見えないも同然だからだ。

じゃあ、私がその秘密結社について知っているのはなぜなのかって？　答えは簡単。私もその一員だから。もう20年間、私はその活動にかかわり、中枢へと一歩ずつ近づいてきた。その秘密結社の成果について研究し、その数式を応用してきた。その暗号の知識がもたらす成功を、この目で見てきた。世界有数の大学で働き、33歳の誕生日を迎える前日に応用数学の正式な教授に任命された。生態学から、生物学、政治学、社会学にいたるまで、数々の分野で科学的問題を解決してきた。政府、金融、人工知能、スポーツ、ギャンブルといった分野内部の人々のコンサルタントを務めてきた。そして何より、私は今、満ち足りている。成功もそのひとつの理由ではあるけれど、最大の理由は、私が今まで学んできた秘密が、私自身の考え方を変えてくれたからだと信じている。これから紹介する10の数式は、私を人間的に成長させてくれた。広い視野と、ほかの人々の行動への深い理解を与えてくれたのだ。

その秘密結社の一員になったおかげで、自分と似た人々と知り合う機会ができた。アジアの賭博市場に勝算を見出《みいだ》した若きプロ・ギャンブラーのマリウスとヤン。マイクロ秒単位で計算を実行して株価の小さな非効率性から利益をかすめ取っているマーク。リオネル・メッシらがフィールドをどうコントロールしているのかを研究するサッカークラブ「バルセロナ」のデータ科学者たち。私たちのソーシャルメディアを管理し、未来の人工知能を築いているグーグル、フェイスブック、スナップチャット、ケンブリッジ・アナリティカの技術専門家たち。数式を利用して差別を検出し、政治的議論を理解し、世界をよりよい場所にしようと努力している研究者のモア・バーセル、ニコル・ニスベット、ヴィクトリア・スペイサーの仕事ぶりも間近で見てきたし、これからお話しする秘密結社のベースとなる暗号を発見した御年95歳の教授、サー・デイヴィッド・コックスのような先輩たちからも、いろいろなことを学んできた。

日常生活の疑問への答えを提供するTEN

さて、そんな彼らや私が属する秘密結社の名前を、いよいよ明かそう。その名も「TEN」だ。この名称は、この秘密結社の正式なメンバーになるために知っておかなければならない数式の「数」に基づいている。本書では、その秘密、つまり「10の数式」を、これからひとつずつ明かしていくつもりだ。

秘密結社TENが対処する問題は、どれも日常生活の難問ばかりだ。現在の仕事（や人間関係）にさっさと見切りをつけて、別のことを始めるべきか？　まわりの人たちのほうが自分よりも人気者だと感じてしまうのはなぜ？　人気者になるためにどれくらいの労力をかけるべきか？　ソーシャルメディアの情報の波にどう対処するのがベストなのか？　子どもに1日6時間も携帯電話とのにらめっこを許していいのか？　ネットフリックスのドラマ・シリーズを観ているとき、つまらなくても最低何話くらいまで観るのが正しいだろう？

これらは、秘密結社が解決してくれる問題とは思えないかもしれないが、要点はこうだ。これから紹介する10の数式は、些細なことから深いことまで、あなた個人に関することから社会全体に関することまで、いろいろな疑問の答えを提供してくれるのだ。たとえば、第3章で紹介する「信頼の数式」は、今の仕事をやめるべきかどうかの判断に役立つけれど、プロのギャンブラーが賭博市場で優位性を判断するのにも役立つし、人種やジェンダーに関する職場の目に見えないバイアスも明らかにする。第8章で論じる「報酬の数式」は、ソーシャルメディアが社会をティッピング・ポイント（転換点）へと追いやったこと、そしてそれが必ずしも悪いことではない理由を教えてくれる。大手インターネット企業は、こうした数式をどのように利用して、私たちに報酬や影響を与えたり、私たちを分類したりしているのだろう？　それを理解すれば、私たち自身や子どもたちのソーシャルメディア、ゲーム、広告の利用のしかたを改善することができる。

なぜこれらの数式が重要なのか？　すでにその数式を使っている人たちに、計り知れない成功をもたらしてきたからだ。第9章では、「学習の数式」を使ってユーチューブの視聴時間を2000％増加させたカリフォルニアの3人のエンジニアの物語を紹介する。「賭けの数式」「影響の数式」「市場の数式」「広告の数式」はそれぞれ、賭け、テクノロジー、金融、広告を変革し、一握りのTENのメンバーたちのために、何十億ドルという利益を生み出した。

本書で紹介する数式を学ぶにつれて、世界のより多くの側面の意味が、どんどん理解できてくるにちがいない。TENの視点で物事を見れば、巨大な問題は小さな問題に、小さな問題は些細な問題へと変わるのだ。

もちろん、手っ取り早い解決策ばかりを追おうとすると、その先には落とし穴が待っているものだ。TENの一員になるには、新しい考え方を学ばなければならない。TENでは、世界を「データ」「モデル」「ナンセンス」の3つのカテゴリーへと分類することが必要になる。

今日、TENがあまりにも大きな力を握る理由のひとつは、いまだかつてないほどの「データ」がこの世の中には存在するからだ。証券取引所や賭博市場の値動き。フェイスブックやインスタグラムが収集する顧客の嗜好、購買、行動に関する個人的データ。私たちの住まい、職業、子どもの学校、収入に関する政府機関のデータ。世論調査会社が収集して取りまとめる私たちの政治観や考え方。ツイッター、ブログ、ニュースサイト上に集められるニュースや意見。次々と記録・保存されていくフィールド上のスター選手の動き……。

こうしたデータの爆発的急増は、誰の目にも明らかだけれど、TENのメンバーが重視するのは、そのデータを説明する数学的「モデル」の特定だ。あなたにだって彼らと同じように、ほかの人々より少しだけ有利になるような形で、モデルを構築し、10の数式を使ってデータを管理し、活用するすべを身につけることができるのだ。

最後のカテゴリーは「ナンセンス」だ。私たちはナンセンスを見抜くすべを学ばなくてはならない。ナンセンスなことを言うのは、確かに楽しくて充実感があるし、誰だって少なからずナンセンスなことを言うものだけれど、TENのメンバーの考え方を身につけたいなら、ナンセンスはひとまず封印することだ。ナンセンスに遭遇したら、相手が誰であれ、「そんなのはナンセンスだ!」と叫ぶのがTENのメンバーの務めなのだ。本書では、ナンセンスを無視して、データやモデルに再注目する方法を紹介したいと思う。

本書は単なる自己啓発書ではないし、十戒《じっかい》でもない。すべきこととしてはならないことをまとめた戒律のリストでもない。本書には数式はあるけれど、レシピはない。314ページまで飛ばして、ネットフリックスのドラマ・シリーズを何話まで観るべきかを調べる、なんてわけにはいかない。

ルールやレシピは、私たちの恐怖を駆り立てる。その恐怖を利用する代わりに、本書では秘密結社TENの暗号がどう進化し、人類の過去250年間の歴史をどう形づくってきたのかを説明していこうと思う。その暗号を開発した数学者たちに学び、彼らの考え方の根底にある哲学を理解していくことがその目的だ。TENについて学ぶということは、裏返せば私たちの日々の固定観念の数々に疑問を投げかけるということでもある。「ポリティカル・コレクトネス〈政治的公正〉」といった言葉について考え直し、私たちが行なっている他者への判断を見直し、私たちが生み出すステレオタイプについて考え直すきっかけになるだろう。

本書はまた、道徳に関する物語でもある。なぜなら、秘密結社TENが世界に及ぼしてきた影響を調べもせずに、こんなにも多くの秘密を暴露するのはまちがっているからだ。もし一握りの人々が私たちを操れるとしたら、彼らがそうすることを選んだ動機を知っておく必要があるだろう。本書の物語は、私自身の人間性や行動を見つめ直し、TENとは善なのか悪なのか、未来の私たち自身のためにどういう道徳的ルールを設けるべきなのかを自問するきっかけになった。

スパイダーマンのおじは、みずからの力を次世代に受け継ぐとき、「おおいなる力には、おおいなる責任が伴う」と告げた。あまりにも絶大な影響力を持つTENの隠れたパワーには、必然的に、スパイダーマン・スーツが与えてくれるパワーよりもいっそう大きな責任が伴う。あなたはこれから、あなたの人生が変わるかもしれない秘密を学ぼうとしている。きっと、その秘密が私たちの住む世界に与えてきた影響について、考えずにはいられなくなるはずだ。

その暗号は、あまりにも長いあいだ、一部の人たちによって独占されてきた。さあこれから、みなさんとともに、その暗号についておおっぴらに語っていこう。

第１章

賭けの数式

ギャンブルに勝つ

$$P(\text{本命の勝利}) = \frac{1}{1+\alpha x^{\beta}}$$

ブックメーカーのオッズを破る数式

ホテルのロビーで、ヤンとマリウスと握手したときに抱いた第一印象は、大学の教え子たちとさほど年齢が変わらないな、というものだった。私がここへやってきた目的は、ふたりからギャンブルの世界についての知識をたくさん引き出すことだった。おそらく、向こうは向こうで、私から数学の情報を引っ張り出そうと企んでいたのだろうが。

ふたりとはオンラインのチャットで知り合ったのだが、直接会うのはそれが初めてだった。ふたりはサッカー賭博の専門家や情報屋とひとりずつ会い、翌年の賭博戦略を練るヨーロッパ周遊ツアーの一環として、飛行機でわざわざ私に会いに来てくれたのだ。そんなふたりの最終目的地が、私の地元であるスウェーデンのウプサラという街だった。

私たちがホテルを出る準備をしていると、マリウスが言った。

「ラップトップを持ってパブにでも行きませんか?」

「ああ、いいね」と私は答えた。

それは翌日から正式な仕事を始める前の、いわゆる「懇親会」みたいなものだったけれど、どんなにカジュアルな話し合いをするのにも、一種の「数値計算」が必要になることは、3人ともわかっていた。ラップトップをスタンバイさせておくことは必須条件だ。

サッカー賭博で成功するには、サッカーについての事細かな知識が必要になると思うかもしれない。各選手の調子、怪我の具合、さらにはインサイダー情報まで、微《び》に入《い》り細《さい》を穿《うが》った理解が必要だ、と。10年前なら確かにそうだったかもしれない。当時なら、試合をじっくりと観て、選手の身ぶりを観察し、1対1の状況でのパフォーマンスを確かめるだけでも、安易にお気に入りのホームチームに賭けるギャンブラーよりは優位に立てただろう。だが、今は違う。

ヤンは、サッカーには通り一遍の興味があるだけで、来《きた》る2018年ワールドカップで私たちが賭ける試合の大半はほとんど観るつもりもないくらいだった。

「唯一、ドイツの試合だけは楽しみですけどね」と彼は自信満々の笑顔で言った。

その日は開会式の夜だった。サッカーに興味があろうとなかろうと、地球上のほとんどの人が話題を避けては通れないイベントが幕を開けた。しかし、ヤンにとっては、自国のナショナル・チームへの興味を除けば、ブンデスリーガも、ノルウェーのティッペリーガエンも、ワールドカップも、もっと言えばテニスも競馬も、本質的な違いはなかった。ヤンやマリウスにとって、トーナメントやスポーツはどれも金儲けの機会のひとつにすぎなかった。そして、ふたりが私のところへやってきたのは、金儲けの機会を探してのことだった。

その数カ月前、私は自身のサッカー賭博モデルについての記事を発表した。[1] それはただの数学的モデルではなかった。プレミアリーグの2015-16シーズンが開幕したころ、私はひとつの数式を書き上げ、これでプレミアリーグの試合結果に関するブックメーカーのオッズを破れるだろうと予言した。実際、そうなった。

2018年5月の時点で、私のモデルはなんと1900%にのぼる利益を積み上げていた。つまり、2015年8月時点で、私のモデルに100ポンドを投資していたら、3年足らずで2000ポンドに増えていたわけだ。そのために必要なのは、何も考えずに、ただ私のモデルが提案するとおりの賭けをすることだった。

私の数式は、ピッチ上の出来事とはなんの関係もなかった。試合を観戦する必要はなかったし、どのチームがワールドカップで優勝するかなんてまるで関係なかった。たったひとつの数学的関数が、ブックメーカーのオッズを入力値として受け取り、過去のバイアスを考慮して微妙な調整を行ない、賭けるべき新しいオッズを提案してくれる。お金儲けに必要なことは、それですべてだった。

私は数式を完全に公開したので、私の数式は大きな注目を集めた。私はエコノミスト・グループのライフスタイル雑誌『1843』に詳細を発表し、BBC、CNBC、新聞、ソーシャルメディアのインタビューでその数式を紹介した。それはいわば公然の秘密だった。ヤンとマリウスがこうして私にたずねているのは、そのモデルについてのことだった。

「今でも優位性が残っているのはなぜだと思いますか?」とマリウスが訊いた。

ギャンブルの通貨は情報だ。あなたがほかの人々の知らない情報を握っていて、そいつがお金になるとしたら、絶対に避けるべきは情報漏洩だ。「優位性《エッジ》」という用語は、あなたがブックメーカーに対して握っている小さな情報面での優位を指す。優位性を守りたいなら、絶対に秘密を守ること。金儲けの計画が外部に漏れたとたん、誰かがその情報を悪用し、ブックメーカーはオッズを修正する。当然、あなたの優位性は一瞬で泡と消えてしまう。少なくとも、理論上は。でも、私はその逆のことを行なった。私の数式をみんなに知ってもらうべく、全力を尽くしたのだ。これほどおおっぴらにされていたにもかかわらず、私のモデルが機能したのはどうしてだろう？　マリウスの疑問はそこにあった。

マリウスの疑問への答えは、私のもとに毎日届く情報要求のメールやＤＭを読み返せばだいたいわかる。

「明日の試合はどこが勝つと思います？　あなたについての記事をいろいろと読んで、あなたを信じると決めました」

「どうしても起業資金を調達したくて。情報をくれれば、まちがいなくいい方向に進めると思うのですが」

「勝つのはクロアチアとデンマーク、どっちです？　個人的にはデンマークの気がするのですが、自信がなくて」

「イングランドの試合結果はどうなるでしょうね？　引き分け？」

こんな要求ばかりだ。

言いにくいけれど、こんなメッセージが届きつづけるかぎり私のモデルは安泰だろう、というのがマリウスの疑問への答えだ。私は自分の手法の限界について説明しているし、これは統計に基づく長期的な戦略だと口を酸っぱくして言っているのに、みんなの反応はといえば、「週末、アーセナルは勝ちますか？」とか、「サラーが出場しなかった場合、エジプトはグループステージを突破できるでしょうかね？」とかいうメッセージのオンパレードだ。

いや、もっとひどい人たちもいる。私にメールを送ってくる人々は少なくとも、数学的な答えやギャンブルのアドバイスを求めてインターネットを検索する程度の努力はしている。だが、なんの下調べもせずにギャンブルをする人はその何倍もいる。直感でギャンブルをする人。娯楽でギャンブルをする人。酔った勢いでギャンブルをする人。お金に困ってギャンブルをする人。そして、これは深刻なケースだが、やめるにやめられずギャンブルをする人。合算すると、私の方法論や似たような方法論を使っている情報通のギャンブラーたちの何倍もこういう人たちがいることになる。

「私のモデルが勝ちつづける理由は、みんなが賭けたがらない賭けを勧めるからだよ」と私はマリウスに説明した。「リヴァプールとチェルシーの試合で引き分けに賭けるとか、ちっぽけな倍率でマンチェスター・シティがハダースフィールドを破るのに賭けるのは、面白くないからね」。そう、利益を上げるには、それだけの時間と忍耐が必要なのだ。

ギャンブラーたちの戦略

その点、マリウスからの最初のメールは、一目でほかとは違うとわかる全体の1%のメッセージのひとつだった。彼はヤンと共同で開発した、賭博市場に潜む価値《バリュー》を発見するための自動システムについて切り出した。ふたりのアイデアとは、あるチームの真の勝率を必ずしも正しく反映しないオッズをつける〝甘口〟のブックメーカーが過半数を占める、という事実を逆手にとるものだった。

圧倒的大多数のギャンブラー（たぶん、私に情報要求のメッセージを送ってくる人たちは全員そうだろう）は、〝甘口〟のブックメーカーを使う。パディー・パワー、ラドブロークス、ウィリアムヒルといった大衆向けのブックメーカーや、レッドベットや888スポーツなどのより小規模なオンライン・ブックメーカーは、甘口の部類に入る。なるべく多くの顧客に参加を促すため、キャンペーンに力を入れてはいるけれど、スポーツの予想される試合結果を正しく反映したオッズをつけることには、あまり関心がないようだ。予想される試合結果に合わせてオッズを正確に調整するのを得意としているのが、ピナクルやマッチブックといった〝辛口〟のブックメーカーであり、残りの1%のギャンブラーたちの主戦場となっている。

ふたりのアイデアとは、これらの〝辛口〟のブックメーカーのオッズを用いて、〝甘口〟のブックメーカーからお金を搾り取るという方法だった。ふたりのシステムは、甘口か辛口かにかかわらず、全ブックメーカーのオッズを監視し、オッズの食い違いを探す。そして、甘口のブックメーカーのひとつが辛口のブックメーカーよりも高いオッズをつけていたら、まさにその甘口のブックメーカーで賭けるよう提案するわけだ。この戦略は的中を保証するわけではないけれど、辛口のブックメーカーのほうが相対的に正確なので、ふたりは何より大事な優位性を手に入れられる。数百回という長期的なスパンで見れば、甘口のブックメーカーに賭けつづけることでお金を儲けられるだろう。

ただ、ふたりのシステムにはひとつ限界があった。〝甘口〟のブックメーカーは勝ちつづけているギャンブラーを出禁にしてしまうのだ。誰をお客として受け入れるかを決めるのはブックメーカー側であり、ふたりのアカウントが利益を上げていると見るやいなや、ブックメーカーはアカウントを停止するだろう。ある日突然、「今後はお客様の賭け金の額を2・50ポンドまでに制限させていただきます」とかいうメッセージが送られてくるのだ。

ところが、ふたりはある反撃の方法を見つけた。システムの開発を終えると、購読《サブスク》サービスを始めたのである。月額料金を支払うと、購読者は甘口のブックメーカーで価値のある賭けを知らせるダイレクト・リンクを送ってもらえる。つまり、ヤンとマリウス自身はブックメーカーを出禁になったとしても、購読サービスのほうで利益を上げつづけられるわけだ。これは、全参加者にとってウィン・ウィンの状況だった。ブックメーカーを除けば、だが。副業ギャンブラーは長期的に儲かる情報が得られ、ヤンとマリウスは一定の分け前がもらえる。

私がそのパブでふたりと同じテーブルに座っていたのは、まさにそういう事情からだ。ふたりはデータの収集と自動的な賭けの技術をマスターしている。かたや、私はふたりの優位性をいっそう高める数式を開発している。私のプレミアリーグ・モデルは、甘口のブックメーカーだけでなく、辛口のブックメーカーさえも破ってみせたのだ。

その時点で、私は来るワールドカップでも自分に分《ぶ》があると確信していた。しかし、仮説の検証にはもっと多くのデータがいる。すると、私が自分のアイデアを説明し終えないうちに、ヤンがラップトップを開き、パブのＷｉＦｉへの接続を始めた。

「おそらく、予選のオッズと直近の８大国際トーナメントのオッズなら入手できると思います」とヤンは言った。「スクレイピング〔ウェブページを自動的にスキャンし、データをダウンロードすること〕用のコードがありますので」

パブを出るころには、計画を練り、その計画を実行に移すのに必要なデータを特定し終えていた。ヤンはホテルの自室に戻ると、コンピュータをセットアップし、一晩かけて過去のオッズのスクレイピングを始めた。

ビッグデータに基づくギャンブル

ヤンとマリウスはふたりとも、新種のプロ・ギャンブラーといっていい。コンピュータのプログラミングはできるし、データ取得のノウハウを知っていて、数学の知識もある。ふたりのようなタイプは、昔気質《かたぎ》のギャンブラーと比べて、一つひとつのスポーツよりもむしろ、数値のほうに興味を持っていることが多い。とはいえ、お金儲けにも同じくらい興味があって、しかもその能力に長《た》けている。

私が発見した賭けの優位性のおかげで、私はふたりのレーダーに捕捉《ほそく》され、ふたりのギャンブル・ネットワークの近傍《きんぼう》へと引き入れられた。しかし、私がパブで現在進行中のほかのプロジェクトについて訊いたときのふたりの答えは、慎重をきわめていた。そのことから察するに、私はまだふたりのクラブの正式なメンバーとは認められていないようだ。少なくとも、現時点ではまだ。私たちの開発しているシステムが完成したら、50ポンドくらいは賭けるつもりだ、と私が素人丸出しな台詞《せりふ》を言うと、鼻で嗤《わら》われる始末で、ふたりのほかのプロジェクトについては、小出しでしか情報を明かしてくれなかった。

しかし、実は、私にはもう少し心を開いてくれている接触者《コンタクト》がもうひとりいた。その人物は最近、スポーツ賭博業界を去ったばかりなのだが、素性《すじょう》や勤務先は明かさないという条件で（仮名をジェームズとしておこう）、喜んで自身の体験を話してくれた。

「正真正銘の優位性があるなら、どれだけすばやく儲けられるかは、どれだけすばやく賭けられるかにかかっているんだ」とジェームズは言った。

ジェームズの言い分を理解するため、まずは年間利益率3％の一般的な投資について考えてみよう。合計資金1000ポンドを投資すると、1年後には1030ポンドになる。30ポンドの利益だ。

さて次に、軍資金1000ポンドでギャンブルを行なうとし、ブックメーカーに対して3％の優位性があるとしよう。とはいえ、1回の賭けで全資金を危険にさらすわけにはいかない。そこで、まずは10ポンドを賭けることから始める。これならリスクはまあまあ少ない。毎回勝てるわけではないけれど、優位性が3%ということは、1回当たり10ポンドの賭け金に対して平均30ペンス儲かることになる〔100ペンスで1ポンド〕。つまり、1000ポンドの投資に対する利益率は、1回の賭け当たり0・03%だ。

30ポンドの利益を上げようと思ったら、10ポンドの賭けを100回繰り返さなければならない。ほとんどのギャンブラーは、年間100回、おおよそ週2回も賭けたりはしない。アマチュア・ギャンブラーにとって、これは酔いが覚めるような事実だ。そう、たとえブックメーカーに対して本当に優位であっても、お遊びのギャンブラーが1000ポンドの資本投資で大金を儲けることなんて期待できないのだ。

しかし、ジェームズが手を組む相手は、お遊びのギャンブラーではなかった。世界全体で見れば、1日当たりゆうに100試合を超えるサッカーの試合が行なわれている。ヤンは最近、1085種類のリーグのデータを丸ごとダウンロードした。これに、テニス、ラグビー、競馬など、この地球上で行なわれるすべてのスポーツを加えれば、賭けの機会は星の数ほどある。

ここで、ジェームズと彼の仲間がサッカー賭博で一定の優位性を握っていて、1年間毎日、その100試合に賭けるとしよう。また、利益が上がった場合は、持ち金に比例して賭け金を増やすものとする。たとえば、持ち金が1万ポンドまで増えたら毎回の賭け金は100ポンド、10万ポンドまで増えたら賭け金は1000ポンド、という具合に。さて、3%の優位性を持つギャンブラーの持ち金は、年末までにいくらになっていると思うだろうか？　1300ポンド？　3000ポンド？　1万3000ポンド？　31万ポンド？

いやいや、とんでもない。なんと、年末には5686万5593ポンド80ペンスになっているのだ。約5700万ポンドだ！　賭けるたびに持ち金は1・0003倍になるにすぎないけれど、3万6500回も賭ければ、指数関数的成長のもたらす効果によって、利益は急増していく。[2]

ただし、現実的には、このレベルの成長は実現できない。ジェームズや彼の元仲間たちが用いている辛口のブックメーカーは、甘口のブックメーカーよりは多額の賭けを認めているが、それでも上限はある。

「ロンドンのベッティング会社はあまりにも急成長して肥大化したので、今やブローカー経由で賭けざるをえなくなっている。もしその会社がある試合で特定の賭けをしているという噂が広まると、みんなが市場にドッと押し寄せて、彼らの優位性がいっぺんに消失してしまうからね」とジェームズは話した。

こうした制約にもかかわらず、数式を操るベッティング会社には、相変わらず大量の資金が流れ込んでくる。そのロンドン・オフィスのスタイリッシュな内装を見るだけでも、その成功の証《しるし》がありありと見て取れる。業界リーダーの一社である「フットボール・レーダー」の従業員は、無料の朝食から一日を始め、豪華なジムを楽しみ、休憩を取って卓球やプレイステーションに興じ、必要なコンピュータ機器は思いどおりに支給してもらえる。データ科学者やソフトウェア開発者は好きな時間に働いてよいと言われている。同社は、グーグルやフェイスブックと結びつけられることの多いクリエイティブな職場環境を提供していると自慢げに語っている。

フットボール・レーダーのふたつの主な競合企業である「スマートオッズ」と「スターリザード」もまた、ロンドンに拠点を置く。それぞれの会社を所有するマシュー・ベンハムとトニー・ブルームは、いずれも数値を操る技術を通じてキャリアを前進させてきた秀才といっていい。ベンハムは、オックスフォード大学時代、統計に基づくギャンブル活動を始めた。一方のブルームは、プロのポーカー・プレイヤーという異色の経歴を持つ。２００９年、ブルームとベンハムはそれぞれ、ブライトン・アンド・ホーヴ・アルビオンとブレントフォードFCというホームタウンのサッカークラブを買収した。ベンハムは一貫してブックメーカーに勝ちつづけると、こんどはブックメーカー自体を所有してしまうのがいちばんだと考え、辛口のブックメーカー「マッチブック」を資産に加えた。

ふたりはビッグデータを使って微小な優位性を見出し、結果として巨額の利益を上げたのである。

数式（1）の言っていること

本命チームがワールドカップの試合で勝利する確率に関して、私がヤンとマリウスに提案した優位性というのは、次の数式に基づいている。

$$P(\text{本命の勝利}) = \frac{1}{1+\alpha x^{\beta}} \quad \cdots\cdots (1)$$

ここで、xはブックメーカーの提示する本命勝利のオッズを表わす。ここでのオッズは、イギリスで一般的な形式で示してある。つまり、3対2または$x = 3/2$というオッズは、2ポンド賭けて的中すれば3ポンドが儲かるという意味だ。

数式（1）が実際に言わんとしているところを、詳しく見てみよう。まずは左辺の「P（本命の勝利）」についてだ。数学的モデルは、「勝ち」「負け」を絶対確実に予測できるものではない。代わりに、本命が勝利する確率、つまり「P（本命の勝利）」は、私がその結果に対して割り当てる確実性の度合いであり、0％から100％までの値を取る。

この確率は数式の右辺に代入する値によって変わる。右辺には3つの文字、ラテン文字のx、ギリシア文字のαとβがある。以前、私はある学生から、数学はラテン文字のxやyを扱うところまでは簡単なのに、ギリシア文字のαやβが出てくると急に難しくなる、と言われたことがある。数学者にとって、こういう意見はちょっと面白い。だって、αやβはただの記号であり、数学を簡単にしたり難しくしたりするわけではないからだ。たぶん冗談だったのだと思う。ただ、その学生は同時に重要な点も突いていた。数式にαやβが現われると、確かに数学的内容自体が難しくなる傾向にあるのだ。
だったら、まずはαやβなしで考えてみればいい。

$$P(\text{本命の勝利})=\frac{1}{1+x}$$

このほうがずっとわかりやすい。オッズが3|2（ヨーロッパ式オッズでは2・5倍〔日本の競馬などもこの方式〕、アメリカ式オッズでは＋150）の場合、本命が勝利する確率は、次のように計算される。

$$P(\text{本命の勝利})=\frac{1}{1+\frac{3}{2}}=\frac{2}{2+3}=\frac{2}{5}$$

実際、αとβを抜いたこの数式は、ブックメーカーの推定する本命勝利の確率を示している。要するに、本命に3|2（2・5倍）のオッズをつけたブックメーカーは、本命が2|5（40％）の確率で試合に勝利し、引き分けまたは負けに終わる確率は60％だと考えていることになる。

αとβを抜かすと（厳密には、$\alpha=1$, $\beta=1$と仮定すると、という言い方のほうが正しいのだが）、私の数式は比較的わかりやすくなる。でも、αとβなしでは、この数式でお金儲けはできないだろう。なぜか？　本命に1ポンドを賭けたらどうなるか、考えてみてほしい。ブックメーカーのオッズが正しいとすると、5回に2回の割合で1・50ポンドが儲かり、5回に3回の割合で1ポンドを損することになる。平均すると、儲けはこうなる。

$$\frac{2}{5}\times\frac{3}{2}+\frac{3}{5}\times(-1)=\frac{3}{5}-\frac{3}{5}=0$$

要するに、この数式からわかるのは、何度も何度も賭ければ、平均的な利益は0になると期待されるということだ。そう、ゼロ、零《れい》だ。いや、実際にはそれよりもずっと悪い。冒頭で、私はブックメーカーのオッズが公平だと仮定したけれど、[3] 現実には公平だなんてとんでもない。ブックメーカーは必ず、自分が有利になるようオッズを調整する。たとえば、3|2（2・5倍）の代わりに7|5（2・4倍）とかいうオッズを提示するはずだ。自分がどういう勝負をしているか理解していないと、ブックメーカーが必ず儲かり、ギャンブラーが必ず損するのは、この調整があるせいなのだ。本来3|2であるべきオッズが7|5だった場合、1回の賭けで平均4ペンス負けることになる。[4]

ブックメーカーに勝つ唯一の手段は、ブックメーカーの数値を見ることだ。そして、私たちがパブを去ったあと、ヤンのコンピュータが一晩じゅう費やしてかき集めていたのが、そのデータだった。コンピュータは予選も含め、2006年のドイツ大会以降のすべてのワールドカップや欧州選手権の試合のオッズや結果を収集した。朝、私たちは私の大学のオフィスの椅子に座り、そのなかに優位性を探しはじめた。

私たちはまず、そのデータをロードし、下のようなスプレッドシート内のデータに目をやった。

この過去の結果から、オッズがどれほど正確なのかがつかめる。そのためには、下のスプレッドシート・データの右側ふたつの列を比べればよい。たとえば、2014年ワールドカップのスペイン対オーストラリアの試合のオッズは、スペインが73％の確率で勝利すると予測していたが、実際そのとおりになった。これは〝よい〟予測と考えていいだろう。一方、コスタリカがイタリアを破る前のオッズは、イタリアが63％の確率で勝利すると予測していた。これは〝悪い〟予測と考えていい。

パラメータ値の設定

ここで〝よい〟とか〝悪い〟という単語を二重引用符で囲んだのは、別の比較対象がないかぎり、ある予測がよいとか悪いとか断定することはできないからだ。そこで、αとβの出番だ。これらの値を、数式（1）のパラメータという。パラメータとは、先ほどの数

本命	穴	本命勝利のオッズ（x）	ブックメーカーによる本命勝利の確率 $\frac{1}{1+x}$	本命は勝ったか？（「はい」=1、「いいえ」=0）
スペイン	オーストラリア	11/30	73%	1（勝ち）
イングランド	ウルグアイ	19/20	51%	0（負け）
スイス	ホンジュラス	13/25	66%	1（勝ち）
イタリア	コスタリカ	3/5	63%	0（負け）
⋮				

式をより正確にするために調整できる値のことだ。スペイン対オーストラリアの試合の最終的なオッズを変更することはできないし、ましてや二国間の試合結果に影響を及ぼすことなんて絶対にできないけれど、ブックメーカーよりも正確な予測をするために、αとβの値を選ぶことならできる。

最適なパラメータを探索するための手法のことを、ロジスティック回帰という。ロジスティック回帰の仕組みを思い描くため、まずはβの値を調整することで、スペイン対オーストラリアの試合結果の予測がどう改善するかを考えてみよう。$\beta = 1.2$とし、$\alpha = 1$のままとするとこうなる。

$$\frac{1}{1+\alpha x^{\beta}} = \frac{1}{1+(\frac{11}{30})^{1.2}} = 77\%$$

実際の結果はスペインの勝利なので、この77%という予測は、ブックメーカーの73%という予測よりは正確といえる。

ところが、ここでひとつ問題がある。βの値を増やすと、イングランドがウルグアイに勝利する予想確率も51%から52%に上がってしまうのだ。そして、2014年、イングランドはウルグアイに対して勝ちを逃した。この問題に対処するには、$\beta = 1.2$を保ったまま、もうひとつのパラメータを$\alpha = 1.1$に増やせばよい。すると、スペインがオーストラリアを破る確率は75%、イングランドがウルグアイを破る確率は49％と出る。αとβをともに1に設定した場合と比べて、両方の試合結果の予測が改善したことになる。

ここでは、パラメータαとβをたった1回だけ調整し、その結果をたったふたつの試合結果と比べたにすぎない。しかし、ヤンのデータセットには、2006年以降のワールドカップと欧州選手権の全284試合が含まれていた。人間にとっては、パラメータ値を繰り返し更新し、数式に代入して、予測が改善するかどうかを確かめるのは、いくら時間があっても足りない作業だ。が、コンピュータ・アルゴリズムを使ってその計算を実行するのはたやすい。そして、ロジスティック回帰が行なうのはまさにその計算だ（次頁の図1を参照）。αとβの値をシステマティックに調整していき、実際の試合結果にできるだけ近い予測を導き出すわけだ。

私はその計算を実行するため、Pythonというプログラミング言語でスクリプトを書いた。そして、「実行」ボタンを押し、私のコードが数値を計算するのを見守っていると、数秒で結果が出た。予測がいちばん正確になるのは、$\alpha = 1.16, \beta = 1.25$のときだった。

私はこの値にすぐさま釘付けになった。$\alpha = 1.16$と$\beta = 1.25$の両パラメータが1より大きいという事実は、オッズと試合結果とのあいだに複雑な関係があることを示していた。その関係を理解するには、先ほどのスプレッドシートに新しい列を追加して、私たちのロジスティック回帰モデルとブックメーカーの予測を比べてみるのがいちばんだろう。

これを見ると、スペインのような大本命に対しては、ベテラン・ギャンブラーが「大穴バイア

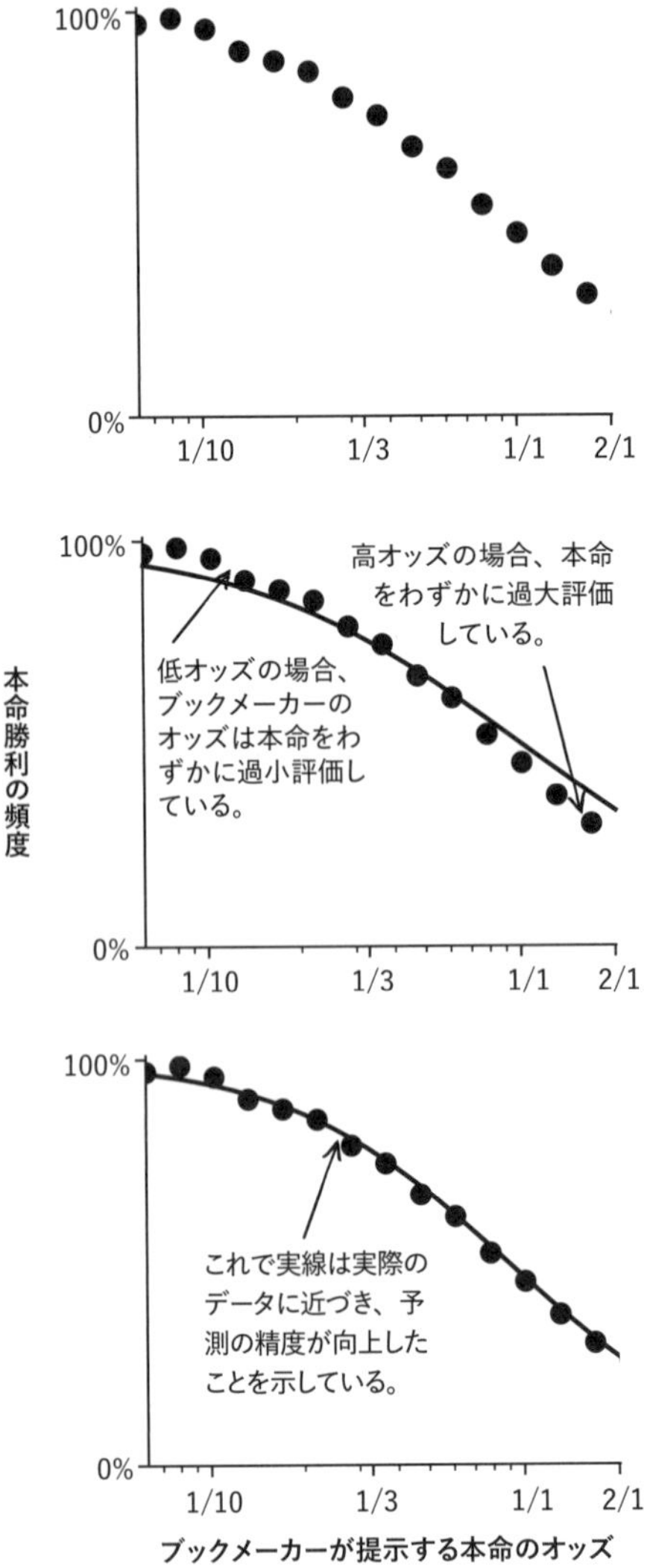

100%
0%
1/10
1/3

2/1
高オッズの場合、本命をわずかに過大評価している。
低オッズの場合、ブックメーカーのオッズは本命をわずかに過小評価している。
これで実線は実際のデータに近づき、予測の精度が向上したことを示している。
本命勝利の頻度
ブックメーカーが提示する本命のオッズ

まず、ブックメーカーのオッズに対して、勝利の頻度をプロットする。

ブックメーカーのオッズが完璧に正しければ、実線で示した数式

$$\frac{1}{1+x}$$

に従うはずである。

ロジスティック回帰を実行することで、結果をより正確に予測するモデルを見つけられる。この場合は次のとおり。

$$\frac{1}{1+1.16x^{1.25}}$$

図1：ロジスティック回帰がα=1.16, β=1.25と推定した方法の図解

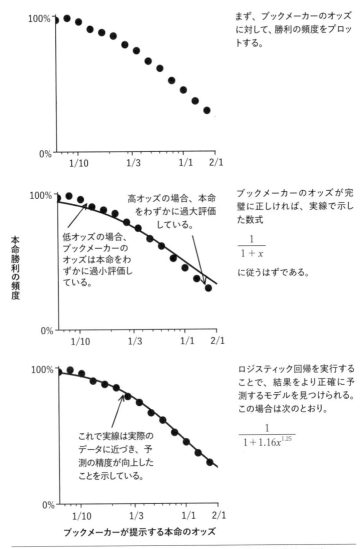

ス」と呼ぶ現象が存在することがわかる。こうした大本命チームは、ブックメーカーのオッズではたいてい過小評価されていたため、賭ける価値があった。一方、イングランドのようなまあまあの本命チームは、2014年には過大評価されていた。イングランドが勝利する確率は、オッズの示す確率よりも実際には低かったのだ。こうした予測とモデルの誤差はごくわずかだけれど、ヤン、マリウス、私の3人は、利益を上げるのには十分大きいことを知っていた。

こうして、私たちはワールドカップにごくわずかな優位性を発見したのだった。問題は、過去のトーナメントに存在していた優位性が、今回もまだ残っているのかどうかだ。しかし、それを見極めるため、多少の出費を負うことは覚悟していた。昼食の時間になると、私たちはいよいよ私の数式をもとにしたベッティング・システムを稼働させた。「実行」ボタンを押すと、ワールドカップの全試合に対して自動的に賭けが行なわれていった。

昼食後、3人で私の家に戻った。マリウスと私は地下の私の部屋に座って、ウルグアイ対エジプト戦を観戦した。そのあいだ、ヤン

本命	穴	本命勝利のオッズ(x)	ブックメーカーによる本命勝利の確率 $\frac{1}{1+x}$	ロジスティック回帰による本命勝利の確率 $\frac{1}{1+1.16x^{1.25}}$	本命は勝ったか？(「はい」=1、「いいえ」=0)
スペイン	オーストラリア	11/30	73%	75%	1(勝ち)
イングランド	ウルグアイ	19/20	51%	49%	0(負け)
スイス	ホンジュラス	13/25	66%	66%	1(勝ち)
イタリア	コスタリカ	3/5	63%	62%	0(負け)
⋮					

はラップトップを広げ、テニスのオッズをダウンロードしはじめた。

未来を確率的に考える

賭けの数式は、たったいちどのワールドカップや、あるいはブックメーカーでの金儲けのためだけのものではない。その真価は、確率や結果という観点でいやおうなく未来に直面させられる、という点にこそある。賭けの数式を使うということは、すなわち直感をいったん脇に置いておくということだ。それは、サッカーの試合、競馬、金融投資、面接、さらにはデートの結果を、100%の確度で予測できるという幻想を捨て去ることでもある。そう、未来に何が起こるかなんて、誰にもわからないのだ。

ほとんどの人は、未来の出来事がおおむね運によって決まるとなんとなく思っている。「明日は75%の確率で晴れるでしょう」という天気予報を見たあと、通勤中ににわか雨が降ったとしても、あまりびっくりしたりはしないはずだ。しかし、確率の内部に潜む小さな優位性を見つけ出すためには、もう一段階上の理解が必要なのだ。

ある結果があなたにとって大事だとしたら、その結果が実現する確率と実現しない確率、その両方についてきちんと考えることが大切だ。私は最近、4度にわたる数百万ドル規模の投資を集めて成長し、今では100人の従業員を抱えるまでに成長を遂げた新興企業《スタートアップ》のCEOと話をしたのだが、彼は自分自身や投資家に対して長期的な利益をもたらせる確率は、いまだに1割そこそこだと正直に認めてくれた。彼は全身全霊をかけて長時間労働に励みながらも、突然すべてが瓦《が》解《かい》する可能性をいつも覚悟しているのだという。

夢の仕事や生涯のパートナーを探しているときは、一つひとつの求人やデートの成功率がものすごく低いという事実を覚えておいたほうがいい。あなた自身ではコントロールできない要因は、必ずあるのだから。仕事の面接で落とされた人が、「たぶんほかの4人の候補者のなかに、すべてを完璧にこなした人がいたのだろう。そんな日もあるさ」と考えずに、「私のいったい何がまずかったのだろう?」と思い悩んでいるのを見て、胸が痛むことがよくある。でも、思い出してほしい。あなたが面接を受けるために建物に入った段階で、成功率は20%だったのだという事実を。同じような確率の面接に、5回くらい連続で失敗しないかぎり、結果にくよくよする理由なんてないのだ。[5]

面接と比べると、恋愛は数値化しづらいけれど、同じ確率的原理が成り立つ。理想の王子様や王女様が、出会い系アプリでの1回目のデートで見つかるなんて期待しちゃいけない。もちろん、34回も連続でフラれつづけたなら、ひとりで座ってしばらく作戦を練り直す必要があるだろうけど……。

確率がわかったら、それが投資額や潜在的な利益とどう関係するかを考えてみよう。確率的に考えよといっても、カルマやマインドフルネスがどうこうと言いたいのではない。先ほどの成功率1割のCEOは、次世代のUberやAirbnbになる可能性があるビジネス・アイデアを思い描いていた。100億ドル規模の企業に十分なりうるアイデアだ。100億ドルを10で割っても、まだ10億ドル。利益の期待値は巨大なのだ。

確率的に考えることの本質とは、あなたにとって不利になることも多い確率を、現実的に見つめることだ。競馬やサッカーでは、大穴は素人ギャンブラーによって過大評価されがちだけれど、実生活では、大穴は過小評価される傾向がある。人間は用心深く、リスクを嫌う生き物なのだ。でも、本当に楽しめる仕事や、心から愛せるパートナーを見つけたときの見返りは、無限大であることも忘れないでほしい。そう、目標を実現するためなら、どんなに大きなリスクだって冒す覚悟を持つべきなのだ。

賭けのシステムに数学が挑む

数学には努力と忍耐が必要だ。つい5分前、私は応用数学史上最高の傑作論文をひとつ読み終えた。文字どおり、10億ドルの値打ちがある論文だ。そして、私は初読で論文に書かれている数学の重要性を悟ったけれど、いざ数式のところまでたどり着くと、予想以上に内容が難しそうな印象を受けた。そこで、私は数式を飛ばし、細かい部分はあとで読もうと自分に言い聞かせて、面白そうな部分へと進んだ。

問題の論文とは、ウィリアム・ベンターの「コンピュータに基づく競馬のハンディキャップ設定および賭けのシステム —— その報告（Computer based horse race handicapping and wagering systems: a report)」だ。[6] この論文は一種のマニフェスト、いわば科学的な意思表明といえる。そして、その論文を著《あら》わしたのは、科学的な厳密さに取り憑かれ、みずからの仕事に完全な信頼を寄せる男、計画を実行する前に自身の計画を克明に記録すると決めた男、そして自分が勝つのは運ではなく数学的な確実性のおかげであるということを世界に示すと決意した男だった。

1980年代終盤、ウィリアム・ベンターは、香港の競馬市場を破る旅に出た。彼がこのプロジェクトを開始する前、高額のギャンブルはもっぱら博打《ばく》打《ち》ちのための活動だった。彼らはハッピーバレー競馬場や沙田《シャティン》競馬場、ロイヤル香港ジョッキークラブをうろついては、金魚のフンのごとく馬主、厩《きゅう》務《む》員《いん》、調教師たちから内部情報を集めようとする姿を目撃されていた。馬が朝食を食べたのかどうか、秘密で追加の調教を受けたのかどうかの情報を仕入れたり、騎手と仲良くなって、次のレースの戦略を聞き出したりしていたのである。

アメリカ人のベンターは、この世界では部外者だったけれど、内部情報を手に入れる別の方法を見つけた。それは、ジョッキークラブのオフィスにいつでも堂々と置かれていたのに、博打打ちたちが平然と見逃していた情報だった。競馬年鑑である。彼はその本を手に取ると、ふたりの事務員の手を借りて、競馬の結果をコンピュータに入力していった。すると、のちに彼が『ブルームバーグ・ビジネスウィーク』誌で語ったように、「飛躍の瞬間が訪れた」。彼はこれまたジョッキークラブが収集していた最終オッズを集め、デジタル化した。ベンターはそのオッズに、私がヤンやマリウスに見せたのと似たような手法を適用した。そう、賭けの数式を。その手法は、ギャンブラーや予想屋の予測の不正確さを発見するのに欠かせないものだった。

しかし、ベンターはそこで立ち止まらなかった。私が前のセクションで紹介した基本的な数式は、サッカーのオッズに潜む偏りを見つけるにすぎなかった。今、彼の論文を2回目、3回目と読み返してみて、ベンターがこれほど長期間、利益を上げつづけた方法がわかってきた。私自身のモデルでは、試合結果の予測に役立つ追加の要因を考慮していなかった。ところが、ベンターは競馬に関してもうひと頑張りした。彼のデータセットは急速に膨れ上がり、過去の実績、前回のレースからの経過時間、馬齢、騎手の貢献度、出走枠、現地の天気など、数々の要因を取り込んでいった。こうした要因の一つひとつが新たな項として賭けの方程式に加えられていった。詳細なデータを取り込めば取り込むほど、彼のロジスティック回帰の精度は上がり、それに伴って彼の予測の精度も上がった。5人年《にんねん》ぶんのデータを入力し終えると、彼のモデルはようやく完成した。彼はカジノでカードカウンティング〔ブラックジャックの数学的な必勝法〕を行なって調達した資金を元手に、いよいよハッピーバレー競馬場で賭けを始めたのだった。

ギャンブル開始からの2カ月間で、ベンターは50％もの投資利益を上げたが、そのまた2カ月後には利益が吹っ飛んでしまった。その後の2年間で、彼の利益は浮き沈みを繰り返し、時には100％近くまで達したかと思えば、またゼロまで落ち込む始末だった。本格的な利益が上がりはじめたのは、2年半が経過したころだ。利益は200％、300％、400％と指数関数的に積み上がり、彼が『ブルームバーグ・ビジネスウィーク』誌に語ったところによると、1990-

91シーズンには300万ドルもの利益が出たそうだ。[7] 同誌の推定によれば、その後の20年間で、ベンターや同様の手法を用いる数人のライバルたちは、香港の競馬場で10億ドル以上の利益をかき集めたという。

だが、ベンターの科学論文についていちばん驚くのは、その内容ではない。むしろ、論文を読んだ人の少なさだ。発表からの25年間で、ほかの科学論文に合計たったの92回しか引用されていないのだ。私が15年前に記したムネボソアリの新しい巣の選び方についての論文さえ、今までに351回引用されているというのに……。

無視されたのはベンターの論文だけではない。彼はルース・ボルトンとランドール・チャップマンが1986年に記した論文を、自身の論文を理解するための「必読書」に挙げている。[8] それでも、賭けの数式を使ってアメリカの競馬場でお金を儲ける方法を示したその刺激的な論文もまた、発表からのおよそ35年間で100回未満しか引用されていない。

ベンターは高度な数学の正式な教育を受けたわけではないけれど、必要な努力をする心構えを持っていた。彼は別の場所で「天才」と称えられているが、私はそうは思わない。私は職業柄、ベンターが用いたような統計的手法を粘り強く学んできた、数学者でも天才でもない人々と会って仕事をすることがよくある。彼らの多くはギャンブラーではない。統計学を用いて仮説を検証する生物学者、経済学者、社会科学者だ。それでも、数学の理解に多くの時間を費やしている。

私は初読で数学的内容まで理解したりはしない。実際、私は細部を何度も読み返すことなく、いちどで数式を読んで消化できるプロの数学者になんて、ほとんど出会ったためしがない。だが、実はその細部にこそ、往々にして重要な秘密が隠れているものなのだ。

TENの秘密は誰にも開かれている

秘密結社にとって最大の脅威は、秘密の暴露だ。テクノロジーに精通する権力者が世界の情勢を操っているという現代版イルミナティ〔18世紀に存在した秘密結社。今でもイルミナティが世界を操っているという陰謀論が絶えない〕の陰謀を成り立たせるためには、メンバーがひとり残らず自分たちの目標や手法について口をつぐまなければならない。たったひとりでも秘密結社の暗号や計画を口外すれば、すべての企《くわだ》てが危機にさらされてしまう。

この暴露の危険にこそ、ほとんどの科学者がイルミナティ風の組織の存在を信じない最大の理由がある。すべての人間の活動を操るには、大規模な組織と莫大な量の秘密が必要だ。メンバーがひとりでも我慢しきれなくなって、すべての秘密を暴露してしまうリスクは計り知れないだろう。

ところが、賭けの数式をよくよく見てほしい。TENの秘密は丸見えの状態にあることがわかるだろう。この秘密結社の秘密は、粘り強く学びつづけてこそ、秘密を追求する人々にとってその正体がゆっくりと明らかになってくる。TENの暗号は学校で全員に教えられるし、大学の課程で詳しく解説されるのだが、多くの人は自分が本当のところ何を学んでいるのかに気づかない。だが、TENのメンバーたちは、自分がその壮大な陰謀の一部であることをなんとなく自覚していて、暴露すべきことも、告白すべきことも、隠すべきこともないと感じている。

ベンターの科学論文を2回、3回と読んだある若きTENのメンバーの卵は、内容をきちんと理解しようと自分に鞭《むち》を打つ。理解しようと自分に鞭《むち》を打つ。すると、一種の絆、数十年間や数世紀にわたるつながりのようなものを感じはじめる。ベンターはまちがいなく、ルース・ボルトンとランドール・チャップマンの論文について研究したとき、その絆を感じていただろうし、ボルトンとチャップマンもまた、彼らの研究の礎石《そせき》となるロジスティック回帰を1958年に提唱したデイヴィッド・コックスの論文を読んで、同じ絆を感じていただろう。さらに時間を戻せば、第二次世界大戦前のモーリス・ケンドールやロナルド・A・フィッシャーから、18世紀のロンドンで初めて確率の概念を提唱したアブラーム・ド・モアブルやトーマス・ベイズまで、数学の生み出す絆ははるか昔まで鎖のごとく連なっているのだ。

細部を深く読み込んでいくにつれ、先ほどの若きTENの信徒は、秘密がすべてそこにあり、目の前のページを読み進むにつれてワンステップずつ秘密が明かされていくことに気づく。ベンターは自身の成功の起源を、数式という暗号のなかに記録していたのだ。そして、25年の歳月を経た今、その信徒は、代数記号をひとつずつ読み解きながら、彼の成功をひもといてゆく……。

大きな時空の隔たりを超えて私たちを結びつけるものこそ、数学であり、数式への共通の関心なのだ。ベンターと同じように、その若き信徒もまた、直感ではなく、データに潜む統計的関係に基づいて賭けをすることのすばらしさを学びはじめている。

数式抜きでベッティング戦略を説明する

実は、ヤン、マリウス、私の3人で開発したベッティング戦略の考え方を、数式抜きで説明する方法がある。いや、もっと言うと、基本的な考え方は次の一文だけで説明できる。ワールドカップの開始オッズ（ブックメーカーが試合開始のしばらく前に発表するオッズ）を使うほうが、最終オッズ（試合開始直前のオッズ）を使うよりも、試合結果を正確に予測できる——私たちが発見したのはこのことだ。

この発見は直感に反する。ブックメーカーがオッズを設定する時点では、キックオフの前の数週間（ないしは数カ月間）で何が起こるのか、まだ予測がつかない。スター選手が怪我をするかもしれないし（エジプトのモハメド・サラーのように）、チームの不調が続くかもしれないし（ワールドカップの数週間前、フランスがアメリカに引き分けたように）、はたまた土壇場で監督が変わるかもしれない（スペインのように）。理論上、こうした出来事を受けてオッズは変わるはずだ。たとえば、スペインが監督を突然解任すれば、スペインがポルトガルに勝利するオッズが悪くなる、という風に。

確かに、オッズは変化するけれど、実は、新しい現実を正しく反映する形で変化するのではなく、過剰反応する傾向があるのだ。試合が近づくにつれて、素人ギャンブラーが市場に続々と参入してきて、賭けを行ない、試合結果を予測しようとする。すると、ブックメーカーのオッズがその素人ギャンブラーたちの賭けを反映する形で変化する。たとえば、フランスのペルーに対する勝利のオッズは、グループステージでの最初の対戦の直前、2/5（1・4倍）から1/2（1・5倍）へと上がった。もしかすると、親善試合でフランスがアメリカにすら勝てないなら、ペルーは1点か、うまくいけば3点くらいはもぎ取れるぞ、と思ったギャンブラーがいたのかもしれない。あるいは、花形ミッドフィールダーのポール・ポグバを批判する新聞記事を読み、フランスチームを栄冠へと導く能力に疑問を持った素人ギャンブラーもまちがいなくいただろう。理由はどうあれ、これこそが、私たちのモデルが過去のワールドカップで価値の高い賭けを見出したシナリオだった。超本命のオッズが上がった瞬間、その本命に賭ける優位性が生まれる。私たちの自動システムは、こうしたオッズの変化を検知するなり、ベッティング機能を作動させ、フランスに50ポンドを賭けた。試合後、50ポンドは75ポンドに変わっていた。それくらいシンプルで効果的な戦略なのだ。

応用数学者にとって重要なスキルのひとつが、使用するモデルの根底にあるロジックをきちんと説明できる能力だ。マリウスと私は、3人のモデルを設定し終えた午後、サッカーの試合を観ながら、ワールドカップが近づくにつれてオッズが不正確になっていった理由を話し合った。

「僕らのベッティング戦略の大半は、試合が近づくにつれてオッズが正確になっていくという前提に基づいているんですけどね」とマリウスは言った。「ワールドカップは何かが違うんでしょう」

「違いは賭け金の規模だろうね」と私は推測した。「テレビはサッカーの話題一色だから、面白半分で賭ける人も出てくる。自国への誇りから賭ける人もいれば、それを別の国と結びつけたいと思う人もいる」

マリウスも同じ意見だった。ワールドカップは今までにない新たな観衆をサッカーへと惹きつける。そういう人々は個人的に応援するチームに賭けずにはいられない。フランス人たちを出し抜いて一儲けできたら痛快だ、と考える筋金入りのイングランドファンもいるだろうし、開幕試合でブラジルではなくスイスのほうを応援したアルゼンチンやドイツのファンもいただろう。格下チームのほうに賭け金が続々と流れ込むと、ブックメーカーは本命チームのオッズを引き上げた。そして、私たちのモデルはその逆を行くことで利益を上げたのだ。もちろん、すべての試合で儲かるなんてことはありえない。実際、ブラジルとスイスの開幕試合は意外な引き分けに終わった。それでも、キックオフ直前に大本命に賭ければ、儲かる可能性がいちばん高いということは、歴史が証明していた。

とはいえ、大穴を好む素人ギャンブラーのバイアスは、私たちのモデルのほんの一部を構成するにすぎなかった。私たちの数式は、より繊細な予測も提供した。$\alpha = 1.16$, $\beta = 1.25$という値が意味するところは、超本命チームがない場合は、2014年にイングランドがウルグアイに負けたときのように、格下チームに賭けたほうがいい、ということだ。その好例がコロンビア対日本戦だ。試合前の数日間で、コロンビア勝利のオッズは7/10（1・7倍）から8/9（1・89倍）まで上がった。このオッズを私たちの数式に代入すると、日本に賭けるほうがよいという結論になった。ただし、それは日本の勝つ可能性のほうが高いから、というわけではない。その逆で、コロンビアは依然として本命だった。数式が示唆していたのは、今や26/5（6・2倍）というオッズになった日本に賭けるほうが、コロンビアに賭けるより価値《バリュー》がある、ということだった。この場合にかぎっていえば、実際にコロンビアが負け、私たちは50ポンドの賭けで見事260ポンドを儲けたのだった。

▼ロジスティック回帰を構築したコックス

サー・デイヴィッド・コックスは、御年95歳でいまだに現役バリバリだ。8つの十年期にまたがるキャリアのなかで、317本におよぶ科学論文を著わし、そしてこれからもきっとその数を更新しつづけるだろう。オックスフォード大学フィールド・カレッジにある研究室から、今も現代統計学に関する解説や評論を書きつづけ、自身の専門分野に続々と新たな貢献をしている。

あるとき、私は彼に、研究室には毎日通うのかとたずねてみた。

「毎日ではない。土日は行かない」

すると、彼は思い直したように、こう言い換えた。

「いや、土日に行く確率はそうとう低い、と言うべきか。ゼロじゃない」

サー・デイヴィッド・コックスは厳密さを重んじる。私の質問への答えは注意深く、慎重で、いつだってその答えへの確信の度合いを示す限定表現がくっついていた。

　賭けの数式を発見したのはコックスだ。いや、彼自身はそう言わないだろうし、それは完全に正確な表現でもない。より正確には、私がαとβの値を見出すのに使い、ベンターが競馬の結果を予測する要因を判定するのに使った「ロジスティック回帰」の理論を構築したのがコックスである、と言うほうが正しいだろう。[9] 彼は賭けの数式を使って正確な予測を立てるための統計的手法を編み出したというわけだ。

　ロジスティック回帰は、戦後イギリスのもたらした産物だった。第二次世界大戦末期、ケンブリッジ大学で数学教育を修了しようとしていたサー・デイヴィッドは、イギリス空軍へと出向し、イギリスの立て直しが始まると、繊維業界へと移った。当初、彼はずっと研究してきた抽象数学に興味を持っていたのだが、これらの業界での就労経験がきっかけで、新たな課題へと開眼したのだという。

「繊維業界はワクワクするような数学的問題でいっぱいだった」と彼は言う。

　細かい記憶はあいまいだと認めつつも、当時を語る彼の表情には、興奮の色がありありと見て取れた。素材のさまざまな特徴をテストし、破断の確率を予測するにはどうすればよいか？　粗い羊毛からより丈夫で均質な最終製品をつくるには？　空軍では、事故の頻度や翼の空気力学といった疑問にも直面した。おかげで、考えることには事欠かなかった。

こうした実用上の疑問を手はじめに、サー・デイヴィッドはより一般的な疑問、より数学的な疑問について考えはじめた。特定の結果（航空機の事故、毛布の破れなど）が、さまざまな要因（風速、応力とひずみなど）から受ける影響を予測する最善の方法は？　これは、ベンターが競走馬に関して考えていたのとまったく同種の疑問だった。競走馬の勝利する確率は、その馬の過去の戦績や天候の関数として計算した場合どうなるかという問題と同種だったのである。

「私が［1950年代中盤に］この理論を提唱したとき、全国の大学で最大の議論となっていたのは、医学や心理学のデータを分析して、さまざまな要因と特定の医学的結果との関係を予測することだった。ロジスティック回帰は、私の実務経験と数学教育を統合して生まれたものなんだ。私が耳にした医学、心理学、産業界の問題はみんな、同じ系統の数学的関数を使って解決できた」と彼は言った。

その数学的関数の系統というのは、彼が想像していたよりもずっと重要であることがわかった。1950年代の産業界から、治験の結果の解釈まで、ロジスティック回帰は無数の問題へと応用がなされてきた。今では、フェイスブックの表示する広告やスポティファイの勧める音楽を決めるのに使われているし、自動運転車の歩行者検知システムの一部としても使われている。それからもちろん、ギャンブルでも……。

私はサー・デイヴィッドに、ベンターのロジスティック回帰を使った競馬予測の成功について知っているかとたずねてみた。聞いたことがないという。そこで、私は彼がロジスティック回帰で10億ドルを儲けたことを伝えた。それから、サッカーの試合結果の予測に成功したオックスフォード大学生のマシュー・ベンハムの話もした。

私が話を終えると、彼は間髪《かんはつ》を容《い》れずに言った。

「ギャンブルなんてせんことじゃ」

すると、彼は口外しないことを条件に、自分自身のギャンブルの体験談を静かに語りはじめた。それは1950年代の彼の同僚に関する話だった。どんな話かって？　たいへん残念ではあるが、彼との約束を守ることにしよう。

ほかの人たちより少しだけ鋭い未来観を構築しよう

賭けで大事なのは、未来を確実に予測することではなく、あなたの世界のとらえ方とほかの人々のとらえ方とのあいだにある微妙な差異を見出すことだ。あなたの未来観のほうが少しだけ鋭ければ、そして、あなたのパラメータのほうが現実のデータをうまく説明できるなら、あなたは優位に立ったことになる。ただ、その優位性がすぐに得られると期待してはいけない。パラメータの見積もりを改善しながら、試行錯誤を通じて少しずつ優位性を築いていくしかないのだ。それから、毎回勝てると期待してもいけない。むしろ、何度も何度もプレイするうちに、勝ちが負けを少しだけ上回るようにする、と考えるのが基本だ。

人間には、たったひとつの「ビッグアイデア」に目を奪われてしまう傾向がある。しかし、賭けの数式が教えてくれるのは、アイデアのいろいろなバリエーションを生み出すことが重要である、ということだ。たとえば、あなたがヨガやダンスの教室を開くとする。そんなときは、グループごとにいろいろなプレイリストを試し、いちばん好評な曲目を書き留めていくといいだろう。小さなアイデアをたくさん試せば、ハッピーバレー競馬場の競走馬のように、アイデアどうしを競走させられる。そして、レースのあと、勝者と敗者を評価し直して、成功や失敗につながった性質を分析すればいいのだ。

新しいアイデアを試そうとしているなら、データ科学の世界で「A／Bテスト」と呼ばれるテストを実行するといい。ネットフリックスは、ウェブサイトのデザインを更新するとき、2種類以上のデザイン（A、B、C……）をつくり、別々のユーザーに表示して、いちばん反響の大きいデザインを調べる。これは、賭けの数式を、さまざまなデザイン要素の「成功」と「失敗」の予測に直接応用したものだ。ネットフリックスへのアクセスの多さを考えると、何が機能して何が機能しないのかについて、明確な全体像を描き出すことなんてあっという間にできるだろう。

賭けの数式を活用するのに、必ずしもロジスティック回帰を実行する必要はない。とはいえ、データにより当てはまるようパラメータを調整するという基本原理をいったん理解してしまえば、もう一歩進んで、ロジスティック回帰の手法自体を学ぶのは、十分に手の届く課題といえよう。サー・デイヴィッド・コックスによれば、ほとんどの人は彼の開発したロジスティック回帰の手法を学べるはずだし、学んだほうがいいという。ロジスティック回帰があなたの収集したデータについて明かす内容を理解するためには、ロジスティック回帰の仕組みについて、細かい数学的内容まですべて理解する必要なんてないのだ。

数式を知る人・知らぬ人

ワールドカップ中、たくさんのサッカーの試合を観た。でも、オッズは追跡していなかったので、どういう結果になればお金が儲かるかなんて考えもせず、ひたすら試合を楽しんでいた。ときどきヤンが、賭けた内容と損益の額を一覧した自動生成のスプレッドシートを送ってきた。グループステージの緒戦《しょせん》こそ負けだったけれど、その後は勝ちはじめ、トーナメントが進むにつれて、利益が損失を上回っていった。ワールドカップ終了時点では、合計賭け金1400ポンドに対し、200ポンド近い儲けが出ていた。投資利益率に直せば14%だ。

結果を記録した最新のスプレッドシートに目を通したあと、もういちど私の受信トレイに届いたメッセージを確かめてみると、ワールドカップが進むにつれ、メッセージにどんどん切迫感が増していっていることに気づいた。

「お願いだよ、おたく、サッカーの裏情報を握っているんでしょ？　スコアを予言できるっていうじゃない。助けてくれない？」

「当たるんなら、あなたの予測をぜんぶ信じますから。今までブックメーカーでだいぶすっちゃったんですよ」

「今日、うちの国のあるサッカー賭博のジャックポットがとんでもない額になっているんです。当てさせてよ。俺を信じてくれる100人くらいの人を助けると思ってさ」

こんなメッセージがほとんど1時間おきに届く始末だった。

私たちのささやかな利益は、こういう人たちのポケットマネーから出ている。そう考えずにはいられなかった。いちばん上前《うわまえ》をはねていたのは、もちろんブックメーカーだけれど、ヤン、マリウス、私の儲けたお金は、もともと別の誰かのものだったのだ。それも、たぶんそう裕福とはいえない人々の。

そのとき、私の頭にひとつの考えが浮かびはじめた。本書の数式を知っている人々と知らない人々、その両者の格差は、ギャンブルの世界だけにとどまるわけではない。サー・デイヴィッド・コックスの統計モデルは、現代社会のいろんな面に作用している。羊毛産業、航空機設計から、現代のデータ科学、人工知能まで、数学的手法は人類の進歩を促し、テクノロジーの基礎となってきた。その進歩をコントロールしているのは、ごく一握りの人々、そう、数式を知る人々だ。そして、多くの場合、数学から社会的にも経済的にも恩恵を受けてきたのは、その秘密を知る人々なのだ。

サー・デイヴィッド・コックスはまちがいなくTENのメンバーだ。その自覚はないとしても、現に彼は10の数式のうちのひとつを発明したし、残りの9つも完璧に理解している。その結果として、TENの歴史における彼の地位は保証されている。彼は尊敬すべきTENの頂点に立つメンバーなのだ。

ベンター、ベンハム、ブルームもまた、ＴＥＮのメンバーだ。たぶん、彼らはコックスが理解しているような正式な数学的意味では、10の数式を理解していないだろうが、根底にある原理くらいは理解しているし、その実践的な応用方法も知っている。そして、ヤンとマリウスももうすぐその一員になろうとしている。

私はどうなのかって？　私は世の学者たちが理解しているような１００％混じり気《け》なしの方法で、10の数式を理解しているし、ベンターが用いたような実践的な方法でも理解している。そして、前は認めていなかったけれど、ＴＥＮが数学者としての私だけでなく、人間としての私まで特徴づけているということに、私はようやく気づきはじめたのだ。

第2章

判断の数式

状況を正しく理解する

$$P(M|D) = \frac{P(D|M) \cdot P(M)}{P(D|M) \cdot P(M) + P(D|M^c) \cdot P(M^c)}$$

ベイズの定理

全員が数学や統計学のバックグラウンドを持つ金融トレーダーのチームを率いている私の友人マークは、最高のトレーダーが持つひとつの共通点に気づいた。新しい情報を処理し、それに対応する能力だ。何か出来事が起きたとき、新たな現実に合わせてすぐさま自分の理解を見直すことができるのだ。

トレーダーは、「この会社は翌四半期に必ず利益を上げる」とか、「あの新興企業はまちがいなく失敗する」とかいうように、物事を白黒で考えたりはしない。むしろ、「この会社が利益を上げる確率は34％」とか、「あの新興企業が失敗するリスクは90％」とかいうように、物事を確率で考える。そして、CEOがやめさせられたとか、その新興企業のベータ版がなかなか好評である、といった新たな情報が入るにつれて、34％から21％、90％から80％というように確率を絶えず見直していくのだ。

ギャンブル業界の知人のジェームズからも、似たような話を聞いたことがある。彼らは前章で紹介した賭けの数式の一種を用いているのだが、大金がかかっている関係上、最新のモデルが次のサッカーの試合に対して有効なのかどうかを、すばやく見直していく必要がある。たとえば、試合開始の1時間前に先発メンバーが変更になり、モデルの根底にある仮定が成り立たなくなったら？

「本物のトレーダーかどうかがわかるのはそういう時なんだ」とジェームズは言う。「本物のトレーダーは過剰反応しない。先発メンバーがひとり変わったくらいなら、賭けはまだ有効だ。2～4人変われば、そこで初めて別の可能性を加味しはじめる。5人以上が変われば、賭けはお流れだ」

こうした分析家の思考を学ぶには、まず感情的にストレスのかかる状況に身を置くことだ。安全な地上にいるときは、ほとんどの人が飛行機に乗るのはそう危険でないと理解している。旅客機が墜落して死亡する確率なんて、1000万にひとつもない。でも、空の上にいると、印象はだいぶ変わってくることがある。

あなたが経験豊富な旅行客で、100回は飛行機に乗ったことがあるとしよう。でも、今回のフライトは今までと違う。飛行機が降下しながら、今まで体験したことのないような音を立てて揺れている。隣の女性は息をのみ、通路の反対側の男性は膝をぎゅっと握り締めている。周囲の全員が明らかに怯えている。これが1000万にひとつの事故ってやつ？　最悪のシナリオがこれから待っているのだろうか？

数学者なら、このような状況で深呼吸をし、あらんかぎりの情報を集める。数学的表記で、飛行機が墜落する基本的な確率を P(墜落) と書く。Pは確率（probability）の頭文字で、「墜落」は（あなたが）墜落死するという最悪のシナリオを示す。統計的記録から、P(墜落) = 1/10,000,000、つまり1000万分の1であることがわかっている。[1]

出来事どうしの依存関係を理解するため、$P(\text{揺れ}|\text{墜落})$という表記を導入しよう。これは、飛行機がこれから墜落すると仮定した場合に、このような揺れを起こす確率を示す（「揺れ」は「飛行機の揺れ」、棒線は「以下を仮定した場合の」という意味）。なので、$P(\text{揺れ}|\text{墜落}) = 1$、つまり墜落の前には必ずひどい揺れがあると仮定するのは合理的だ。

また、$P(\text{揺れ}|\text{墜落しない})$、つまり無事に着陸できるのにひどく揺れる確率も知っておく必要がある。ここでは、あなた自身の直感が必要になってくる。今回は今までの100回の同様のフライトのなかで、いちばん恐ろしいフライトだから、$P(\text{揺れ}|\text{墜落しない}) = 1/100$というのがあなたの最善の推定といえる。

これらの確率は役立つけれど、あなたが知りたがっている情報とは違う。あなたが知りたいのは、$P(\text{揺れ}|\text{墜落})$、つまり飛行機がひどく揺れていると仮定した場合の墜落の確率だ。ベイズの定理を使うとその値が求められる。

$$P(\text{墜落}|\text{揺れ}) = \frac{P(\text{揺れ}|\text{墜落})\cdot P(\text{墜落})}{P(\text{揺れ}|\text{墜落})\cdot P(\text{墜落}) + P(\text{揺れ}|\text{墜落しない})\cdot P(\text{墜落しない})}$$

ここで、数式内の「・」記号は掛け算を表わす。あとでこの数式がどうやって導かれたのかを説明するけれど、現時点ではこの数式が正しいものとして受け入れよう。ベイズの定理は、18世紀中盤にトーマス・ベイズ牧師によって証明されて以来、幾多の数学者によって使われてきた。この数式に数値を代入するとこうなる。

$$P(\text{墜落}\mid\text{揺れ})=\frac{1\cdot\frac{1}{10000000}}{1\cdot\frac{1}{10000000}+\frac{1}{100}\cdot\frac{9999999}{10000000}}\approx 0.00001$$

〔≈は「ほぼ等しい」の意〕

今まで経験したなかで最悪の乱気流だとはいえ、死ぬ確率は0・00001しかない。そう、無事に着陸できる確率は99・999%もあるのだ。

同じ推論は、一見すると危険に思えるさまざまな状況にも応用できる。オーストラリアの海辺で泳いでいるとき、水中に恐ろしい生き物が見えたと思っても、それがサメである確率は微小だ。愛する人の帰宅が遅れていて、連絡が取れないと、つい心配になってしまうけれど、ほとんどの場合は単なる携帯電話の充電のし忘れだろう。飛行機の揺れ、水中の怪しい影、つながらない電話など、私たちが新しい情報だと思っている物事の多くは、問題と正しく向き合えば、そこまで恐れるに足りない。

ベイズの定理を知っていれば、情報の重要性を正しく評価し、まわりのみんながパニックを起こしているときでも冷静さを保つことができるのだ。

頭のなかで再生している「映画」

私は世界をとらえるとき、「映画」をよく観る。ひとりきりでいるとき、または仲間たちといるときでさえ、頭のなかで自分自身の未来の「映画」をしょっちゅう流すのだ。といっても、それはただひとつの映画や未来ではなく、何通りもの展開や結末を持つ映画だ。飛行機の例を使って説明してみよう。

飛行機で離着陸をするとき、私は先ほど説明したような墜落のシーンを観る。家族と飛行機に乗っているなら、子どもたちの手を握り、「愛している、心配するな」と言い聞かせ、死へと急降下しつつも、子どもたちのために平静を保つところを想像する。見知らぬ他人に囲まれてひとりきりで乗っているときには、別の映画を観る。私のいない家族の未来の映画だ。葬儀はあっという間に終わり、シングルマザーとなった妻はひとりで子どもたちを育て、私と一緒にいたころの話を子どもたちに聞かせる。この映画は言葉にならないくらい悲しい。

私の左目の真上にある脳内の領域では、こうした映画が絶えず並行して流れている。少なくとも、流れているように感じる。ほとんどの映画は飛行機の墜落ほど劇的ではない。これから書籍編集者と打ち合わせをしようとしているなら、話し合いのシーンを頭のなかで再生し、なんと言うかを考える。講義を行なおうとしているなら、プレゼンテーションの様子を思い描き、聴衆から飛んできそうな厄介な疑問を想像する。映画の多くは抽象的だ。科学論文の執筆。私の博士課程の教え子の論文の構成。数学の問題。こうしたタイプの映画は、数値、専門用語、科学的な言及に満ちていて、映画館で上映したところで採算は取れないだろう。私自身は楽しいけれど、私はかなりマニアックな観客だ。

私が自分のことを全知全能の預言者だと思っている、だなんて誤解しないでほしい。そんなことはひとつも思っていない。私のつくる映画は断片的だし、細部がところどころ抜けていて、現実によってその穴を埋められるのを待っている。そして何より、ほとんどの映画は見当はずれだ。書籍編集者が打ち合わせを思わぬ方向へと持っていくと、私は考えておいた質問を忘れてしまう。科学論文の推論に穴が見つかると、うまく修正ができない。数学的計算の1行目で重大なミスを犯すと、結果がまるででたらめになってしまう……。

心理学者たちは、人々が世界をとらえて未来のストーリーを構築する方法について研究を重ねてきたが、ここでのポイントは、そのプロセスの科学的記述ではない。重要なのは、あなたの未来の見方を、あなた自身がどう考えるかなのだ。その未来は、言葉、映画、コンピュータ・ゲームの形をしているだろうか？　それとも、写真、音、匂いだろうか？　それは漠然とした感覚なのか？　それとも、現実の出来事を視覚化したものなのか？　あなた自身の世界のとらえ方を振り返ってみてほしい。それはあなたの個人的な方法であっていい。それを変えようなんて気はさらさらない。誰かが私に映画を消すよう命令してきたら、私だってきっと嫌な気分になるだろう。私の「映画」は、私の一部なのだから。

数学は、そんな私の思考のなかでどんな役割を果たすのか？　私の映画コレクションを整理するのに役立つのだ。飛行機の墜落はその好例だ。私は墜落の映画を観ているとき、その出来事が実際に起こる確率を見積もり、それが微小であることを知って安心する。だからといって、墜落の映画そのものが消えてなくなるわけではない。飛行機に乗るときや、海で泳ぐときは、相変わらず怖さが伴うけれど、数学は私の思考を研ぎ澄ます助けになる。ただただ怖がるのではなく、家族が私にとってどれだけ大事かを考え、飛行機で飛び回る機会よりも海で泳ぐ機会を増やしたほうがいい理由を考えるわけだ。

私が頭のなかで再生している映画は、科学用語では「モデル」という。飛行機の墜落、サメの襲来、科学研究の計画、どれも立派なモデルだ。モデルには、漠然とした思考から、私がワールドカップのサッカー賭博のためにつくったような、ずっと厳密に定義された数式まで、いろいろな形がある。モデルの使い方を意識することこそが、世界を数学的にとらえる第一歩なのだ。

自分の悪口を言った女性が「性悪」である確率

大学で新しい授業が始まった。学生のエイミーは、ある悩みを抱えている。誰と仲良くすればいいの？　誰とは距離を置いたほうがいいかしら？　彼女は人を信じやすい性格で、彼女の頭のなかでは、ほかの人々が自分を受け入れて優しくしてくれる映画が流れている。でも、彼女は完璧なお人好しではない。今までの経験から、みんながみんないい人ばかりでないことも知っていて、彼女の頭のなかでは「性悪女《しょうわる》」の映画も流れている。おっと、この言葉遣いで彼女の性格を判断しないであげてほしい。口に出しているわけではないから。さて、たまたま隣に座ったレイチェルという女の子と知り合ったとき、エイミーはレイチェルが「性悪女」である確率をかなり低く、たとえば20分の1くらいに見積もった。

エイミーが誰かと会うたびに「性悪女」の確率を厳密に設定しているとは思わない。私がここで数値を定めたのは、この問題をとらえやすくするためだ。あなた自身も少し立ち止まって、あなたの知り合いの何割くらいが性悪女かを考えてみてほしい。たぶん20人にひとりもいないと思うけれど、あなた自身で好きな値を選んでかまわない。

初日の朝、レイチェルとエイミーは、ふたりでその講座の学習課題を見直していた。エイミーはそれまでの学校で、その講師が使っている概念を習っていなかったので、細かい点を飲み込めずにいる。レイチェルはエイミーのペースに合わせてくれているけれど、ちょっとだけイライラしている様子が伝わってくる。どうしてエイミーはこんなに飲み込みが悪いの？　すると昼食後、恐ろしい出来事が起こる。エイミーがトイレの個室で座り、黙々と携帯電話を観ていると、レイチェルと別の女の子が入ってくるのが聞こえる。

「あの子、本当にバカなの」とレイチェルは言う。「私が〝文化の盗用〟〈ほかの文化の要素を流用する行為。特に多数派民族の人々が少数派民族の文化を、背景を無視したまま勝手に私物化してしまう行為〉について説明しようとしたんだけど、ポカンとしているのよ。ボンゴの演奏方法を学ぼうとしている白人のことを言っていると思ったみたい！」

エイミーは黙ってじっと座り、ふたりが帰るのを待っている。さて、この出来事についてどう考えるべきだろう？

ほとんどの人は、エイミーの立場だったら、悲しくなったり、腹が立ったりするだろう（その両方かも）。でも、その反応は正しいのだろうか？　確かに、レイチェルのしたことはよくない。エイミーにとっては初日だし、あんなふうに人の悪口を言うのはよくない。ただ、問題は、レイチェルの罪を許し、もういちどチャンスを与えるべきかどうかだ。

答えはイエス、絶対にイエス、何がなんでもイエスだ。許したほうがいい。いや、許すべきだ！　それも今回かぎりではなく、何度かは。ひどい発言をした人、本人がいると気づかずに陰口を叩いた人を、ぜひ許してあげたほうがいい。

なぜか？　お人好しになるべきだから？　心を踏みにじられても我慢するべきだから？　人間は自分を守るために声を上げられない弱い生き物だから？

いやいや、そうじゃない。まったく違う。そのほうが合理的だからだ。論理や理屈に適《かな》っているからだ。公平だからだ。ベイズ牧師がそう言っているからだ。第2の数式によれば、それが唯一の正しい道なのだ。

その理由はこうだ。ベイズの定理は、モデルとデータの橋渡しをしてくれる存在であり、私たちの思い描く映画が現実とどれくらい一致するのかを判定するのに役立つ。本章の冒頭の例で、飛行機が激しく揺れている場合の墜落の確率P（墜落｜揺れ）を求めた。エイミーが知りたがっているのはP（性悪女｜悪口）だが、理屈はまったく同じだ。

「墜落」と「性悪女」は、私たちの頭のなかにあるモデルだ。いわば世界に対する私たちの信念であり、思考（私の場合は映画）という形を取る。一方、「揺れ」と「悪口」は、私たちの眼前《がんぜん》に存在するデータだ。データは、実際に触《さわ》り、体験し、感じることのできる具体的な出来事だ。応用数学の大部分は、モデルとデータ、私たちの夢と厳しい現実、それをすり合わせることで成り立っている。

モデルをM、データをDと表記しよう。今、私たちが知りたいのは、手元のデータ（トイレ内での失礼な発言）を仮定した場合に、私たちのモデルが正しい（レイチェルが性悪女である）確率だ。

$$P(M|D)=\frac{P(D|M)\cdot P(M)}{P(D|M)\cdot P(M)+P(D|M^c)\cdot P(M^c)} \quad \cdots\cdots(2)$$

この数式――ベイズの定理――を理解するには、右辺を分解してみるのがいちばんだろう。

分子（右辺の分数の上側の部分）は、$P(M)$と$P(D|M)$のふたつの確率を掛けたものだ。ひとつ目の$P(M)$は、何も起きていない段階で、あるモデルが正しい確率を示す。つまり、飛行機が墜落する統計的確率や、出会った人が性悪女であるエイミーの推定確率のことだ。後者はエイミーがトイレに行く前の段階で推定していた確率であり、具体的には20分の1だ。ふたつ目の

$P(D|M)$は、トイレ内での出来事に関する確率であり、レイチェルが本当に性悪女であった場合に、トイレ内でエイミーの悪口を言う確率を表わす。もう少し一般的にいうと、モデルが正しい場合にそのデータが観測される確率を指している。数値を割り当てるのは難しいけれど、半々と考え、$P(D|M) = 0.5$としておこう。レイチェルが性悪女だとしても、トイレに行くたびにクラスメートの悪口を言うわけがない。性悪女でも、最低50％は別の話をするはずだ。

分子でふたつの確率の積$P(D|M) \cdot P(M)$を取る理由は、ふたつの事象が両方とも成り立つ確率を求めるためだ。たとえば、2個のサイコロを振って、両方とも6が出る確率を知りたければ、1個目のサイコロが6である確率$\frac{1}{6}$と、2個目のサイコロが6である確率$\frac{1}{6}$を掛ければよい。その結果、ふたつとも6である確率は$1/6 \cdot 1/6 = 1/36$となる。同じ掛け算の原則がここでも成り立つ。分子は、レイチェルが性悪女であり、かつトイレで意地悪な発言をする確率だ。

数式（2）の右辺の分子は、レイチェルが性悪女であるケースについて考えるものだが、レイチェルがいい人であるという別のモデルについても考えておかなければならない。それが分母（分数の下側の部分）の役割だ。レイチェルは意地悪な発言をする性悪女（M）か、うっかり意地悪な発言をしてしまったいい人（M^c）か、そのふたつにひとつだ。Mの右上についている小さなcは、補集合《ほしゅうごう》（complement）を指す。この場合の補集合とは、彼女が「いい人」であるケースだ。お気づきのように、分母の第1項の$P(D|M) \cdot P(M)$は分子とまったく同じだ。そして、第2項の$P(D|M^c) \cdot P(M^c)$は、レイチェルが性悪女ではないのに意地悪な発言をする確率と、

人々が一般的にいい人である確率を掛けたものだ。すべてのケースの和で割ることによって、エイミーがトイレの個室で観測したデータについて考えうる説明をすべて網羅し、特定のデータが与えられた場合にモデルが正しい確率 $P(M|D)$ を求められる。

レイチェルが性悪女でなければ、いい人ということになるので、$P(M^c) = 1 - P(M) = 0.95$ となる。ここで、いい人がうっかり意地悪な発言をしてしまう確率について考える必要がある。レイチェルは実際にはいい人なのに、たまたま機嫌が悪かっただけかもしれない。誰だってそんな日はあるだろう。そこで、$P(D|M^c) = 0.1$ としよう。これは、機嫌が悪いせいで、いい人があとで後悔するような発言をしてしまう日が、10日に1日あることを示している。

さあ、あとは計算だ。その計算を図示したものが次頁の図2だ。計算方法は飛行機の墜落の例とまったく同じだが、数値が違っている。

$$P(M|D) = \frac{0.5 \cdot 0.05}{0.5 \cdot 0.05 + 0.1 \cdot 0.95} \approx 0.21$$

つまり、レイチェルが性悪女である確率は5分の1くらいしかない。彼女を許すべきだと言ったのは、そういうわけなのだ。彼女がいい人である確率は5分の4もある。今回のたった1回の行為で彼女の人間性を判断するのは完全に不公平だというのがわかる。トイレのなかで聞いたレイチェルの発言を蒸し返すべきではないし、その発言によってレイチェルへの接し方を変えるべ

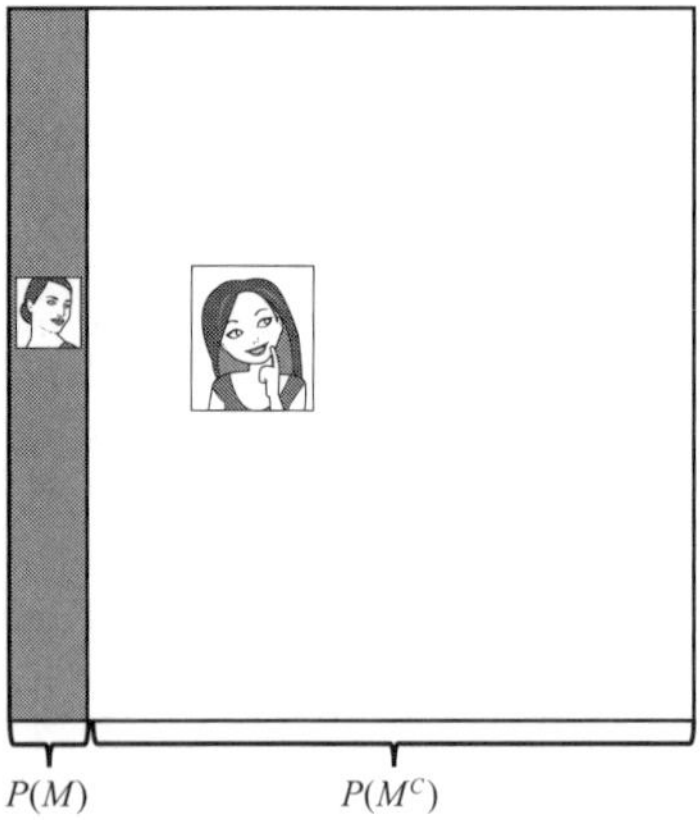
P(M)
P(M^C)

データを観測する前の世界のモデルを M で表わす。

各長方形の面積は、そのモデルが正しい確率 $P(M)$ と正しくない確率 $P(M^c)$。

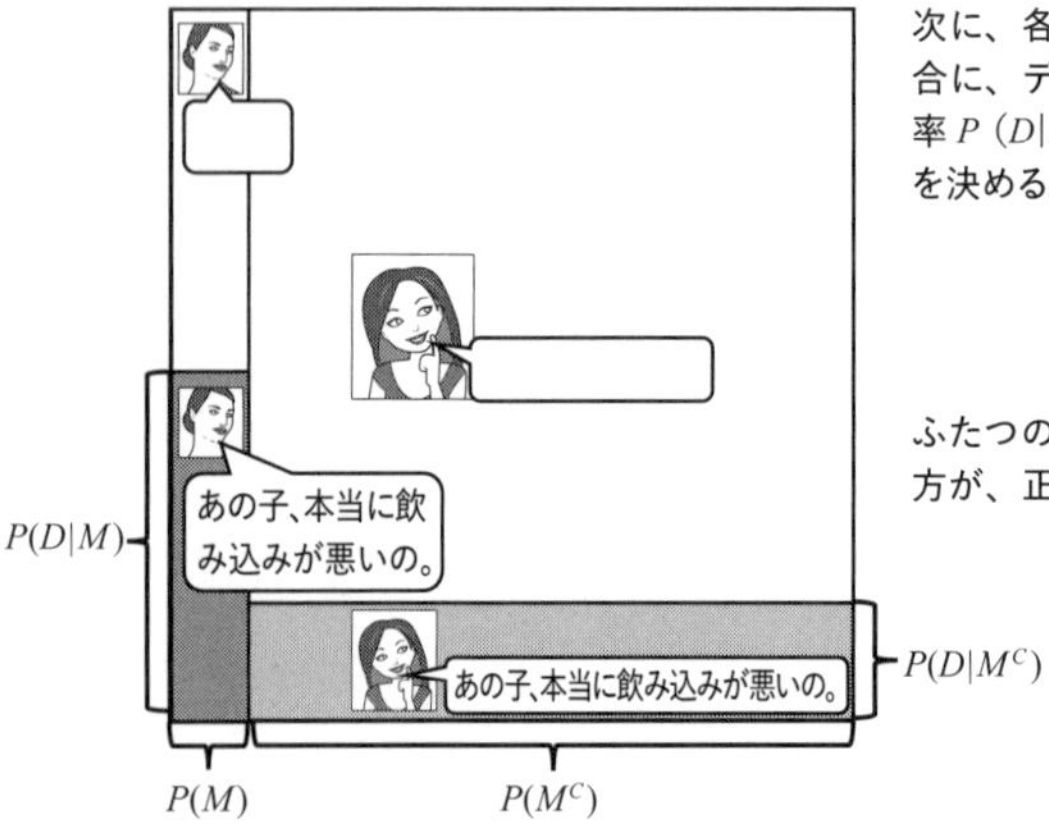
あの子、本当に飲み込みが悪いの。
あの子、本当に飲み込みが悪いの。
P(D|M)
P(D|M^C)
P(M)
P(M^C)

次に、各モデルを仮定した場合に、データが観測される確率 $P(D|M)$ および $P(D|M^c)$ を決める。

ふたつの網つきの長方形の一方が、正しい現実。

あの子、本当に飲み込みが悪いの。

$P(M|D)$ は数式(2)を使い、網つきの長方形の相対的な面積から求められる。

図2：ベイズの定理の図解

きでもない。明日、また様子を見るべきなのだ。年度末を迎えるころには、トイレの個室での事件について、ふたりで大笑いしている可能性は80％もあるのだから。

もうひとつ、トイレの扉の後ろで息を殺していたエイミーに対して、アドバイスがある。確かに、トイレで自分の悪口を聞いた日の朝、彼女にも抜かりがあったのかもしれない。ふたりで勉強しているとき、もう少しきちんと集中したほうがよかったかもしれないし、正直な話、昼食後に長々とトイレに座って携帯電話をいじっていたのがいけなかったのかもしれない。でも、ベイズは罪を許すということを忘れないでほしい。レイチェルだけでなくエイミー自身に対しても、同じ原則が成り立つのだ。ベイズの定理はこう教えてくれる。自己評価は少しずつ見直していけばいい。一つひとつの出来事にそう落胆する必要なんてない、と。

あなたという人間は、ひとつやふたつの失敗ではなく、あなたのすべての行動でできている。ベイズはほかの人々を許しなさいと言っている。その合理的な許しを、あなた自身にも与えてみてはどうだろう。

しばらく成り行きを見守る

ベイズの定理、つまり判断の数式から引き出せるひとつ目の教訓は、決定的な結論を出すのを先送りしたほうがいい、ということだ。私が例のなかで使った数値は、まちがいなく結果に影響を及ぼすけれど、その根底にあるロジックは不変だ。あなた自身で試してみてほしい。一般的に、いい人の割合はどれくらいだと思う？　いい人がまちがいを犯す割合は？　そして、性悪女が意地悪な行動を取る割合は？　あなた自身で数値を代入すれば、きっと同じ結論に達するだろう。たった1回の意地悪な発言で、誰かに「性悪女」というレッテルを貼るべきではないのだ。

腹の立つ行動を取る上司。気が散っているように見える学生。私のアイデアを横取りし、自分が先に考えたのだと言い張る研究者。支離滅裂で、仕事ができず、無意味なメールのやり取りで私の時間をムダにしてくる委員長。そういう人々と会ったときは、判断の数式を用いる。といっても、実際に計算を行なって、同僚や学生がろくでなし、注意散漫、無能である確率を求めるわけではない。要するに、個々の出来事に一喜一憂しないようにする、ということなのだ。仕事の相手がミスを犯したと思っても、私はしばらく成り行きを見守ることにしている。私のほうがまちがえている可能性だって、おおいにあるのだから。

ジェーン・オースティン著『高慢と偏見』で、ダーシー氏がエリザベス・ベネットに、他人に対するよい評価をいったんなくしてしまうことは、永久になくしてしまうことに等しいと打ち明ける。するとベネットは、「執念深い怒りというものは、性格の翳《かげ》りですね」と答える（『高慢と偏見』小尾芙佐訳、光文社、2011年、上巻107ページより引用した）。なんと慎重で適切な言い回しを、ジェーン・オースティンはするのだろう！　ダーシーを批判しつつも、ベネットは彼の怒りっぽい性格を、色の濃い染みのようなものではなく一時的な翳りととらえる慎み深さを持っている。他人への評価を形成するときのこの配慮こそが、優れた判断力の証《しるし》なのだ。

ベイズを発見したプライス博士

その歴史と哲学をひもとかないかぎり、ＴＥＮを真に理解することはできない。ＴＥＮの物語とは、すなわち合理的思考そのものの秘密を代々受け継いできた一握りの集団の物語といえる。彼らは壮大な疑問をいくつも掲げてきた。もっと明瞭に、もっと厳密に考えるには？　私たちの言うこと、ほかの人々の言うことが正しいかどうかを評価するには？　そもそも、何かが正しい、正しくないということの意味は？　ＴＥＮの物語は、現実とはなんなのか、人間は現実のなかでどういう位置を占めるのか、という非常に壮大な問題に関する物語でもあり、宗教、正と誤、道徳、善と悪に関する物語でもある。

その物語の最初の立ち寄り先に当たるのが、１７６１年だ。リチャード・プライス博士は、少し前に死去した友人の書類のなかに、ひとつの論文を見つけたばかりだった。その文書は数学の記号と哲学的な考察で埋め尽くされていて、「この世界にやってきたばかりの人間がさまざまな出来事の順序や過程を観察して、いかなる力や原因がこの世界のなかで生じているかを推論」したらどうなるだろうか、と読者に問いかけた。その人物は、１回目、２回目、３回目の日の出を観てどう推論するべきだろうか？　太陽がそれぞれの日に昇る確率について、どう結論づけるべきなのか？

その論文の導き出した結論は驚くべきものだった。毎日太陽が昇るのを見たからといって、必ず太陽が昇ると信じてはならない、というのだ。100回、あるいは生涯、太陽が昇るのを見つづけたとしても、過信は禁物。何事も当然視してはならないのだ。

その友人、つまりその論文の著者こそ、かのトーマス・ベイズだった。彼は過去の出来事のデータから、ある出来事が再び起こる確率を推定する方法を考案した。ベイズは「この世界にやってきた」男性に対して、パラメータθを使って日の昇る確率を表わすよう説いた。1回目の日の出の前は、太陽というものに対して固定観念を持ってはならないので、θはどんな値も等しく取りうると考えるべきだ。この時点では、太陽が必ず昇ること（$\theta = 1$）は、2日に1回だけ昇ること（$\theta = 0.5$）や、100日に1回しか昇らないこと（$\theta = 0.01$）と同じくらい起こりうる。θは0と1のあいだの値を取るけれど（確率は必ず1以下になるので）、取りうるθの値は無数にある。たとえば、0・8567、0・1234792、0・99999など。θの値が0と1のあいだに収まるかぎり、精度は小数点以下何桁であってもかまわない。

精度の問題に対処するため、ベイズはその日に太陽が昇る最小の確率を考えるよう男性に説く。各日、最低でも50％の確率で日が昇ると思うなら、$\theta > 0.5$と書く。最低でも90％の確率で日が昇ると思うなら、$\theta > 0.9$と書けばいい。さて、太陽が100回連続で昇るのを見て、100日のうち99日以上は太陽が昇ると男性が考えたとしよう。つまり、$\theta > 0.99$と推定したことになる。$P(\theta > 0.99 | 100回の日の出)$という表記は、彼の推定が正しい確率を表わしたものだ。ベイズは、さまざまな精度を加味した数式（2）の一種を使えば、$P(\theta > 0.99 | 100回連続の日の$

出) = 1 − 0.99^{100+1} = 63.8%であることを証明した。[2] そう、男性の考えがまちがっていて、太陽が男性の考えるほど頻繁に昇らない確率は36・2%もあるわけだ。[3]

男性が60年間生きてきて、毎日日の出を見たなら、ある日に日が昇る確率は99%を超えると確信するのは理に適っている。ところが、彼が99・99%以上の確率で太陽が昇ると主張したら、ちょっとした注意が必要だ。1 − $0.9999^{365\times 60+1}$ = 88.8%だから、彼がまちがっている確率は11・2%もあるのだ。ベイズがこの世界の新たな住人にやらせているのは、自身のモデルについて説明させ、自分なりのθの最低値を述べさせることである。彼はそれを踏まえて仮説がどの程度正しいのかの確率を住人に伝えているのである。

リチャード・プライスは、ベイズの数式が奇跡に関する18世紀の論争と関係していることに気づく。彼はベイズと同じく教会の牧師であり、当時の新たな科学的発見と、彼が聖書の研究を通じて信じていた奇跡の存在を両立させる方法に興味を持った。

その10年前、哲学者のデイヴィッド・ヒュームは、「ある証言が立証しようとしている事実よりも、その証言が誤りであることのほうがいっそう奇跡的でもないかぎり、いかなる証言も奇跡を立証するのに十分ではない」と主張していた。[4] ヒュームの主張は、判断の数式にのっとったものと考えてよいだろう。判断の数式は、奇跡が起きるというモデルMと、奇跡は起きないというモデルM^cを比較するよう私たちに促す。私たちは実際に奇跡をいちども目撃したことがないのだから、$P(M^c)$はほぼ1であり、$P(M)$は微小である、というのがヒュームの主張だ。したがっ

て、奇跡が存在すると信じるためには、$P(D|M)$ の値が非常に高く、$P(D|M^c)$ の値が低くなるような、非常に重大で説得力のある奇跡が必要になる、というわけだ。ヒュームの議論は、私が本章の冒頭でした飛行機の揺れについての議論とよく似ている。信頼性の高いはずの飛行機が墜落すると確信するためには、非常に強力な証拠が必要だろう。それと同じで、イエスが生き返ったと確信するためには、非常に強力な証拠が必要になるはずだ。

プライスはヒュームの推論を、「あらゆる道理に反する」と考えた。[5] 彼はヒュームがベイズの理論を誤解していると考え、奇跡の起きる確率θをもう少し厳密に指定するべきだと説明した。[6] 第一、奇跡を信じている人々でさえ、毎日奇跡が起きるとは思っていない。そこで、議論をより具体的にするため、プライスがヒュームに彼の考える奇跡の頻度を述べてもらうとしよう。するとヒュームは、1000万日(2万7400年)に1回未満だと答えたとする。[7] つまり、$\theta >$ 99.99999%だ。一方、プライスは99.9999% $> \theta >$ 99.999%、つまり奇跡は274年に1回未満、2万7400年に1回以上は起こると考えているとする。さて、ここで、最近2000年間は1回も奇跡が起きていないとしよう。このデータを踏まえると、ヒュームが正しい確率は約7・04%であり、プライスが正しい確率は実に92・89%となる。何千年間、いちども奇跡が起きていないからといって、それは奇跡が存在しないと一蹴できるほど強力な証拠とはいえないのだ。単純に、ひとりの人間の一生涯程度では、奇跡など起きないというヒュームの主張を裏づけるだけのデータが足りないのだ。

リチャード・プライスは、TENをキリスト教の倫理観の道へといざなった。キリストの復活を信じる彼は、合理的な議論でもって疑念に疑念を投げかけた。彼は論理的な思考で日常体験から隠された世界についての真実を明らかにできると信じていた。神はそうした真実のひとつだったのである。

それからさかのぼること2000年前、古代ギリシアの哲学者プラトンは、有名な洞窟の寓話で、無批判な人間のことを、洞窟内で鎖につながれて影だけを見ている存在だと表現した。外部に広がるより正確で論理的な世界の紛らわしい投影を見ているにすぎないのだ、と。プラトンの寓話は、数学の驚異的な威力を説明する手段としてたびたび用いられる。そして、プライスがとりわけ真剣に取り上げたのがこの寓話だった。彼は洞窟の壁に映る影が現実でないと受け入れてこそ、新たな真実を発見できると考えた。私たちの日常体験はより壮大な真実の雑然とした表現のひとつにすぎないと考えたわけだ。データから独立したモデルを使い、世界の真の形についてより明確に考えることで、より雑然とした状況、つまり私たちの日常生活の「影」に当たる部分について、より明確に考えられるようになる。

プライスが構想したTENは、彼の宗教的信条とプラトンの形而上学《けいじじょうがく》からつくられた。[8] 彼は数学にも道徳性があり、人生と向き合う合理的で正しい方法があると信じていた。だが、彼はこのメッセージを説いただけでなく、それを現実の場に応用した。彼は平均余命の表を取りまとめることで、それから1世紀近くたって生命保険分野で使われることになる、新しい支払い方式を考案した[9]。彼は自身の仕事を、不確実性から貧しい人々を守るひとつの方法とみなし、当時のほぼすべての保険会社が将来の債務を果たせないこと、そして保険制度の改良が必要なことの証拠を明らかにした[10]。アメリカ独立革命の熱烈な支持者で、ベンジャミン・フランクリンの親友でもあった彼は、土地所有の平等や全人民への政治的権力の公平な分配、といった自由の原理に基づく制度を築く機会をアメリカに見出していた[11]。つまり、リチャード・プライスにとって、アメリカとは、信心深く、それでいて合理的なTENがようやく花開く国だったといっていい。

TENの現代の実践家たちが、道徳性について語ることはほとんどないし、キリスト教的な意味での神を信じているのは少数派だけれど、それでもその多くがプライスの価値観を受け継いでいる。義父の自動車保険料を注意深く計算する保険数理士。国民の年金計画や利率の設定を行なう政府官僚。開発目標を定める国連の科学者。今後20年間で地球の気温が上昇する確率を気温別に推定する気候科学者。医療のリスクとコストのバランスを取る医療専門家。こうした人々は、ベイズの判断方法を使って、より秩序に満ち、公平で、効率的な構造の社会を生み出している。めったに起こらない最悪の出来事が誰かに降りかかったとき、残りの人々の負担金でそのコストをまかなえるよう、全員でリスクや不確実性を分担できるようにしているのだ。

判断の数式によって、TENのメンバーは万民の幸福のために行動することができる。寛容の心と他者への思いやりの心を持つこと。奇跡を否定しないこと。プライスの目から見れば、それこそが正しい判断なのだ。判断の数式は、私たちを正義の道へといざなってくれる数式が、10の数式のなかに少なくともひとつはあることを物語っているのだ。

▼社会問題から宇宙の起源まで

聴衆は静かに座り、その日の出来事が始まるのを待っている。ビョルンの顔に緊張の色が浮かぶ。彼はこの5年間、学術研究を通じて新たな真実を発見するという壮大な目標に人生を捧げてきた。私は彼の博士課程の指導教授として、彼を目標の実現へといざなってきた。そして今、彼は仲間、同僚、審査委員だけでなく、友人、家族の前にも立ち、自身の博士論文を発表しようとしている。

彼を緊張させているのは、この多様な聴衆と彼の難解な研究分野の組み合わせだ。たとえば、「スウェーデンでの昨夜」と題する章では、暴力犯罪と自国の移民との関係について研究している。また別の章では、自由主義的で社会主義的な政策で知られるスウェーデンにおいて、反移民のポピュリスト政党であるスウェーデン民主党が、この10年間で一気に台頭した理由について探っている。

聴衆席に座り、審査委員を務める数学者たちにとっては、それは統計的手法に関する論文だ。ビョルンの指導教授のひとりであり、持続可能な開発からマイクロファイナンスによる女性の脱貧困まで、多彩な研究を行なう経済学教授、ランジュラ・バリ・スウェインにとっては、世界じゅうの文化が混じり合うと何が起きるかを説明する論文だ。ビョルンの家族であるブロムクヴィスト家の人々や友人たちにとっては、過渡期にあるスウェーデンについて意外な事実を教えてくれる論文だ。事実、スウェーデンは今や、ヴァイキングたちの暮らす単一民族の国から、アフガニスタン人、エリトリア人、シリア人、ユーゴスラビア人、EUを離脱したイギリス人などが暮らす文化の坩堝《るつぼ》へと変わりつつある。

その全員を満足させるため、綱渡りの綱の上でバランスを取ろうとしているビョルンは、その綱から落ちやしないかとビクビクしている。スウェーデンにおける博士論文の口頭試験《ディフェンス》はまず、オポーネント（敵）との対決に始まる。オポーネントとは、論文を読んで博士候補者と議論し、その研究分野の背景知識を提供する人物のことで、ビョルンの場合は、ダラム大学のイアン・ヴァーノンがその役を務めた。

まず、イアンがベイズの推論の原理について説明する。私が本章で紹介した例は、ひとつのモデルやパラメータに着目したものばかりだが、科学者たちはふつう、競合する仮説をいくつも用意している。イアンに与えられた課題は、その別々のモデルをすべて拾い出し、その各々にひとつの確率を割り当てることだ。100％正しい仮説など存在しないけれど、証拠が集積するにつれて、ほかと比べて妥当な仮説があぶり出されてくる。彼が最初の例として持ち出したのが、油層の探索だ。イアンらの開発した特許取得済みのアルゴリズムは、多くの石油会社によって、長期的に見てもっとも有望な油層を発見するのに使われている。お次は健康の話題だ。マラリアやHIVを根絶するための介入試験を行なう研究者たちは、まずその介入の効果を予測するための数学的なシミュレーションを構築する。実際、ビル&メリンダ・ゲイツ財団は、イアンの手法を用いて、病気の根絶プログラムの計画を立てている。

最後に、イアンは人類最大の疑問のひとつへと話題を移す。原始の宇宙で何が起きたのか？ ビッグバンのあと、最初に銀河はどう形成されたのか？ 今日観測される銀河の大きさと形状を説明できるモデルは？ イアンは初期の宇宙のモデルの数を絞って、宇宙への銀河の広がり方を決める17種類のパラメータのなかの妥当な値を発見した。[12] 彼のプレゼンテーションは綱渡りのようなバランスを完璧に保ちながら、数学的手法の威力や幅広い応用を示していった。ビョルンの家族や友人たちが、銀河の回転や衝突のシミュレーションを見て思わず息をのむ。それは宇宙の初期の進化を説明するひとつのモデルであり、そのパラメータはベイズ牧師の法則を使って得られたものだった。

さあ、お次はビョルンが自身の論文を発表する番だ。ただでさえ緊張していた博士課程の学生は、宇宙の壮大さについての説明を聞いて、たじろいだとしても不思議ではなかった。イアンの研究のスケールと比べて、スカンジナビアのたったひとつの国に関する自分の研究はなんてちっぽけなのだろう、と不安になったとしてもおかしくはない。でも、ビョルンに目をやると、落ち着いていて、すっかり腹をくくった様子に見えた。そして、聴衆席にいる彼の両親のほうを振り返ってみると、ふたりの表情に息子への誇りがにじんでいるのがわかった。これが息子の学んできた数学の力というものなのか、とブロムクヴィスト夫妻は思った。ビョルンが必死で習得しようとしていたのは、宇宙についての数学なのだ、と。

社会の変化も、宇宙の起源とはまったく違う意味ながら、同じくらい複雑だ。ビョルンは、反移民のスウェーデン民主党の台頭が主に地理的要因で説明できることを示した。一部の地域、とりわけスウェーデン最南端のスコーネ県や、中央部のダーラナ県では、スウェーデン民主党の支持者が多い。ところが、驚くことに、これらの地域では移民が特段多いわけではないのだという。つまり、移民への怒りが起きているのは、その地域に移民がどんどん流入しているからではない。むしろ、反移民政策への支持が膨らんでいたのは、教育水準があまり高くない農村部だったのである。

ビョルンは発表を終えると、イアンや博士論文の審査会から厳しい質問を受けた。イアンら審査会の数学者たちが知りたがっていたのは、彼のモデルとデータの比較方法の技術的詳細だ。ランジュラの同僚の経済学者で、審査会のメンバーでもあるリン・ラーポルドが、ビョルンの研究の重大な穴を指摘する。ビョルンは、反移民感情の原因を完璧に突き止めていたわけではなかった。彼は地域社会の変化のパターンこそ調べていたけれど、そうした社会で暮らす人々の心理までは理解していなかった。リンの疑問に答えるには、詳細なインタビューやアンケートが必要になるだろう。

審査会の質問は厳しかったが、公正だった。そして、満場一致の評決が下された。見事合格。彼は晴れてベイズ統計学者の精鋭メンバーのひとりに名を連ねたのだ。

社会科学を変えたベイズの推論

この数十年間で科学や社会科学のアプローチを一変させたベイズの推論は、世界をとらえる科学的手法と完璧に符合する。ベイズの法則は、実験家が収集したデータ（D）と、理論家が立てたそのデータに関する仮説やモデル（M）、そのふたつの要素を結びつけるのだ。

たとえば、こんな科学的仮説について考えてみよう――携帯電話の使用は、10代の子どもの精神衛生に悪い影響を及ぼす。これは私の家庭で盛んに議論されている問題だ。実際、私の家庭のふたりの子ども（と、公正を期すために言っておくと、ふたりの大人）は、一日じゅう携帯電話の画面とにらめっこしている。私が子どものころ、両親は私が今どこにいるのか、何をしているのかと四六時中心配していたけれど、今の妻と私の心配の種《たね》はそこじゃない。むしろ、子どもたちがずっと座り込んで、携帯電話の仄《ほの》青い光を見つめてばかりいることのほうだ。「どうして門限までに帰ってこない？　今まで誰と一緒にいた？」という古きよきお小言《こごと》は、私の家ではまず聞く機会がない。

社会学者で、子育てや生産性に関する自己啓発本を何冊か著わしているクリスティン・カーター博士は、携帯電話の使いすぎに断固反対し、「画面を見つめる時間こそが、おそらく10代の若者のあいだで急増している鬱《うつ》、不安、自殺の元凶である」と記している。彼女はカリフォルニア大学バークレー校の『グレーター・グッド』誌内の論文で、その主張を2段階に分けて繰り広げている。[13] 第1段階で、彼女は親たちのアンケート結果を引用している。親の半数近くは子どもがモバイル機器に「依存」していると考えており、親の半数はそのことが子どもの精神衛生に悪影響を及ぼしていると心配していた。続く第2段階では、幸福感、人生への満足度、社会生活に関する14の疑問に答えたイギリスの12万1115人の若者の調査データを引用した。調査の結果、たったの1時間を境に、スマホの使用時間が長い子どもほど、そのアンケートで測定された精神衛生の度合いが低かった。つまり、携帯電話を使えば使うほど不幸になるという言い方ができる。

説得力がありそうでしょう? 正直な話、初めてこの論文を読んだとき、私自身もすっかり納得してしまった。著者は博士号を持つ研究者。論文が発表されたのは世界最高峰の大学の雑誌。論文の主張を裏づける科学的な査読と厳密な調査データ……。ところが、そこにはひとつだけ問題、それも大きな問題が潜んでいる。

クリスティン・カーターは、判断の数式の上側の部分しか考慮していないのだ。第1段階は、親たちの不安について記述した部分で、ある親が、画面を見つめる時間が精神衛生に悪影響を及ぼすと考える確率 $P(M)$ に相当する。第2段階では、最新のデータが心配する親の仮説、つまり $P(D|M)$ と一致していて、しかもこの値がかなり大きいことを示している。しかし、彼女が怠っていることがひとつある。現代の若者の精神衛生について説明しうるほかのモデルを、いっさい考慮していないのだ。彼女は数式(2)の分子(上側の部分)こそ計算しているのだが、分

母（下側の部分）については言い忘れている。別の仮説に対する$P(D|M^c)$については何も言っていない。そのため、私たちが本当に知りたい$P(M|D)$の値、つまり携帯電話の使用が若者の鬱の原因である確率について、理解を深めてくれるわけではないのだ。

カーターの放置した穴を埋めたのは、カリフォルニア大学アーバイン校の心理科学教授、キャンディス・オジャーズだった。彼女は学術誌『ネイチャー』に発表された解説で、まったく別の結論に達した。[14] 彼女は冒頭で、まず携帯電話の問題について認めた。アメリカでは、抑鬱を報告する12〜17歳の少女の割合が、２００５年の13・３％から２０１４年には17・３％まで増加しており、同じ年齢の少年についてもそれより小さな数字ではあるが増加が見られる。一方、同期間で携帯電話の使用が増加したことは、ほぼ疑いようのない事実だ。統計を引っ張り出してくるまでもない。オジャーズはまた、クリスティン・カーターが引用したイギリスの若者の調査データに異論はなかった。携帯電話のヘビーユーザーのあいだで鬱の症例が増加することは確かだった。

オジャーズが指摘したのは、ほかの仮説によっても若者の鬱の増加は説明できるという点だった。毎朝朝食をとらない、睡眠時間が日によって違う、といった要因は、携帯電話の使用時間と比べて、精神衛生の悪化を予測するうえで3倍も重要だった。[15] ベイズの定理の用語を使うなら、朝食と睡眠は鬱を説明しうる代替モデルであり、しかもこれらの確率$P(D|M^c)$は高い。これらのモデルをベイズの法則の分母に代入すると、分子を大きく上回り、携帯電話の使用が鬱と関係

している確率$P(M|D)$は小さくなる。完全に無視できるわけではないが、若者の精神衛生の問題の重要な説明を提供するには足りない程度の小ささにはなる。

それだけではない。なんと、若者には携帯電話を使用するメリットがあることも実証されている。数々の調査で、子どもは携帯電話を使って互いに支え合い、長期的な社会的ネットワークを築くことが証明されている。携帯電話の使用時間について注意を受けることが多い中流階級の子どものほとんどにとって、携帯電話はオンラインだけでなく実生活においても、長く続く真の友情を築く能力を向上させるのだ。問題があるのは、キャンディス・オジャーズが論文内で示したとおり、恵まれない境遇の子どもたちだ。あまり裕福でない若者たちは、ソーシャルメディア上の揉め事に巻き込まれてしまう可能性が高い。また、実生活でいじめを受けたことがある子どもたちは、その後、オンラインで被害者になりやすいこともわかっている。

よくよく考えると、私の子どもたちは世界じゅうの人々とつながっているし、オンラインで新しい考えについて学ぶ機会も多い。あるときなんて、エリスとヘンリーがボンゴや文化の盗用について議論しているのを耳にしたこともある。

「誰かの文化の音楽を演奏していて、ムカつくと言われたら、やめるのが基本的な礼儀でしょ」とエリスは言った。

「じゃあ、エミネムも文化を盗用してるってこと?」とヘンリーは反論した。

私と姉が13歳と15歳のとき、果たしてこんな議論ができただろうか? そうとは思えない。今だって自信がないくらいだ。2000年代生まれの子どもたちは、1970年代、1980年代、そして1990年代生まれの人々には理解できないような重要な考えや情報を理解できるのだ。

数学は世界について議論するための手段

さて、もういちどエイミーとレイチェルの話に戻ろう。大事な話を飛ばしてしまったからだ。私が例のなかで用いた数値、つまり性悪女は20人にひとりで、性悪女は50%の確率で悪口を言い、いい人でも10日に1日は機嫌が悪い、という仮定は、やや恣意《しい》的であるばかりか、主観的でもある。主観的というのは、人によって違うという意味だ。過去の人生経験次第で、エイミーより他人を信じやすい人もいれば、信じにくい人もいるだろう。これは、恐ろしい客観的現実である飛行機の墜落とは対照的だ。しかし、エイミーが新しいクラスメートをどう見るか、私が同僚をどう分類するかは、自分が今まで出会った人々に対する主観的な経験のみに基づいている。性悪女やろくでなしの客観的な指標なんて存在しない。

エイミーの物語に出てくる数値が主観的なのは確かだ。でも、実は、ベイズの法則は客観的確率だけでなく、主観的確率でも成り立つ。数値で表わすことができ、なおかつその数値が完全に正確でなくてもいいなら、ベイズの法則を使ってそうした数値について推論することができるのだ。当然、数値を変えれば得られる結果は変わるけれど、ベイズが言っているロジックは変わらない。

この仮定に当たる部分を「事前確率」という。数式（2）でいうと、$P(M)$が、私たちのモデルが正しい事前確率に当たる。事前確率は、主観的な経験から導けることが多い。主観的であってはならないのは、データが出たあとで私たちのモデルが正しい確率$P(M|D)$を求める方法のほうだ。この計算はベイズの法則に従わなければならない。

数学は客観性がすべてだと考える人は多い。それは違う。数学とは、世界を表現し、世界について議論する手段のひとつであり、議論の内容は当事者にしかわからないこともある。結局のところ、エイミーがレイチェルのことを性悪女と考えているかどうかなんて、ほかの人は知らないし、気にもしないかもしれない。その思考プロセス全体をエイミーの脳のなかに永久にしまっておくことができるからだ。

いまいちど、世界を映画で表現するという私自身の例を思い出してほしい。その映画は来る日も来る日も私の脳内だけで流れる。そのなかにはきわめて個人的なものもある。妻の感情に対する不安。娘の将来についての思い。私が息子のフットサルチームを勝利へと導き、優勝カップを手にするシーン。私がいつかベストセラー作家になるかもしれないという夢。こうした映画は完全に私だけのものなので、誰かに話す必要はない。判断の数式はどういう映画をコレクションするべきか、どういう夢を見るべきかなんて教えてくれない。ただ、その夢についてどう推論するべきかを教えてくれるだけなのだ。なぜなら、その「映画」の一つひとつは世界のモデルにすぎないからだ。判断の数式は、私たちがそれぞれの夢と結びつける確率を見直すのには役立つけれど、見るべき夢を教えてくれるわけではない。

イアン・ヴァーノンはビョルンの博士論文の発表後、シャンパン片手にこう語った。

「ベイズ分析の真の威力は、実証研究の前後におけるその人の考え方をいやおうなく明らかにするという点にあるのだが、数学者や科学者も含め、多くの人はその事実を見損なっている。ベイズ分析では、自分の主張を何通りものモデルへと分解し、その裏づけをひとつずつ探していくことが求められる。自分の主張を裏づけるデータが得られたと思ったとしても、実験の前、自分の仮説にどれだけの裏づけを与えていたのかを、正直に認める必要があるんだ」

同じ意見だった。イアンは、ビョルンがベイズの手法を用いて、スウェーデンの政界における極右勢力の台頭について説明していたのを思い出しながら、一般論を語っていた。私はこの博士論文で、ビョルンと一緒に細部を詰めつつ、人々が国粋主義的な政党に投票する要因を学んでいった。そして今、私は同じ手法を私自身の家庭生活の疑問に応用しようとしていた。私は精神衛生や携帯電話の専門家ではないけれど、判断の数式は、ほかの人々が集めた研究結果を解釈する方法を、そしていろんな科学者たちの主張の優劣を見極める方法を与えてくれる。私はベイズの定理を使って、それぞれの科学者が「まともな判断」の基準を満たしているかどうかを確かめてみた。果たして、研究者たちは自分自身の世界のモデルと代替モデル、その両方に目を向けていたのか？　キャンディス・オジャーズは自分自身の主張のあらゆる面のバランスを取っていた。でも、クリスティン・カーターは自分自身の見方しか提示していなかった。

私は、子育て、ライフスタイル、健康の〝専門家〟とやらのアドバイスが無批判に受け入れられるのを見ると、ときどきげんなりしてしまう。近日開催のビッグマッチについての情報要求メールを送ってくる無知なギャンブラーと同じで、こうしたアドバイスを受け入れる消費者たちは、最新の研究結果しか見ていない。健康的でバランスの取れたライフスタイルを確立するには、ギャンブルでの成功に長期的な戦略が必要なのと同じで、長期的な取り組みが必要だということに気づいていないのだ。

ただし、すべての見方を提示することが、まるまるすべてクリスティン・カーターの責任だとは思わない。彼女の論文は誤解を生むとさんざん言ってきたのに、今さらそんなことを言うなんて、と思うかもしれないけれど、彼女が私自身も含めた多くの親たちの心配を代弁しているのもまた確かだ。彼女が提示しているデータにウソはないし、彼女は自分自身のモデルの裏づけも提示している。別のモデルの裏づけを提示する責任が、彼女だけにあるとは思えない。

つまり、彼女のモデルが妥当であることを確認する責任は、おおむね私たちの側にあるのだ。私は意見記事を読むとき、その著者の経歴がどんなにすごくても、数式のすべての部分がきちんと揃っているかどうかを確認する。ひとりの親として、携帯電話の画面が人生において果たす役割をきちんと理解するのは、そう難しくなかった。私が使用した論文はみなオンラインで無料公開されており、ダウンロードして目を通すのに2晩もあれば十分だった。議論の内容がつかめたところで、私は10代の子どもたちとその結果について話し合った。よい睡眠と朝食はどちらも、携帯電話を見て過ごす時間よりも精神衛生にとって3倍重要だということ。だからといって、毎晩ソファーに寝そべってユーチューブを観つづけていいわけではないこと。運動や社会的な交流も大事であること。そして、寝室に携帯電話を持ち込むのだけは絶対にやめてほしいということ。たぶん、エリスとヘンリーはわかってくれたと思う。

子育ての専門家が提供する情報を無批判に受け入れるような人々も、キャンディス・オジャーズのように、よりバランスの取れた見方を提示する科学者の意見は、疑いの目で見ることがあるから不思議だ。さまざまな見方を提示する科学者は、結論に自信がないと受け取られることがあるからだ。気候変動、いろいろな食生活のメリット、犯罪の原因といった話題は、学界で盛んに議論されている。こうした議論や、あらゆる仮説の比較は、決して議論している人々の弱さや優柔不断の証《あかし》などではない。むしろ、すべての可能性について検討したという強さや熟慮の証なのだ。

あふれるアドバイスのなかで溺れないために

世界はアドバイス好きであふれている。職場や自宅で仕事をてきぱきとこなす方法。落ち着きや集中力を保つ方法。もっといい人間になる方法。完璧な仕事、パートナー、人生を選び取る方法。新しい職場で真っ先に行なうべき10個のこと。絶対に避けるべき10個のこと。知っておいて損のない10個の数式。

ヨガの落ち着き。オープンなマインドフルネス。深い思考。ゆっくりとした呼吸。トラ。ネコ、犬。ポピュラー心理学。進化論的な行動。穴居人《けっきょじん》、狩猟採集民、ギリシア哲学者になれ。スイッチを切れ。つながれ。リラックスしろ。パワーアップせよ。背筋を伸ばして立ち、決して横になるな。正しい食事をすれば死なない。鈍感力を持てば幸せになれる。思ったことは今すぐやれ。

こうしたアドバイスに欠けているのは、構造だ。重要な情報が意見やナンセンスとごちゃ混ぜになってしまっている。その点、判断の数式は、情報の整理や評価ができる。望むアドバイスであれ望まぬアドバイスであれ、一つひとつのアドバイスをモデルへと変え、データと照らし合わせて検証できる。他者の意見にじっくりと耳を傾け、代替モデルを挙げ、データを収集して、判断を下せる。いろいろな考えを裏づける証拠や否定する証拠が少しずつ集積していくにつれ、あなた自身の意見を調整していくことができる。他者の行動を判断するときも、同じようなプロセスを使うといいだろう。常に2度目、3度目のチャンスを与え、感情ではなくデータに従って決断を下すのだ。ベイズの法則に従えば、人生でよりよい選択が下せるだけでなく、他者の信頼まで勝ち取れる。そう、「よい判断」ができる人間との評判を。

第3章

信頼の数式

統計的な正しさを計算する

$h \cdot n \pm 1.96 \cdot \sigma \cdot \sqrt{n}$

TENはド・モアブルから始まった

TENのすべてが、キリスト教の道徳性から生まれたわけではない。TENが確立したたったひとつの場所と時間にタイムトラベルせよ、と言われたら、行くべきはトーマス・ベイズの死の床《とこ》ではないだろう。ロンドンであることに変わりはないが、私たちが行くべきはその30年近く前、1733年11月12日に開かれた仲間内の集まりだ。そこでは、アブラーム・ド・モアブルがギャンブルの秘密について明かしていた。

ド・モアブルは世慣れた数学者だった。プロテスタントであるという理由でフランスを追われ、さりとてロンドンに来ればフランス生まれであるという理由で疑いの眼差しを向けられた。そのため、アイザック・ニュートンやダニエル・ベルヌーイといった同時代の仲間が各々の分野で教授の座に収まった一方、ド・モアブルは別の自活の手段を探さざるをえなかった。収入の一部は、ロンドンの中流階級の少年たちの家庭教師をして得ていたけれど（生徒のひとりに若きトーマス・ベイズがいたという噂もあるものの、証拠はない）、残りは「コンサルタント業」から得ていた。セント・マーティンズ・レーンにあるコーヒーハウス「オールド・スローターズ」には、ギャンブラーから投資家、さらにはサー・アイザック・ニュートンその人まで、いろいろな人々に助言をする彼の姿があった。

1733年11月にド・モアブルが発表した研究は、彼の以前の研究をもう1段階洗練させたもので、少し前にニュートンが開発した微積分という新しい数学を使って、運のゲームの長期的な収益性に対する信頼度を測るものだった。最終的に、彼の提示した数式は、科学者や社会科学者が自分の研究結果に対する信頼の度合いを明確にする方法の基礎となる。しかし、その「信頼の数式」は、どうやって導き出されたのだろう？　それを理解するためには、まずド・モアブルと同じ立場に身を置いてみる必要がある。というわけで、怪しげなギャンブルの世界に足を踏み入れてみよう。

オンライン・カジノの世界へようこそ

近頃では、ものの2分もあればオンライン・カジノのギャンブル・アカウントを開設できる。名前、住所、そして何より大事なクレジットカード情報を入力すれば、準備は完了。ゲームは多種多様だ。カジノに一定の手数料を支払って、ほかのプレイヤーと対戦するオンライン・ポーカー。昔、パブにあったようなスロットマシン。スロットマシンには、クレオパトラの墓、フルーツvsキャンディ、エイジ・オブ・ザ・ゴッズから、バットマン対スーパーマン、トップ・トランプス・フットボール・スターズといった商標入りのものまで、いろいろな名前のマシンがある。ボタンを押すとホイールが回転し、神々が1列に並んだり、バットマンが必要な数だけ現われたりすれば当せんだ。それから、ブラックジャックやルーレットのような伝統的なカジノゲームもある。ライブ動画を通じて、おしゃれな格好をした若い男性がカードを配ったり、胸元の開いたイブニングドレスを着た女性がルーレット盤を回したりする様子がストリーム配信される仕組みになっている。

私は大手のオンライン・ギャンブル・サイトでアカウントを開設してみた。10ポンドを入金すると、10ポンドのアカウント開設ボーナスと合わせて、軍資金は20ポンドになった。最初に試したのはエイジ・オブ・ザ・ゴッズというスロットマシンの機種だ。ほかのゲームより最低賭け金が少なくてすみ、10ペンスで1回スピンの権利がもらえる。

20回スピンを終えた時点で、70ペンスの赤字になっていたけれど、何も起こる気配がなかった。そろそろゴッズには飽きてきたので、トップ・トランプスの台へと移り、ロナウド、メッシ、ネイマールなどのサッカー選手をぐるぐると回転させはじめた。賭け金はさっきの台と比べて高額で、1スピン当たり20ペンスだったが、6スピン目で大当たりが出た。1・5ポンドの当せんだ！　これでようやくトントン近くまで戻った。その後、バットマン対スーパーマンなど、いくつかの機種を試していると、ボタンを押しつづけなくても自動で連続してスロットマシンを回してくれるオートスピン設定なるものを見つけた。これはよくない。２００回終了後、持ち金は13ポンドまで減っていた。

スロットマシンにはお金を賭ける価値がないと感じたので、代わりにライブ・カジノを試してみることにした。テーブルを担当するのは黒のドレスに身を包んだ20代の女性ケリーで、私を部屋へと迎え入れたころには、別の客とおしゃべりをしていた。不思議な体験だった。彼女にメッセージを送ると、ちゃんと答えが返ってくる。

「そっちの天気はどう？」と私は訊いた。

「いい天気ですよ」と彼女は私をまっすぐに見据えて言った。「春が近づいてきたみたい。それではベットを締め切ります。幸運を祈ります」

ラトビアに住む彼女は、驚くほどオープンな性格で、スウェーデンに4回来たことがあると話してくれた。軽い雑談のあと、今日は大当たりが出たかと訊いてみた。

「お客様の賭けた額は、わからないようになっているんです」と彼女は言った。

見栄を張って、毎回1ポンドを賭けていた自分が少しバカみたいに思えた。

個人的にはケリーは好きだったが、もう少し別の部屋ものぞいてみないとと思った。どう表現すればいいのかわからないけれど、ケリーや大半の男性が低額ルームを担当しているのには理由があるみたいだった。彼女はぴったりとしたドレス姿がどこかぎこちなく、いかにも着慣れていない様子だった。正直、あまりセクシーなほうとはいえなかった。

高額ルームは違った。ドレスの胸元はざっくりと開いていて、女性たちの笑みは誘惑的だ。毎回のスピンの前、高額ルーム担当のルーシーは、「きっとあなたの選んだ数字が出るわよ」といわんばかりに、わざと上目遣いでカメラに視線を送った。私だけでなく、世界じゅうのほかの163人のギャンブラーにも同じように見えているという事実を、一瞬忘れてしまうくらいだ。

彼女は顧客の質問に次々と答えていった。

「ええ、パートナーはいます。ちょっと事情が複雑なんですけどね……」とある顧客に答えた。

「ああ、旅行は大好きですよ。パリに行ってみたいな。それから、マドリード、ロンドンにも」と別の客に言った。

すると、スピンの前に、カメラが真上からのアングルに切り替わり、彼女の足がチラリと映る。

ものすごく居心地が悪くなってきた。こんなことのためにここへ来たんじゃない。そう思い直して、再び低額ルームへと戻った。その部屋を担当するマックスという若くて礼儀正しい男性は、ここのところ勝ちが続いている色や数字について、統計的なアドバイスをくれた。彼の台では、大きめの数字がよく出ているらしい。

私は残金を調べた。深く考えもせず、赤と黒にランダムで賭けていたというのに、カジノを始めてから2時間で持ち金はなんと28ポンドまで増えていた。一晩で8ポンドの儲けだ。順調、順調。

確信の度合いを計算する

自分が勝っているのは単なる運なのか、それとも実力のおかげなのかは、どう判断すればよいだろう？　オンライン・カジノの場合、私のほうが不利だということはわかりきっていた。それでも、2時間後に持ち金は開始時点より増えていたのだから不思議だ。

ほかのゲームの場合、自分に優位性があるのかどうかはよくわからない。友人とポーカーをしているとき、チップは増えたり減ったりするけれど、どの段階まで来れば、私のほうが相手よりポーカーが上手だと断定できるだろう？　私がワールドカップで試してみたようなスポーツ賭博戦略を立てた場合、その戦略がうまくいっているとわかるのはどういうときなのか？

こうした疑問は、ゲームやギャンブルに限られるわけではない。政治についても成り立つ。アメリカ大統領選の当選確実を出すためには、何人の投票者の調査が必要か？　また、社会についても成り立つ。ある企業が採用時に人種差別をしているかどうかは、どうすればわかるか？　そして、個人的なことについても成り立つ。仕事や人間関係に見切りをつける前に、どれだけ長くその仕事や関係を続けてみるべきか？

なんと、これらの疑問すべてに答えてくれるたったひとつの数式がある。それが次の「信頼の数式」だ。

$$h \cdot n \pm 1.96 \cdot \sigma \cdot \sqrt{n} \quad \cdots\cdots (3)$$

信頼という概念をうまくとらえているのが、この数式の真ん中にある±（プラスマイナス）記号だ。たとえば、私が1日に何杯コーヒーを飲むかとたずねられたとしよう。断定はできないので、たぶん「4プラスマイナス2杯」、つまり4±2杯と答えるだろう。これが信頼区間と呼ばれるもので、平均値とその平均値を中心としたばらつき、その両方をいっぺんに表わせる便利な記号だ。もちろん、7杯飲む（または1杯しか飲まない）ことが絶対にないという意味ではないけれど、ほとんどの日は2杯から6杯のあいだに収まるということをある程度確信しているという意味になる。

数式（3）を使うと、その確信の度合いについてより厳密に述べられる。私が読者のみなさんに、赤か黒に毎回1ポンドを賭け、ルーレットを400回プレイしてもらうとしよう。ルーレット盤には37種類の数字がある。1から36までの数字は、赤、黒と交互に並んでいる。緑色の0は特別な数字であり、いわばルーレットをカジノのオーナーにとって有利なゲームにする源泉といえる。たとえば、ギャンブラーが赤に賭けたとすると、球が赤に落ちて賭け金が倍になる確率は18/37、賭け金を没収される確率は19/37となる。つまり、ギャンブラーの期待される（平均的な）損益は、1ポンド賭けるごとに、$1 \cdot 18/37 - 1 \cdot 19/37 = -1/37$となり、1回当たり平均およそ2・7ペンスの損となる。数式（3）では、平均的な損失はhで表記されており、この場合、$h = -0.027$だ。よって、400回の時点で、読者はひとり当たり平均で$h \cdot n = -0.027 \cdot 400 = 10.8$ポンド損をする計算になる。

次のステップは、平均的な損失を中心としたばらつきの度合いの計算だ。当たり前だけれど、読者全員がまったく同じ額だけ負ける（または勝つ）わけではない。計算なんてしなくても、ルーレットの結果には毎回大きなばらつきがあることがわかる。1ポンドを賭ければ、球が落ちるところには賭け金が2倍または0になっている。つまり、1回のスピンにおけるばらつきは賭け金と同額で、平均的な損失2・7ペンスよりもずっと大きい。

このばらつきは、任意の1回のスピンの結果と1回当たりの平均的な損失との距離の平方を取ることで数値化できる。1ポンドの勝ちと平均的な損失0・027ポンドとの距離の平方は、$(1-(-0.027))^2=1.0547$で、1ポンドの負けと平均的な損失との距離は$(-1-(-0.027))^2=0.9467$だ。勝ちの結果は37回中18回、負けの結果は37回中19回発生するので、スピン1回当たりの距離の平方の平均、記号にするとσ^2は、次のようになる。

$$\sigma^2=\frac{18}{37}\cdot 1.0547+\frac{19}{37}\cdot 0.9467=0.9993$$

この距離の平方の平均σ^2のことを、「分散」という。ルーレットにおける分散は、ぴったり1ではないが、1に限りなく近い。ルーレット盤が完全に公平であり、数字が36種類しかなく、赤と黒がちょうど半々なら、分散はぴったり1になるだろう。

この分散の値は、スピンの回数に応じて増えていく。ルーレットを2回回せば分散は2倍、3回回せば3倍……等々となる。よって、n回回せば分散は$n\cdot\sigma^2$となる。

ここでは、結果と平均との距離を平方しているので、ばらつきの単位はポンドではなくポンドの2乗である点に注意してほしい。ポンド単位に戻すには、分散の平方根を取り、標準偏差σを求めればいい。この例の場合は０・９９９６だ。nの平方根は$\sqrt{n}$と書く。よって、４００回のスピンで儲かる（または失う）お金の標準偏差の平均的なプラスマイナスは、次のようになる。

$$\sigma \cdot \sqrt{n} = 0.9996 \cdot \sqrt{400} = 0.9996 \cdot 20 = 19.99$$

これで、信頼の数式の大部分の要素はできあがった。数式（３）についてまだ説明していない部分は、１・９６という数値だけだ。この数値は、「正規曲線」と呼ばれる数式から導き出されるものだ。正規曲線とは、私たちの身長やＩＱの分布を表わすのによく使われる釣鐘《つりがね》型の曲線のことで、平均値（ルーレット４００回後の損益なら－10・8、イギリス人男性の身長なら１７５センチメートル）の部分に頂点がある釣鐘の形をイメージするとわかりやすい。[1] 図３に示すのは、赤か黒に毎回1ポンドを賭けて４００回ルーレットを回した場合にできあがる正規曲線だ。

さて、ここでこの釣鐘曲線の95%が含まれる区間を考えてみよう。ルーレットを４００回回す場合、読者の損益全体の95%が含まれる区間がそれに当たる。実は、１・９６という数値はその区間に由来する。観察される結果の95%が含まれるようにするには、その区間を標準偏差の１・９６倍の長さにする必要があるのだ。言い換えるなら、数式（３）は、ルーレットを４００回回したあとに生じる損益の95%信頼区間を示す数式であり、具体的な数値を代入するとこうなる。

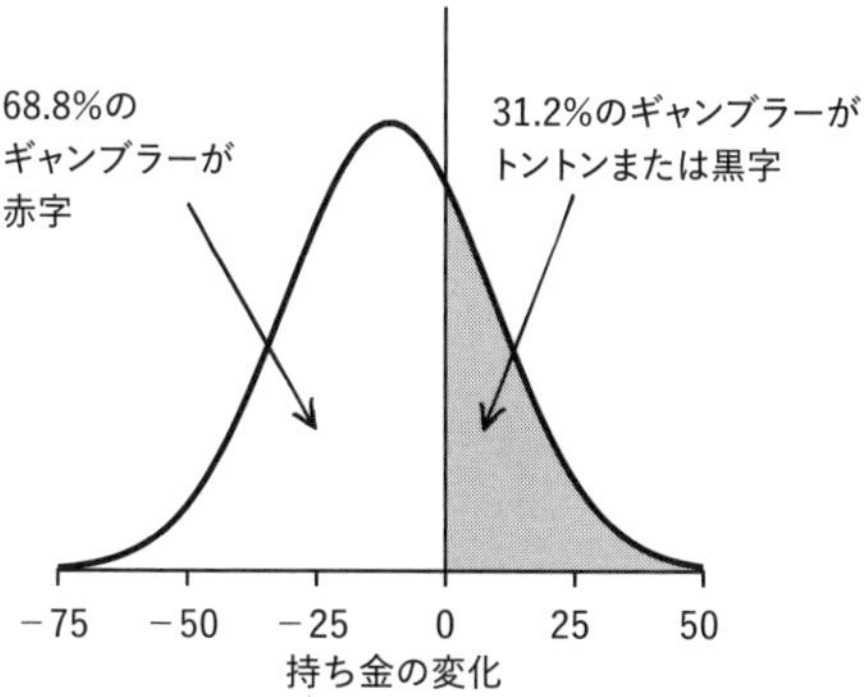

ルーレットに1ポンドを400回賭けたあとのプレイヤーの最終結果のヒストグラムは、釣鐘型の正規曲線に従って分布する。

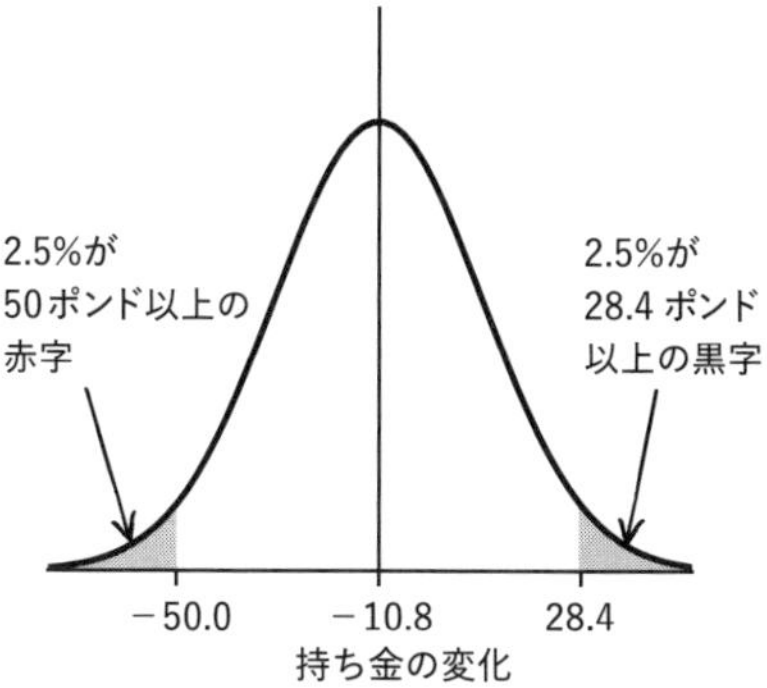

信頼区間。

95%のギャンブラーが 50 ポンド未満の赤字か 28.4 ポンド未満の黒字。

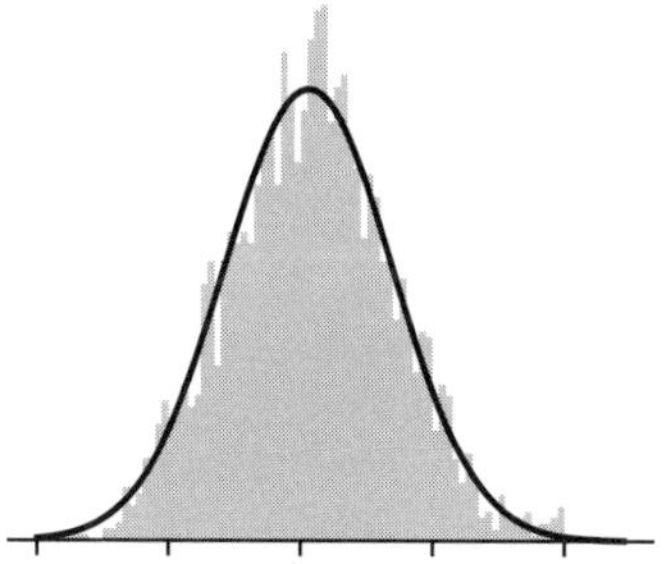

NBAの2018-19 シーズンの全公式戦における1チーム当たりの得点数のヒストグラム（灰色部分）と、正規曲線（黒の実線）との比較。

図3：正規分布

$$h \cdot n \pm 1.96 \cdot \sigma \cdot \sqrt{n} = -0.027 \cdot 400 \pm 1.96 \cdot 0.9996 \cdot 20 = -10.8 \pm 39.2$$

平均的な読者は、ルーレットを400回回すと10・8ポンド損するということなので、その点についてはお気の毒様としか言いようがないのだが、逆の見方をすると、信頼空間は±39・2とかなり広い。つまり、かなり儲かる読者もいるということなのだ。このトントンまたは黒字のギャンブラーというのはかなりの少数派で、ルーレットを400回回した人々の31・2%しかいない。何人かの友人とカジノや競馬場へ行くと、この現象に気づく。最終的に大勝ちする人がふつうひとりはいるのだ。特に、その友人がお酒をおごってくれたときには、全員が勝った気分になる。

これこそが信頼の数式から得られるひとつ目の重要な教訓だ。勝ったギャンブラーは、賢い戦略のおかげで勝ったと思いがちだけれど、現実には、約3人にひとりが勝ってカジノを去るのだ。勝ったからといって、まぐれにだまされてはいけない。それは実力じゃなく、運のおかげなのだから。

正規分布が見られる理由

ひとつ、重要な事実をごまかしていた。さっき、ギャンブルの結果の分布が正規曲線に従うと述べたけれど、その理由までは説明しなかった。その説明は、1733年のロンドン、アブラーム・ド・モアブルのプレゼンテーションまでさかのぼる。

ド・モアブルは、1718年刊行のギャンブルに関する自身初の著書『偶然性の理論（*The Doctrine of Chances*）』で、トランプで特定の役《ハンド》ができる確率やサイコロ遊びで勝つ確率をすでに計算していた。[2] たとえば、配られた5枚のカードのなかにAが2枚ある確率や、2個のサイコロを振って6のゾロ目が出る確率などだ。[3] 彼はその計算方法を読者に解説し、途中で理解を深めるための演習を設けた。ギャンブラーたちがコーヒーハウス「オールド・スローターズ」で彼に求めていたのは、そんなアドバイスだった。

1733年のプレゼンテーションで、ド・モアブルは聴衆に、偏りのないコインを3600回投げた場合の結果の計算方法について考えるように言った。コインを2回投げ、2回連続で表が出る確率はいくつか、というのは単純な問題で、ふたつの分数を掛け合わせればよい。つまり、1/2・1/2 = 1/4 だ。また、コインを5回投げて表が3回出る確率は、次のように、まずすべての可能性を書き出すことによって求められる。

HHHTT, HHTHT, HHTTH, HTHTH, HTHHT,
HTTHH, THTHH, THHTH, THHHT, TTHHH

（Hは表、Tは裏）

この10通りだ。ブレーズ・パスカルは早くも1653年の時点で、n個の列のなかからk個を選び出す（n回のコイン投げでk回表が出る）方法の数は、次の式で表わされることを証明していた。

$$\frac{n!}{(n-k)!k!}$$

表記$k!$は「kの階乗」と呼ばれ、kから、$k-1$, $k-2$と続けて、1まで掛け合わせることを意味する。式で表わすなら、$k! = k \cdot (k-1) \cdot (k-2) \cdot \ldots \cdot 2 \cdot 1$となる。先ほどの例では、$n = 5$, $k = 3$なので、代入すると、

$$\frac{5!}{(5-3)!3!} = \frac{5 \cdot 4 \cdot 3 \cdot 2 \cdot 1}{2 \cdot 1 \cdot 3 \cdot 2 \cdot 1} = 10$$

通りとなり、先ほどすべての可能性を列挙してわかったのと同じ答えになる。表が出る確率と裏が出る確率は1/2ずつで同じなので、コインをn回投げてk回表が出る確率はこうなる。

$$\frac{n!}{(n-k)!k!}\cdot\left(\frac{1}{2}\right)^n$$

$n=5$, $k=3$を代入すると、

$$\frac{5!}{(5-3)!3!}\cdot\left(\frac{1}{2}\right)^5=10\cdot\left(\frac{1}{2\cdot2\cdot2\cdot2\cdot2}\right)=\frac{10}{32}=0.3125$$

となる。つまり、コインを5回投げて3回表が出る確率は、31・25％だ。

ド・モアブルは、現在「二項分布」と呼ばれているこの数式をよく知っていたけれど、nが巨大になると実用的でなくなることにも気づいていた。彼の出した$n=3600$というコイン投げの問題を解くには、2を3600回も掛け合わせ、3600・3599・…・2・1の値を計算しなくてはならなくなってしまう。やってみてほしい。手作業ではとうてい計算不可能だし、コンピュータを使ったとしても難しい。

ド・モアブルが用いた戦略は、掛け算自体を無視して、二項分布の数学的な表現形式について研究するというものだった。彼の友人でスコットランドの学者であるジェームズ・スターリングは、その少し前、巨大な階乗を近似する新たな公式を証明したばかりだった。ド・モアブルは、スターリングの公式を用いて、nが巨大になると、先ほどの数式が次の数式にほぼ等しくなることを証明した。

$$\frac{1}{\sqrt{2\pi}\ \sqrt{n/4}} \cdot \exp\left(\frac{(k-n/2)^2}{n/2}\right)$$

一見すると、この式は二項分布の式よりもかえって複雑になっているように思える。平方根、定数 $\pi=3.141\ldots$、指数関数が含まれているからだ。しかし、ここがド・モアブルの結果にとっていちばん重要な点なのだが、この式には、階乗に見られるような掛け算の繰り返しが含まれていない。k や n の値を代入するだけで、3600回どころか、100万回のコイン投げに関する値だって、一発で計算できてしまうのだ。ここまで来れば、対数表や計算尺を使って問題を解くのはたやすい。18世紀の技術でも、100万回のコイン投げの結果を計算できるのである。

その晩、ド・モアブルは史上初の信頼区間をつくり上げた。彼はコインの表が1740回より少ないか、1860回より多くなる確率が約21分の1であることを証明した。そう、つまり95・4%信頼区間と同じものだ。

先ほどの数式は今日「正規曲線」と呼ばれているもので、現代統計学でもっとも重要な式のひとつだ。ところが、ド・モアブルは自身の数式の重要性に気づいていなかったらしく、1810年になってようやく、そのおおいなる可能性に気づいたのは、ピエール゠シモン・ラプラス侯爵その人だった。ラプラスの考案した「モーメント母関数」と呼ばれる数学的手法のおかげで、任意の分布を、その平均（1次モーメントと呼ばれる）、分散（2次モーメント）、さらには分布の歪度《わいど》や尖度《せんど》を測定するより高次のモーメントによって、一意に指定できるようになった。さらに、ランダムな結果（ルーレットのスピン、サイコロ投げの結果など）が加えられていくにつれて、分布の形状がどう変化するかを調べられるようにもなった。そのラプラスが、真に驚くべき事実を証明した。何を加えるかにかかわらず、加えていく結果の数が増えるにつれて、モーメントは必ず正規曲線のそれにどんどん近づいていくというのだ。

ラプラスの結果のいくつかの厄介な例外（その一部については第6章で）を解決するには数年かかったが、20世紀初頭を迎えるころには、ロシア人のアレクサンドル・リャプノフとフィンランド人のイヤール・ワイデマール・リンデベルグが、ラプラスの初期の議論の穴を埋めていた。リンデベルグが1920年にとうとう証明した結果は、今日「中心極限定理」として知られている。[5] 中心極限定理が言わんとしているのは、各々が平均h、標準偏差σを持つ独立したランダムな測定値を多数足し合わせていくと、必ずその測定値の和は平均$h \cdot n$、標準偏差$\sigma = \sqrt{n}$の釣鐘型の正規分布に従うということだ。[6]

この結果の応用範囲の広さを理解するため、いくつかの例を考えてみよう。100回のサイコロ投げの結果を足し合わせると、正規分布に従う。サイコロ、トランプ、ルーレット、オンライン・カジノなどのゲーム結果を繰り返し足し合わせていくと、正規分布に従う。NBAのバスケットボールの試合の合計得点は、図3のいちばん下側に示したとおり、正規分布に従う。[7] 穀物の収穫量は正規分布に従う。[8] 幹線道路における車の速度は正規分布に従う。人間の身長、IQ、性格テストの結果は正規分布に従う。

ランダムな要因がたくさん積み重なって最終的な結果が生まれる場合には必ず、正規分布が見られる。したがって、同じ種類の行動や観測を何度も繰り返すような活動ならなんでも、数式（3）を使って信頼区間を求められるのだ。

▼シグナルとノイズ

第1章で、3％の優位性を持つギャンブラーは、1000ポンドの元手をたった1年間で5700万ポンドにまで増やせることを示した。賭けては利益を再投資することにより、持ち金が指数関数的に膨らんでいったからだ。さて、この架空のギャンブラーには、必然的に大きな難問が待ち受ける。仮に、そのギャンブラーをリサと呼ぼう。リサに3％の優位性があることは、どうすればわかるのか？

政治およびスポーツ予測サイト「ファイブサーティエイト」の設立者で編集者のネイト・シルバーは、こうした状況を説明するのに「シグナル」と「ノイズ」という用語を使っている。[9] スポーツ賭博の場合、1回の賭けの平均的な利益（または損失）の値、数式（3）でいうhが、シグナルに当たる。つまり、リサに3％の優位性があるとしたら、平均すると1ポンド賭けるたびに3ペンス儲かるということだ。1回当たりのノイズは標準偏差σで測られる。ルーレットのノイズと同じく、スポーツ賭博のノイズはシグナルよりずっと大きくなる。たとえば、リサがオッズ1・5倍のチームに1ポンドを賭けたとすると、1ポンドを失うか、50ペンスが儲かるか、そのふたつにひとつだ。先ほど紹介した標準偏差の算出式を用いると、この賭けの標準偏差は0・71ポンドとなる。[10] したがって、標準偏差（$\sigma = 0.71$）で測った1回当たりのノイズは、シグナル（$h = 0.03$）の24倍近くにもなる。このとき、シグナル対ノイズ比は$h/\sigma = 0.03/0.71 \approx 1/24$である、という言い方をする。

実際、カジノは自分たちに優位性があるのをちゃんとわかっている。シグナル対ノイズ比$\frac{1}{37}$の優位性が生じるよう、ルーレット盤を構成しているからだ。その点、リサは、過去の成績を用いて自分に優位性があるかどうかを判断するしかない。プロのギャンブルで信頼の数式がいちばん重要になるのは、まさしくこの場面だ。リサの賭け1回当たりの利益がh、1回当たりの標準偏差がσだとすると、推定されるリサの優位性hに対する95%信頼区間は、数式（3）をnで割って次のようになる。

$$h \pm \frac{1.96 \cdot \sigma}{\sqrt{n}}$$

たとえば、リサが$n = 100$回賭けを行ない、1回当たり平均3ペンスを儲けたとすると、信頼区間はこうなる。

$$0.03 \pm \frac{1.96 \cdot 0.71}{\sqrt{100}} = 0.03 \pm 0.14$$

そう、つまりリサの優位性は最大17ペンス（0.03＋0.14＝0.17）である可能性もあるけれど、〝優位性〟だと思っていたものが実は平均11ペンスの損失である可能性だってあるのだ。マイナス11ペンスからプラス17ペンスまでのすべての優位性の値が、この95％信頼区間に含まれている。たった100回の賭けでは、彼女の戦略が果たして有効なのかどうかは、ほとんど知る由《よし》もないわけだ。

信頼区間に0の値が含まれているうちは、シグナルhがプラスである、すなわち彼女の戦略が有効であるとは断言できない。そこで、ノイズっぽいシグナルを確実に検出するのに必要な観測の回数を求めるシンプルな経験則がある。まず、値1・96を思い切って2で置き換えてしまおう。経験則を求めるうえでは、2と1・96の差なんてごく些細だ。次に、信頼の数式を整理して、信頼区間に0が含まれないための条件を求めると、こうなる。[11]

$$\frac{h}{\sigma} > \frac{2}{\sqrt{n}}$$

観測回数をnとすると、シグナル対ノイズ比は$2/\sqrt{n}$より大きくなる。

この経験則のおおよそのイメージをつかむため、代表的な値を以下に一覧してみよう。

観測回数（n）	16	36	64	100	400	1,600	10,000
検出されるシグナル対ノイズ比（$2/\sqrt{n}$）	1/2	1/3	1/4	1/5	1/10	1/20	1/50

賭博や金融の優位性は、シグナル対ノイズ比が$\frac{1}{20}$や$\frac{1}{50}$に近いことが多いので、数千回、場合によっては数万回の観測が必要だということになる。たとえば、リサのスポーツ賭博のシグナル対ノイズ比、$h/\sigma = 1/24$の場合、$n > 2304$回の観測が必要になる。２０００回以上も観測するのは、サッカーの試合となるとたいへんだ。もし彼女がプレミアリーグの賭博市場で３％の優位性があると確信するためには、６シーズンにわたる結果が必要になる。

その６年のあいだに、ほかのギャンブラーたちがリサの優位性に気づき、彼女の賭けに乗っかりはじめたら、どうなるだろう？　マシュー・ベンハムとトニー・ブルームの壮大なベッティング・システムは、いつだってチャンスを探している。このふたりの大物が参加してくれば、当然、ブックメーカーはオッズを調整するので、優位性は消失してしまう。リサにとって最大のリスクは、優位性の消失に気づかないことだ。優位性の存在を確信するためには１０００試合以上の結果が必要だということは、裏を返せば、優位性の消失に気づくのにも、同じくらい損失を重ねる必要があるかもしれない。こうなると、指数関数的な速度で膨らんでいた利益は崩れ去り、こんどは損失が指数関数的な速度で膨らんでいくことになる。

ほとんどのアマチュア投資家は、シグナルとノイズを区別しなければならないことをなんとなく理解しているのだが、信頼の数式から得られる$\sqrt{n}$の法則の重要性を理解していない。たとえば、半分の強さのシグナルを検出しようと思ったら、4倍の数の観測が必要になる。言い換えるなら、観測回数を400回から1600回に増やしてようやく、今までの半分の優位性を検出できるということになる。私たちはいとも簡単に、市場に潜む微小な優位性を見つけ出すのに必要なデータ量を過小評価してしまうのだ。

ものを言う観測回数

私はベルリンにいるヤンに連絡し、その後のふたりの調子をたずねてみた。絶好調らしい。それも、私に余計なことを漏らすな、とマリウスから口止めされるほどに。でも、ヤンの数字話好きは相変わらずだった。

「もういちどマリウスと話して了承をもらうまで、本当は言っちゃいけないのですが、売上高はザッと7000万ポンドくらいです。ここ1カ月で5万回の賭けを行なって、平均的な優位性は1・5%か2%といったところでしょう」

ワールドカップで私たちが賭けた50ポンドなんて、それと比べれば雀《すずめ》の涙みたいなものだった。私が信頼区間について書いていると言うと、ヤンは私たちが一緒に開発したギャンブル・モデルを振り返った。

「確かに、あのモデルは儲かりましたよね。ただ、将来的に利用することはないと思いますけど」

彼は正しかった。私たちの開発したワールドカップ・モデルは、過去のトーナメントの283回の観測に基づいていたが、ヤンが構築したのは、過去9年間のありとあらゆるスポーツに対する実に150億回もの賭けに基づくデータベースだった。

「僕らが注力しているのは、裏づけとなる観測回数が1万回を超える戦略なんです」とヤンは言った。そのおかげで、ふたりは自分たちの戦略に紛れもない長期的な優位性があると確信できたのだ。

ヤンとマリウスに最大の利益をもたらしている優位性は、お国柄の違いがベースになっていた。ブラジル人は試合中に現実よりも多くのゴールが生まれることを期待するけれど、逆にドイツ人は悲観的で、決まって退屈な0-0の引き分け試合を予想する。

「ノルウェー人はまるで機械ですよ」とヤンは笑った。「完璧に合理的なスカンジナビア人という感じで」

それを聞いて、私はワールドカップの最中にマリウスと交わした会話を思い出した。彼は、ギャンブラーの頭脳になりきろうとする合理的なノルウェー人そのものだった。マリウスは常に、どんなベッティング戦略の根底にも合理的な説明があることを重んじていた。今や、彼はその説明を見つけていた。国民性というステレオタイプが成り立つという説明を。

▼応用例①——ホテル探し、キャリア選択、恋人との交際

あなたはトリップアドバイザーでホテルを探している。星4つ以上のホテルなら喜んで泊まりたいけれど、3・5以下のホテルだと二の足を踏んでしまう。ここであなたが探しているシグナルというのは、星半個の違いだ。トリップアドバイザーの星の評価は、さほどばらつきがない。もちろん、オール5つ星をつける熱狂的なユーザーもいれば、1つ星をつける不満げなユーザーもいるが、全体的に見れば、レビューにおけるノイズは星1個分程度だ。大半のレビューは星3つ、4つ、5つのどれかで、平均は4点ちょっとといわれる。[12]

では、星半個（$\frac{1}{2}$）のシグナル対ノイズ比を確実に検出するのに、いくつのレビューを読めば十分だろう？　115頁の表を使うか、方程式 $2/\sqrt{n}=1/2$（$\frac{1}{2}$はシグナル対ノイズ比）を解けば、この疑問に答えられる。$\sqrt{n}=4$ なので、$n=16$ 件のトリップアドバイザーのレビューを読めば十分だとわかる。あるホテルの数年間にわたる数百件分のレビューの平均なんて見なくても、最新の16件だけを見て、その平均を取ればいい。それだけで、最新で、なおかつ信頼できる情報が得られるのだ。

そして、星で評価できるのはホテルだけではない。ジェスはキャリア選択で迷っている。彼女は人権団体で働いており、まちがいなく仕事にやりがいは感じているのだが、上司が最悪で、四

六時中、電話をかけてきては無茶な要求をしてくる。また、ジェスの友人スティーヴは、ケニーという人物と半年間つき合っている。ふたりの関係は不安定で、1分前まで熱々だったかと思えば、次の瞬間には冷めてしまったりする。ひどい口喧嘩をすることもあるけれど、うまくいっているときは最高だ。

さて、ジェスはあと何日間くらい仕事を続けてみるべきだろう？　スティーヴはケニーとの関係に見切りをつける前に、あとどれくらい交際を続けるべきだろう？　信頼の数式を使えば、それがおおまかにわかる。第一にすべきことは、適切な評価時間の幅を決めることだ。スティーヴとジェスは、1日の終わりにその日を0つ星から5つ星で評価し、定期的に会ってお互いの状況を確認することに決めた。

1週目の金曜日の夜、スティーヴはケニーと大喧嘩をしてしまう。ケニーがスティーヴの友人と遊びに行くのを断ったからだ。スティーヴはジェスに電話をして、電話口で号泣する。彼は1週間のうちの3日間を1つ星と評価した。ジェスは、性急に結論を出さないと決めたでしょ、と彼を諭《さと》す。たかが$n=7$なのだから。ノイズのなかにシグナルを見つけるにはまだ十分じゃない。一方、ジェスの職場での1週間はまあまあだった。不愉快な上司が出張中だったおかげで、3つ星と4つ星が並んだ。

1カ月後（$n=30$）、ふたりは会って昼食をとった。だんだんと全体像が描かれつつある。ここ数週間、スティーヴとケニーの関係は順調だった。先週末には、ふたりでリゾート地のブライトンに出かけ、何度かのおいしい夕食も相まって、最高の時間を過ごした。その結果、5つ星の日が並んでいる。ジェスはその逆だ。出張から戻ってきた上司は1日じゅう怒っていて、ほんの些細なミスにも我慢できず怒鳴り散らす始末だ。ジェスの日々は2つ星、1つ星、0つ星が多くなっている。

2カ月あまりがたった。$n = 64$ なので $2/\sqrt{64} = 1/4$ だ。これで、ふたりの確信の度合いは1週目の3倍になった。スティーヴにとっては、よい日のほうが悪い日よりも多いけれど、ときどきちょっとした喧嘩をするので、3つ星や4つ星の週が多い。ジェスの上司は本当に厄介な人物だけれど、ジェスはここのところ、かねての念願のプロジェクトに取り組んでいる。それでも、たまに3つ星や4つ星があるくらいで、ほとんどの日は1つ星か2つ星だ。

毎週、新たな観測結果が生まれるけれど、$\sqrt{n}$ の法則が示すとおり、ふたりが定期的に顔を合わせはじめたころと比べると、情報の増加スピードは緩やかになり、観測から得られる見返りは減っていっている。そこで、ふたりは週1回の検討会に期限を設けることを決めた。さすがに3カ月半（100日）もたてば、未来について最終結論を出すだけの確信が得られているはずだ。

ついにその日はやってきた。いよいよ $n = 100$, $2/\sqrt{n} = 1/5$ に到達した。ふたりはこの数週間だけでなく、100日間で起きた出来事全体を振り返る。スティーヴとケニーの喧嘩は少なくなった。ふたりは料理教室に通いはじめ、たびたび友人を招待しては夕食づくりを楽しんでいる。人生は上々だ。スティーヴは信頼区間を割り出してみる。星の平均は $h = 4.3$ 個で、星の個数の標準偏差は$\sigma = 1.0$。よって、信頼区間は4.3 ± 0.2となる。これはかなり手堅い平均値であり、確実に4つ星を上回っている。こうして、彼はケニーについて愚痴を言うのをやめた。人生のパートナーを見つけたという安心感を胸に抱いて。

対照的に、ジェスは不遇の日々を送っている。星の平均は$h = 2.1$個で、最高評価の日はほとんどなく、標準偏差もスティーヴより低くて$\sigma = 0.5$しかない。信頼区間は2.1 ± 0.1だ。つまり、ジェスは2つ星の仕事をしていると言い切ってかまわない。すでに新しい仕事を探しはじめていて、月曜日には退職届を提出する予定だ。

応用例②——人種差別の有無

1964年、マルコム・Xはこう述べた。「白人が私に対してどれだけの敬意と評価を示したとしても、同じ敬意と評価を黒人全員に示さないかぎり、それはないも同然なのだ」

この言葉には、数学的な考え方が表われている。マルコム・Xであれほかの誰であれ、たったひとりの経験は、スロットマシンのレバーを1回だけ引くようなもので、情報としてほとんど意味をなさないのだ。ジェスが職場で楽しい1日を送ったからといって、彼女の長期的なキャリアについては何もわからない。人々がマルコム・Xの声を聞きはじめたからといって、アフリカ系アメリカ人全体の声を聞いてくれなければなんの意味もなかった。マルコム・X、マーティン・ルーサー・キングなどの物語を通じて伝えられる、アメリカの有色人種の人々が直面する差別との闘いは、数千万人の苦闘でもあるのだ。

ジョアンは自分の職場が求人募集を出していることを聞いた。その晩、彼女はパーティーでジェームズに会うと、その求人について知らせる。すると、ジェームズは興奮し、夢みたいな仕事だと言い、月曜日にその求人に応募する。数週間後、合格したジェームズは新たな仕事を始めた。そんなとき、ジョアンはベーグル店の外でジャマルと鉢合《はちあ》わせる。ジャマルに職場の様子を聞かれたジョアンは、ジェームズが新しい役職についたばかりであることを伝える。ジャマルは興奮し、夢みたいな仕事だと言い、追加の求人はないかとジョアンに訊く……。

ジョアンは白人だ。ジェームズも。ジャマルは白人じゃない。ジョアンは人種差別主義者だろうか？　違う。先にジャマルに会っていたら、きっとまったく同じ行動を取っていただろう。たまたま、ジャマルよりも先にジェームズと会ったにすぎない。

しかし、ジャマルよりも先にジェームズと会ったという事実に、ひとつの疑問が残る。ジェームズとジョアンは同じ社会集団に属しているので、会って求人情報を交換することが多くなる。つまり、ふたりの助け合いが、間接的にジャマルの差別になる可能性があるのだ。ジャマルは、ジェームズやジョアンと同じ社会的機会を得られないからだ。

ここにこそ注意が必要だ。この結論は、ジョアンの話からは導き出せない。たった1回の観測、つまりジェームズやジャマルとの交流に関するジョアンのたったいちどのエピソードでは、信頼区間を求めるには不十分なのだ。この点こそが、人種差別の特定を難しくしている。個人個人の物語は、いちどきりの観測にすぎず、そこから学べる情報はほとんどない。人種が社会において果たす役割を理解するためには、何度も何度も観測を行ない、信頼区間を求めるしかないのだ。

人種差別の有無をデータで検証する

ストックホルム大学社会学部の研究者および講師のモア・バーセルは、2年間にわたり、履歴書を書いては、スウェーデン国内の合計2000以上のコンピュータ関係の仕事や、経理、教師、運転手、看護師の職に応募しまくった。といっても、仕事を探していたわけではなかった。応募先のバイアスを検証していたのだ。

応募のたび、モアは似たような職歴や資格について細かく記した2種類の履歴書とカバーレターを作成した。書類を書き終えると、彼女は2種類の履歴書に名前をランダムに割り振っていった。1種類目は、ヨーナス・セーデシュトレームやサーラ・アンデションといったスウェーデン人風の名前、2種類目はカマル・アハマディやファティマ・アハマドといったムスリムのアラブ人風の名前、またはムトゥプ・ハンドゥレやワシラ・バラグウェといった非ムスリムのアフリカ系の名前を使った。このモアの実験は、コイン投げの原理に基づいて設計されていた。雇用主にまったくバイアスがないなら、スウェーデン人風の名前と外国人風の名前、どちらの人物にも等確率で返事が来るはずだ。

ところが、実際は違った。たとえば、スウェーデン人男性とアラブ人男性による$n = 187$回の応募を用いたある研究では、アラブ人の名前を持つ男性への連絡は、スウェーデン人の名前を持つ男性の半数近くにとどまった。[13] この結果は悪運では説明できない。この点を確かめるため、信頼区間を求めてみよう。アラブ人男性は43回の連絡を受け取ったので、連絡（＝シグナル）が届いた確率は$h = 43/187 = 23\%$だ。分散を求めるため、連絡を受け取った男性の値を1、受け取らなかった男性の値を0で表わすとしよう。次に、ルーレットの例で行なったように、これらの値とhとの距離の平方の平均を計算し、スウェーデン人風の名前の男性についても同様の計算を行なうと、$\sigma = 0.649$となる。[14] これらの値を数式（3）に代入すると、アラブ人男性への連絡の95％信頼区間は43 ± 17.3となり、スウェーデン人男性の受け取った79件よりずっと低くなる。

それだけではない。モアはアラブ人男性の履歴書の質を高め、実務経験をスウェーデン人男性の1～3年増しにしてみた。この経験豊富なアラブ人候補者たちが受け取った連絡はわずか26件で、より経験の乏しいスウェーデン人候補者の69件に遠く及ばなかった。この件数もやはり、信頼区間である26 ± 15.9を大きく逸脱している。

「私の結果が何より強力なのは、あまりにも単純明快だということ。数値はウソをつきませんから」とモアは話した。

ストックホルム大学でこの話題について講義すると、学生たちの反応が表情からうかがえるそうだ。

「青い目をしたブロンドの学生を見てみると、熱心に聴いている。頭では公平じゃないとは思っていても、感情までは揺さぶられないんです。でも、茶色の目、色の濃い髪や肌をした学生を見てみると、別の反応が読み取れます。自分自身、友人、きょうだいにかかわることですからね」とモアは続ける。「やっぱりそうだったのかと思い、ホッとする学生もいます。私の頭がおかしいわけじゃない、ようやく私の現実の認識が裏づけられた、と」

そういう学生の多くは自分自身の差別体験を語るが、多くの学生は黙っているという。

「私の研究結果を聞いて傷つく人もいます。あなたはほかの人より劣っている、よそ者だと言われた気分になり、怒りの表情を浮かべるんです」

だからといって、絶対に合格しないわけではない、とモアは指摘する。彼女の研究は、あくまでも世の中にはびこる不公平の規模を明かすのが目的であって、必ずしもスウェーデン人全員が人種差別主義者だということを示しているわけではない。ただ、カマル・アハマディとヨーナス・セーデシュトレームは、仕事という宝くじに当せんするまでにかけなければならない時間の長さが違うだけなのだと彼女は言う。

しかし、実世界のカマル・アハマディは、スウェーデンの仕事に応募するとき、どのスロットマシンをプレイしているのか、知る手立てがない。仕事に応募して面接に呼ばれなくても、差別だと主張することはできない。逆に、実世界のヨーナス・セーデシュトレームは、自分のスロットマシンが与えてくれる特権に気づかない。仕事に必要な資格があるから、応募して、面接に呼ばれただけのこと。彼の目から見れば、その過程におかしいところなんてひとつもない。

この点をモアに指摘すると、彼女はこう答えた。

「確かに。でも、自分で同じ実験をしてみる人もいます。外国にルーツを持つ人々から、こんな話を聞いたことがあります。地元のスーパーの求人広告について店に問い合わせをすると、すでにその求人は埋まったと言われたので、スウェーデン人の友人に頼んで、同じ店に電話してまだ求人は空いているかと訊いてもらったら、面接に呼ばれたそうです」

現在、モアらは1万件以上の履歴書を送り、スウェーデンの求人市場についてのさまざまな仮説を検証している。その結果のなかには気の滅入るものもある。アラブ人男性に対する差別は、高い技術を要さない職業で特に顕著なのだそうだ。その一方で、心強い結果もある。アラブ人女性に対する差別はアラブ人男性ほど顕著ではなく、特に職歴が長くなるとまったくなくなるのだという。

モアのような研究結果は世界じゅうで再現されている。[15] モアの研究結果は構造的な人種差別の一例といえるだろう。つまり、個人のレベルでは見つけづらいことが多いが、信頼の数式から得られる統計を使えば一目瞭然の差別だ。世界最高峰の医学雑誌『ランセット』に発表された最近の研究では、貧困、失業、収監から、糖尿病や心臓病の発生頻度まで、アメリカの社会的格差のさまざまな指標における信頼区間が求められた。[16] 特に、黒人のアメリカ人は、ひとつ残らずすべての指標で白人と統計的に異なっていた。人種隔離された地域の近くに建設される有毒廃棄物処理場。飲み水への鉛の漏出を防げない政府。ちょっとした人種的中傷や意図せぬ侮辱発言（黒人の弁護士に「弁護士が来るまで待っていて」と伝えるなど）。同一労働に対する賃金格差。タバコや砂糖ベースの商品のターゲット・マーケティング。都市部の強制的な再開発や立ち退き。有権者の制約。暗黙または明確なバイアスによる低水準な医療。職探しに役立つ社会的ネットワークからの疎外……等々、挙げればキリがない。必ずしもあからさまな人種差別をする人がいなくても、ちょっとした日常的な差別の積み重ねによって、アフリカ系アメリカ人やネイティブ・アメリカンの人々の精神的・肉体的な健康がむしばまれていく。

　さて、もういちどジョアンの話に戻ろう。普段、彼女はジャマルのような人々よりジェームズのような人々と会う確率が高いのか？　彼女は信頼区間を使って調べてみることにした。そこで、彼女は自分の出版社で働くことに興味があるすべての人々、世の中にいるすべての有能な人々を思い浮かべ、次に自分自身の友人、定期的に交流する人々を思い浮かべた。[17] ジョアンの100人の友人のうち93人が白人だ。アメリカの人口の72％が白人だから、その差は93－72＝21％となり、彼女の友人関係は人種的に偏っていることになる。でも、彼女は自分の特権にちゃんと気づいていて、高い意識を持っている。自分の知人たちがアメリカの人口全体を代表していないこと、自分たちがメディア界の求人情報を共有できる特権的な集団に属していることに気づいている。ジョアンはこの件にどう対応するべきだろう？　難しい疑問だ。

　私の考えはこうだ。数学的な答えではないけれど、あくまでも私の個人的な意見としてとらえてほしい。ジョアンは友達を変える必要はない。今までどおり、好きな人と友達になればいい。ただ、この不公平な状況について何ができるのか、考える必要があると思う。単純な例を挙げれば、職場に求人があるという話を耳にしたら、ジャマルを含めた7人のマイノリティの友人たちに、求人情報を送るか、せめて連絡を取ってみるのだ。ジャマルの友人関係はジョアンよりもっと人種的に偏っていて、100人中85人が黒人だ。これはアメリカの全人口に占める黒人の割合である12・6%、あるいは彼の住むニューヨーク市の25%と比べてもはるかに多い。たったひとつの簡単な連絡で、ジョアンは求人情報を知る人々の統計的な割合を完璧に変えたことになるのだ。

私の考え方は「政治的公正《ポリティカル・コレクトネス》」と呼ばれることもあるけれど、私自身は「統計的公正」と呼びたい。私たち個人の体験は世界全般を反映しないことが多いという統計的な意識を指しているからだ。自分自身の生活はどれくらい統計的に公正なのか？　そして、その状況にどう対処するべきなのか？　それを判断するのは、私たち一人ひとりの責任なのだ。

社会科学と信頼の数式

信頼の数式はもともとギャンブルのためにつくられたかもしれないが、信頼の数式が生まれ変わらせたのは自然科学であり、最終的には社会科学だった。正規曲線が持つ真の科学的な力に気づいた最初のTENのメンバーは、カール・フリードリヒ・ガウスだった。彼は1809年、信頼の数式を使って準惑星ケレスの推定位置の誤差を記述した。現在、正規曲線はガウス分布と呼ばれることも多い。正規曲線がド・モアブル著『偶然性の理論』の第2版（1738年）に明記されていることを考えると、ちょっと不公平な呼び名だとも思うが。[18]

統計学は19世紀、そして20世紀初頭の大規模な進歩を通じて、科学へと完璧に取り込まれた。第二次世界大戦後、信頼区間は科学的記述に欠かせない要素となり、研究者たちは自分たちの結論が単なる偶然の結果ではないことを証明しなくてはならなくなった。つい最近、私が提出した科学論文には、50を超える信頼区間の計算が含まれていた。ヒッグス粒子の存在が初めて裏づけられたのは、統計が5σの信頼水準に達したときだった。つまり、ヒッグス粒子が存在しないのに同じ実験結果が生じる確率は、350万分の1にすぎないのだ。

当初、社会科学へのTENの進出は、自然科学と比べると遅かった。つい最近まで、社会学部の風刺画で描かれるのは、とっくのとうに亡くなったドイツの思想家を崇拝するみすぼらしい服装の男性や、髪の毛を紫色に染めた女性ばかりだった。彼らは1970年代にポストモダン思想で社会学の分野をかき回し、延々と議論を続けることはあっても、決して意見の一致を見ることはなかった。そして、思考のための用語や枠組みを次々とつくっては、また舌戦を重ねる始末だった。外部の人から見れば、なんの話をしているのかさえ見当がつかなかった。

千年紀の変わり目を迎えるまで、そんな風刺画はそうとう真実を突いていた。統計的・定量的な手法は使われていたが、社会学の理論やイデオロギーの議論は、社会について研究するための手段だとみなされていた。そんな古い世界を、ものの数年で木っ端《こっぱ》みじんにしたのがTENだ。突然、研究者たちは、フェイスブックやインスタグラムのアカウントを使って私たちの社会関係を測定できるようになったのだ。今までに書かれたブログの意見をダウンロードすれば、私たちのコミュニケーション方法を理解することができるし、政府のデータベースを使えば、転職や移住につながった要因を特定することだってできる。今までにないデータや統計的検定が手に入り、すべての結果で一定の信頼水準を保てるようになったおかげで、社会の構造が白日のもとにさらされたのである。

こうして、イデオロギーの議論や理論的な対話は社会科学の外周へと追いやられ、理論はそれを裏づけるデータなしではなんの価値も持たなくなった。このデータ革命に加わった古い社会学者もいれば、時代に取り残された社会学者もいた。ただ、今や社会科学が永久に形を変えたことを否定できる大学関係者など、ひとりも存在しないのだ。

▼ データ革命を素通りする人たち

社会科学分野のデータ革命に気づいている人ばかりではない。私がときどき読む『キレットドーキンス（*Quillette*）』というオンライン・マガジンは、1980年代や1990年代のリチャード・ドーキンスまでさかのぼることのできる、公的な科学的対話の伝統を守り抜いていることを自負している。その目的は、自由な思想、時には危険な思想にさえも、言論の場を与えることにあり、必ずしも〝政治的に公正〟でないジェンダー、人種、ＩＱに関する見解も進んで発表している。『キレット』の論文は、たびたび社会科学の研究を攻撃する。同誌のお気に入りの標的のひとつがアイデンティティ政治だ。私は最近、社会科学が劣化し、「矛盾とナンセンス」だらけになりつつあると主張する元心理学教授の論文を読んだ。彼は社会科学分野の本、トゥクフ・ズベリ＆エドゥアルド・ボニージャ＝シルバ編『白人の論理、白人の手法――人種差別と方法論（*White Logic, White Methods: Racism and Methodology*）』に反論を投げかけた。[19] この本は社会科学の用いる手法が「白人」の文化によって決められている度合いについて調べたものだ。その教授は「白人の手法」という主張への疑問に基づき、社会のどこにも体系的な人種差別の証拠は見当たらないと反論した。「アフリカ系アメリカ人の能力や関心」のほうが、世の中に見られる違いをよく説明できるのではないかと指摘した。[20]

『キレット』のほかの多くの論文の著者も、データを評価する代わりに、社会学者や左派活動家との議論を挑発しようとする。数値よりも思想の文化的戦争に目を向けるのだ。しかし、第７章で示すとおり、生物学的な人種どうしに固有の違いはほとんど存在しないし（むしろ、生物学的な人種というもの自体が存在しない）、先ほど紹介した『ランセット』の論文で報告されているように、アメリカに構造的な人種差別が存在するという証拠は山ほどある。

私は『ランセット』の論文を『キレット』の論文の著者にメールで送り、内容を確認するよう勧めた。意外にも、好意的なメールのやり取りが続いたどころか、動物の行動の研究に関していえば、共通の関心が山ほどあることがわかった。

ところが、数週間後、彼は構造的な人種差別という概念そのものを攻撃する新たな大作を送ってきた。彼の主張によると、その他のあまたある要因を除外しなければならないので、人種差別を証明するのは常に不可能なのだという。その引退した教授は、観測を繰り返して差別のパターンを検出するという、統計学の本質を見誤っているようだった。彼は人種に基づく生物学の推進を呼びかけるばかりだった。

アフリカ系アメリカ人の名前に対する差別を実証した、モア・バーセルの履歴書研究のアメリカ版に対しては、彼はこう記した。「これは人種差別だろうか？　雇用主の過去の経験はわからない。過去に黒人を採用して嫌な経験をしたかもしれないだろう」

これは彼による人種差別だろうか？　ああ、そうだろう。この件に関しては、信頼区間を求めるまでもない。そして、数カ月後、『キレット』がこの見当違いなお考えを発表したのだから驚きだ。幸い、「黒人を採用して嫌な経験」という文言は削除されていたけれど。それでも、その論文は『ランセット』の論文が示した基本的事実を証拠もなく否定したまま、同じような論調を続けた。

同じような社会科学へのアプローチを採用しているのは、『キレット』だけではない。1990年代の雑誌『リヴィング・マルクシズム』の生まれ変わりであるイギリスのオンライン・マガジン『スパイクト』は、ジェンダー政治や、構造的な人種差別が存在するという考えをたびたび批判している。ソーシャルメディア・サイト「レディット」上の「文化的戦争」というスレッドでは、誰もが討論に参加できる。ユーチューブ上やポッドキャスト内で自由思想の運動を繰り広げていると主張する「インテレクチュアル・ダークウェブ」にも同じ考え方が浸透しており、あらゆる思想に耳を傾けてもらう権利を求めている。インテレクチュアル・ダークウェブのユーザーは、ジェンダーと人種ばかりについて書くわけではないが、政治的公正に疑問を投げかけるという目的からして、彼らがふたつの「タブー」と呼んでいるジェンダーと人種の話題へと議論が移るのは、時間の問題だ。

ジョーダン・ピーターソンの場合

そのインテレクチュアル・ダークウェブに君臨する王が、ジョーダン・ピーターソンだ。彼もまた『キレット』と同じく、社会科学の分野を乗っ取ってきたと彼が考える政治的公正の概念に、宣戦を布告している。彼は左派のイデオロギーが学界をジェンダーや人種のアイデンティティの問題に着目させてきたのだと考えていて、大学のことを、失言を恐れる場所、と表現している。そして、ゆくゆくは、そのことが社会全体に悪影響を及ぼすのだと彼は言う。白人は優遇された存在として不当に攻撃されており、女性は採用判断で不当に優遇される可能性がある、と。

前回、飛行機のビジネスクラスに乗ったとき（乗らざるをえないときがあるのだ）、後ろに座っているふたりの男性が、移動のあいだじゅう、ピーターソンの身なりのよさと議論のうまさについて話していた。私は後ろを振り返って反論したかったけれど、ふとわからなくなった。ふたりの言っていることのどこがまちがっているのだろう？　確かに、彼は身なりがいいし、議論はできるし、インタビュー中、絶妙のタイミングで涙を流す。

私はピーターソンの著書『生き抜くための12のルール――人生というカオスのための解毒剤』を読んでみた。[21]楽しかった。彼の人生の面白エピソードが満載だし、立派な人間になるためのよいアドバイスもある。タイトルも申し分ない。ただ、現代の社会科学とは程遠い。恵まれた白人男性が自分専用のカジノのスロットマシンを回して、自分の幸運を自慢しているだけだ。

現代の学界は、ピーターソンが描き出している世界とはまったく違う。普段、私はたくさんの社会科学者と仕事をするけれど、自分の思っていることを口に出すのを恐れている学者にはひとりも出会ったためしがない。まったく逆だ。彼らは決して口をつぐまない。賛否両論のある考えを持つこと、別のモデルについて考えることは、私たちの仕事の重要な一部なのだ。

現代の科学者が何かの制約を受けるとしたら、それは信頼の数式だ。自分のモデルを検証したければ、一所懸命にデータを集めるしかない。社会科学はもはや、エピソードや抽象的な理論の学問なんかではない。何千通もの履歴書を書いて送付したり、文献を慎重に精査して構造的な人種差別の手がかりを見つけたりする学問だ。おしゃれにスーツを着こなしたり、質問に答える前にじっくりと考えるフリをしたりする学問ではなく、必死で研究を行なう学問なのだ。

▼「差別はない」という主張に挑む社会科学者たち

モア・バーセルは10代前半のころから左寄りの政治観をはぐくんだ。

「当時［1990年代初頭］、外国にルーツを持つ親友がたくさんいたんです。夜、遊びに出かけると、ネオナチの人たちから脅しや嫌がらせを受けて、一緒に走って逃げるなんてしょっちゅうですよ。政治に興味を持ったきっかけはそういう体験です」

モアは自分自身の人格形成期について話すとき、科学的な結果について話すときの淡々とした物言いとは打って変わって、オープンで感情豊かになる。彼女はまた、それからずっとあと、若き平等運動家に連れられて、移民の若者たちが彼女の大学を訪れたときのことも話してくれた。その運動家は、先ほどの求職活動の研究結果を若者たちに話すようモアに頼んだのだが、モアは気乗りしなかった。誤解されるのが怖かったのだ。そして、彼女の心配は正しかった。モアが研究結果を若者たちに話すと、返ってきたのは怒りの反応だった。

「未来がないなら、学校に通う意味なんてありますか？」と子どもたちは訊いた。

モアはその出来事に深いショックを受け、自分自身に失望した。

「移民の多くは、学校に入った瞬間から疎外感を抱くんです。まるで、職場でもまた差別されますよ、と伝えるためだけに、大学に連れてきた気分でした」

問題を当事者に伝えるだけでは、必ずしも問題の解決にはならないということだ。

どの社会科学者もそうだけれど、モアにだって、理想、夢、政治的意見がある。それは彼女自身の世界のモデルなのだ。自分自身の信念や経験に研究の動機を求めること自体は、非科学的でもなんでもない。そのモデルをデータと照らし合わせて検証することを怠らないかぎりは。彼女に研究の道を志《こころざ》したきっかけをたずねると、彼女はこう表現した。

「確か［社会学者の］マックス・ヴェーバーの言葉だったと思いますが、研究テーマは主観で選べ、でも研究自体はなるべく客観的に、が私の信念です。履歴書の実験に興味を持ったのは、結果には反論できないからです。私が調査していたのは実験室の人間ではなくて生身の人間です。この実験ではすべての要因が制御されていますし、結果は一目瞭然です」

彼女のモデルは、現実のデータと照らし合わせて検証されている。だから、雇用主による履歴書の評価方法、さらには報酬にさえも、男女差別が見られなかったことは驚きだった。実際、コンピュータ関連事業等の分野では、女性の割合が相対的に低い場合、むしろ女性への連絡が多かったそうだ。この結果は彼女がそれまで思っていたことに反していた。

「でも、現実にそうなんです。今となっては、この結果とは争えません」

ジョーダン・ピーターソンがよく議題に挙げる話題のひとつに、男女間の賃金格差がある。アメリカの男性の賃金を1ドルとしたとき、女性の賃金は平均77セントであるという事実自体は、差別の証拠だとはいえない、という彼の指摘は正しい。彼は結果の平等と機会の平等の有益な区別を行なっている。[22] 女性の賃金が男性より低いのは、看護師など、平均的に賃金の低い仕事につくことが多いからだ。より賃金の高い仕事につく機会はあったのに、男性とは別のキャリアを選んだ可能性は十分にありうるのだ。ピーターソンはまた、高賃金の仕事のなかには、生物学的に見て女性にあまり向かない仕事もあると主張する。要するに、賃金格差だけで差別について論じることはできず、男性と同じ機会があったのかどうかを検証する必要がある、というのが彼の主張だ。

機会の平等こそ、モアが履歴書実験で検証している対象だ。求人に応募するムスリムは、ネイティブのスウェーデン人よりも連絡率が低く、機会の面で差別を受けているといえる。同じように、モアの研究結果は、履歴書を送付した時点で、ネイティブのスウェーデン人女性に機会の平等があることを示している。この事例だけでいえば、男女間に機会の格差は存在しないというピーターソンの主張は正しい。

ところが、結果の平等はひとつの数値（男女間の賃金格差など）で測れるけれど、機会の平等は測れない。女性がその潜在能力を最大限に発揮できないようにしている要因はたくさんあるので、そうしたさまざまな潜在的障壁について調べることが必要になるだろう。

幸い、社会科学者たちはその障壁を特定すべく必死で取り組んでいる。2017年、カトリン・アウスプルクらは、ドイツの1600人の住人にインタビューを行ない、架空の人物の年齢、ジェンダー、勤続年数、役職についての簡単な説明を見せ、提示された給与が正当かどうかをたずねた。[23] その結果、回答者は女性の給与を高すぎ、男性の給与を低すぎと評価する傾向にあった。平均すると、男女両方の回答者が、同一労働に対し、男性の給与を1ドルとすると女性の給与を92セントと評価していた。その一方で、回答者の圧倒的大多数が、直接たずねられると、同一労働、同一賃金であるべきだと認めた。これこそ言行不一致というやつだ。この研究の回答者たちは、自分が実際には同一労働に対して男性よりも女性の賃金を低く評価していることに気づいてさえいなかった。

2012年の調査で、アメリカの実験助手の求人に送られてきた履歴書の科学者による評価は、女性に対して不利であることがわかった。[24] ここでもやはり、男女両方の科学者が、女性の履歴書を男性よりも劣っているとみなす傾向がある。また、男性の数学教授の指導しか受けなかった女性は、女性の教授がいる場合と比べて、数学を続ける可能性が低い。[25] 高校生を対象にしたある実験では、典型的なオタク・アイテム（『スター・ウォーズ』のグッズ、技術系の雑誌、ビデオゲーム、SF小説など）が置いてある教室で勉強する女性は、そうでない環境（自然やアートの写真、ペン、コーヒーメーカー、一般的な雑誌などがある環境）で勉強する女性と比べて、その学問を継続する意向がずっと低かった。[26] カナダの高校では、試験の成績は同水準なのに、女性は男性よりも数学が苦手だと自己評価する傾向にあった。[27] アメリカのある大学の学生を対象に行なわれた仕事の交渉実験では、女性は別の誰かのために交渉する場合には交渉能力が男性と遜色なかったのに、自分自身のために交渉する場合には男性よりも劣った。この違いは、議論に勝った場合の反発への恐れとして説明できる。この恐れは男性より強い。[28]

ここに挙げたのは、サプナ・チェリアンらが総説した、ジェンダーに基づく障壁を明かす数多くの研究のごく一部にすぎない[29]。女性や少女は、自由な自己表現を難しいと感じる。報復を恐れる。男性とほかの女性の両方から低く評価される。参考になるロールモデルが少ない。自己評価が低い。特定の仕事に応募する際、暗黙の差別を受けている。これこそ、私たちが毎日通う学校や職場に対する統計的に正確な見方なのだ。ジョーダン・ピーターソンも含め、ほとんどの人は機会の平等の実現に向けて努力すべきだと認めている。だとしたら、解決法は簡単だ。私たちの社会の内部に潜むバイアスを特定した研究結果について、教育を広げることだ。

ピーターソンに反論する

ところが、ピーターソンは不可解なことに正反対の結論を導き出している。彼は多様性やジェンダーの問題についての学術研究を叩き、そうした研究が左翼的な思惑を持つマルクス主義者たちによって行なわれている、と主張している。だが、モア・バーセル、カトリン・アウスプルク、サプナ・チェリアンのような社会科学者は、あえて結果の平等ではなく機会の平等について研究している。確かに、競争の条件を万人平等にしたいという欲求が研究の動機になっているのだろうが、公平を求めるとすれば、自分の政治観（あるとすれば、だが）に惑わされない、ということがいっそう重要になる。私がここで挙げている研究や、ほかの数ある研究の目的は、純粋に機会の平等が欠けている場所を特定して、その問題を解決することだ。研究者の側にイデオロギー的なバイアスがあるという証拠はないのだ。

ピーターソンは、そうした研究にはいっさい言及せず、ひたすら男女の心理の違いにばかり目を向けている。2018年1月にイギリスの「チャンネル4ニュース」上で行なわれ、のちにユーチューブで広まったキャシー・ニューマンによるインタビューで、彼はこう主張した。「同調性〔ビッグファイブと呼ばれる5つの性格因子のうちのひとつで、人との和を重視する傾向や思いやりを測ったもの。協調性ともいう〕の高い人々は、思いやりがあって礼儀正しいが、そうでない人々と比べると、同一労働に対する賃金が低くなってしまう。事実、女性は男性よりも同調性が高い[30]」

こうした心理学的な説明が、信頼区間を使ったモデルの検証よりも説得力に欠ける有力な理由はいくつかある。「あなたならこの履歴書をどう評価しますか?」といった直接的で文脈に依存する疑問を掲げたり、男女の交渉方法を観察したりするのはなぜかというと、個人の行動を理解することで、格差の生じ方について因果関係にのっとった説明ができるからだ[31]。対照的に、同調性というのは、「他者の気持ちに共感しやすいほうですか?」といった漠然とした質問に答える自己申告式の性格検査を通じて決まるものだ。誰かに「同調性」があるというのは、こうしたアンケートへの回答を要約するひとつの手段にすぎない。なぜ同調性があると高い給与の妨げになるのかは釈然としない。両方向に働く可能性がある。お人好しすぎて交渉下手なケースもあれば、逆に感じのよさが功を奏することだってあるのでは? 同調性はその人のキャリア、仕事に必要なスキル、相手との上下関係によって別々の影響を及ぼすだろう。

性格検査自体は説明を提示しないので、同調性と給与との関係を理解するには、追加の検証が必要だ。アメリカの59人の新卒生を対象としたある調査によると、キャリアの初期段階では、確かに同調性のある人々のほうが給料は低いことがわかった。[32] しかし、女性は男性よりも給料が大幅に低いことも判明した。そのほかのすべての性格特性、全般的な知能、心の知能指数、仕事での成功度などを加味しても、同調性は賃金格差を説明できる唯一の要因だったが、その度合いはわずかだった。依然として、同調性の低い女性は同調性の低い男性より給料が低く、同調性の高い男性は同調性の高い女性より給料が高かった。つまり、この調査が示したのは、ピーターソンがチャンネル4のインタビューでニューマンに語った内容とは違い、ジェンダー以外の要因ではこの賃金格差はまったく説明できないということなのだ。

性格が給料にどう影響を及ぼすのかという明確なモデルなしでは、性格が機会に及ぼす影響について具体的に話すのは、ひどく難しくなってしまう。仮に、給料という点で、女性に対する直接的な差別ではなく、同調性の高い人々に対する差別があることがようやく判明したとしても、それが公平なのか、という疑問は相変わらず残る。同調性の高い人々は会社の最大利益を代弁できないから、という説明なら公平かもしれないし、上司がその人の性格につけ込んで給料を抑えているから、という説明なら公平性を欠くだろう。そう、性格について全般的に議論しても、真の問題を理解する助けにはならない、ということがわかる。

また、女性のほうが男性よりも同調性が高いというとき、ピーターソンが実際に意味している内容をじっくりと精査することも大事だ。そこで役立つのが信頼の数式だ。心理学者たちはこれまで、数十万人を対象に性格調査を行なってきた。本章の前半で見たとおり、観測を重ねれば重ねるほど、ノイズのなかに潜むシグナルを検出しやすくなる。たとえば、$n = 400$ の性格調査を行なえば、シグナル対ノイズ比が $1/10$ だとしても、性格の違いを検出できるだろう。大量のデータがあれば、男女の同調性のごく微妙な違いだって特定できる。その微妙な性格の違いこそ、男女のあいだに見られるものだ。男女差のもっとも大きい性格特性である同調性のシグナル対ノイズ比は、約 $1/3$ だ。つまり、ノイズ3つにつきシグナルがひとつあるということになる。

　このシグナルがどれだけ弱いものなのかを理解するため、全人口のなかから男女ひとりずつをランダムに選び出すとしよう。その女性のほうが男性よりも同調性が高い確率は、63％にすぎない。その実際の意味について考えてみてほしい。あなたは閉じられた扉の後ろに立っていて、これからジェーンとジャックに初めて会おうとしている。すると、あなたは部屋に入るなり、「ジェーン、君は女性だから、ジャックよりも僕の意見に賛成してくれるよね」と話しかける。次にジャックのほうを向き、「ジャック、君と僕はたぶん意見が合わなそうだね」と言う。果たしてこの行動は合理的だろうか？

　そんなことはない。ずばり統計的に正しくないのだ。あなたがまちがっている可能性は、37％もあるのだから。[33]

　ピーターソンは、たとえばスカンジナビアのトーク番組「スカヴラン」で主張したように、心理学者たちが「高度な統計モデルを用いて、性格の指標を一定程度までは完成させてきた」と主張している。[34] 続けて、彼は数十万人を対象とした膨大な数の性格調査が行なわれてきたと述べたあと、男女間には違いよりも類似点のほうが多いと正確に認めている。そのうえで、「では、男女の最大の違いはどこにあるのか？」と問いかけ、「男性のほうが、同調性が低く、女性のほうが負の感情、神経症的傾向が強い」と結論づけている。[35]

完全なまちがいとは言わないけれど、少し不誠実な主張だ。まるで、科学者たちが大量のデータを用いて、ある種の巨大な男女差をとうとう突き止めたと言わんばかりだ。正しくは、研究者たちが何百種類という自己評価の方法を考案し、何十万人という人々を対象に調査を行なったにもかかわらず、男女の非常に強い性格差を明らかにした調査は今のところほぼ皆無である、というのが適切な解釈だろう。むしろ、過去30年間の性格調査で最大の注目すべき結果は、「ジェンダー類似性仮説」と呼ばれるものだ。この仮説は、ウィスコンシン大学マディソン校で心理学・ジェンダー・女性学の教授を務めるジャネット・ハイドが、2005年に学術誌『アメリカン・サイコロジスト』で初めて提唱したものだが、男女がまったく同じだとは言っていない。彼女が言っているのは、ジェンダーに基づく性格の統計的差異はほとんどないということだ。ハイドは性格の違いに関する124種類のテストを見直した結果、テスト全体の78％で男女間に無視できるほどの差または小さな差しか見られなかった（シグナル対ノイズ比が0・35未満）。[36] この仮説の正しさはその後も再現された。その10年後に行なわれた新たな独立した評価の結果、ジェンダーと性格とのあいだのシグナル対ノイズ比が0・35を上回ったのは、386種類のテストのうちのわずか15%にすぎなかった。[37]

神経症的傾向、外向性、開放性、前向きな感情、悲しみ、怒りなどの多くの性格特性に関していえば、男女差はほんのわずかであるか、まったくない。より最近の評価では、数学力、言語能力、誠実性、報酬への感受性、関係性攻撃〔人間関係を操ることで他者を傷つける行為〕、遠回しな話し方、自慰行為や不倫に対する考え方、リーダーシップ能力、自己評価、学業的自己概念〔学業の能力に関する自己認識〕についても、男女差は小さいことがわかった。[38] 男女差がいちばん大きいのは、モノまたは人間への関心、身体的攻撃、ポルノの使用、気軽なセックスに対する考え方だ。私たちの固定観念のいくつかは、結局のところ正しかったことになる。とはいえ、個人の性格はバラバラだ。男性どうし、女性どうしだってまったく違う。それでも、全体的にいえば、男女の性格がまるきり異なるという言い方は、統計的に正しくないのだ。

最大の危険は、ジェンダー研究が「左派」勢力や「マルクス主義」勢力によって破壊されているというジョーダン・ピーターソンの主張にある。現実はその逆だ。数学の学士号を持つジャネット・ハイドは、機会の平等を厳密に測定し、心理学や社会科学からイデオロギー思考を一掃してきた統計革命にみずから参加している。彼女はその研究で、アメリカの心理学分野において最大の職能団体および学会であるアメリカ心理学会からの3つの賞を含め、数々の賞を受賞してきた。今や男女差は、ごく些細な違いにいたるまで綿密に研究がなされている分野なのだ。また、男女の脳の違いについての研究でも、同じような結果が発見されている。脳の構造や機能の差は、男女差よりも個人差のほうがずっと大きい。[39] この広範囲で厳密な研究群が存在するおかげで、ピーターソンが自身のイデオロギーに駆られた見方を裏づける研究結果だけをえり好みできるというのは、なんとも皮肉なものだ。

信頼の数式は、事例証拠を観測で置き換えるよう教えてくれる。決して、誰かひとりの話、あなた自身の体験だけを当てにしてはならない。勝っているときは、本当に実力のおかげだと言い切れるほど長くその勝ちが続いているのか、慎重に見極めよう。幸運な人は必ずいるし、それが今回はたまたまあなただったのかもしれない。だからこそ、ほかの筋書きを探し、統計を集めるべきなのだ。観測を続ける際は、$\sqrt{n}$ の法則を念頭に置いておこう。強度が2分の1のシグナルを検出するためには、4倍の観測回数が必要だ。あなたが周囲の人々と比べて統計的にうまくいっているとしたら、いよいよ信頼区間を用いてあなたの優位性を確かめる番だ。厳密な統計を駆使して、あなたが人生において持っている有利な面と不利な面を理解しよう。自分自身をだますのではなく、社会があなたの人生をどう形成しているのかを正確に理解して、自信を身につけよう。そうして初めて、あなた自身の優位性を見つけ、堂々とそれを主張できるようになるのだから。

第4章

スキルの数式

スポーツを科学する

$$P(S_{t+1}|S_t) = P(S_{t+1}|S_t, S_{t-1}, S_{t-2}, \ldots, S_1)$$

▼ ミスター・マイ・ウェイ

その日の午後遅く、私がカフェで待っていると、男が店に入ってくる。男はウェイターのひとりと握手すると、次にバリスタとも握手して、笑顔で二言三言、言葉を交わす。最初、私のことは見ていない。私が立ち上がって彼に歩み寄ろうとすると、彼はまた別の知り合いを見つけては、ハグして回る。たまらず私は自席に戻り、彼の挨拶が終わるのを待つ。

彼がこの店でこれほど人気者なのは、ひとつには彼が元サッカー選手であること、もうひとつに彼がテレビでおなじみの顔であることも一因だけれど、彼の立ち居振る舞いによるところも大きいと思う。全身から放出される自信、人懐っこさ、たっぷりと時間を取った話しぶり。彼は誰とでもちょっとした会話を交わすのだ。

私と同じテーブルについて数分としないうちに、彼の独擅場が始まる。

「俺の影響力がこれだけ大きいのは、自分のやり方を堂々と見せているからだと思うよ。忘れられがちだけどね。俺はやりたいようにやるし、思っていることはズバッと言う。この世界ではそれが必要とされているんだ」と彼は言う。

「それから、あちこちに人脈がある。こうして年がら年じゅう人と会うからね。みんなが俺と話したがるのは、ユニークな経歴のおかげで、誰にもまねできない見方ができるからだと思う。君にもそんな話ができればと思っているよ」

こうした話の合間に、ところどころ現役時代のエピソード、有名人の名前、そして完璧なオチまで用意されたエピソードを織り交ぜてきた。

彼は笑顔をつくり、私の目をまっすぐに見据えている。ときどき、私のほうからそんな話を聞かせてほしいと頼んだ気になるくらいだ。でも、そんなことを頼んだ覚えはいちどもなかった。私が聞きたかったのは、メディアとサッカーの試合、その両方におけるデータの活用方法についてだ。残念ながら、貴重な情報は得られそうもない。

私はこういうタイプの男を、フランク・シナトラの有名な曲にちなんで、ミスター・マイ・ウェイと呼んでいる。落ち着いた足取り、直立した姿勢、そしてそれを最後まで貫く態度が、彼の一つひとつの物語の土台になる。きっと美しいメロディがつくれるだろう。そして、ミスター・マイ・ウェイがカフェの店内を回りながらハグや挨拶を交わしている2、3分の時間は、会う人すべてを楽しませる。

だが、それは彼がひとり、またひとりと挨拶をして回っているときの話。今の私は、逃げ場もなくこの席に閉じ込められている。

最初の何回か、ミスター・マイ・ウェイのようなタイプのサッカー選手と話をしたときは、恥ずかしながら、相手の話を真《ま》に受けていた。2016年に拙著『サッカーマティクス』が刊行されて以来、世界最高峰のサッカークラブに招かれたり、代表者が私のところにやってきたりする機会がぐんと増えた。元プロ選手との対談のため、ラジオやテレビに招かれたこともある。学術的な環境から、元サッカー選手、テレビタレント、スカウト、プレミアリーグのサッカークラブのお偉方たちとの交流の場へと身を移すのは、メロメロになるような体験だ。選手やビッグマッチの裏話を聞き、練習場での生活について知るのは、本当に楽しかった。少し前までただのサッカー・ファンだった人間が、今では関係者の内情を知る人間に変わるなんて。まるで夢みたいな出来事だ。

そういう話を聞き、自分自身の目でリアルなサッカーの世界を見るのは、相変わらず大好きだ。でも、そういう面白い部分には、ミスター・マイ・ウェイの「洞察力」についての「英雄譚《たん》」がついて回る。そのあとにはたいてい、ずる賢いライバルのせいで前進を阻《はば》まれたとか、ちょっとでもチャンスを与えられれば誰よりも活躍できたのに、とかいう恨み言が続く。

私が数学者だからか、こういう男たちは自分の思考プロセスを説明しなければと思うらしい。そして、私の見方を実際にたずねもしないうちに、あんたとは見方が違う、といわんばかりの物言いをするのだ。

「統計は過去について考えるのには打ってつけだと思うが、私が持っているのは未来への洞察力なんだ」と彼らは言う。

その後、自分には競争上の優位性を見極める特別な能力があるとか、正しい判断を下すのに必要なのは自信や強い意志だとか、自分は私が見逃している（らしい）データ内のパターンを見つける独自の方法を知っている、とかいう話が続く。するとたいていは、何をやってもうまくいかなかった時期の余談が入る。

「ミスが増えはじめるのは、決まって集中力が途切れたときなんだ」と彼は言う。だが、そのあとには必ずまた能力自慢が繰り返される。「だが、明晰な思考と集中力さえ保っていれば、すべてはうまくいく」

自分が特別だと信じる男たちの独白を、これから合計何時間、聞けばいいんだ？　サッカー業界に足を踏み入れたときに抱いた最大の疑問がそれだった。

私が純朴すぎたのかもしれない。なぜなら、それはサッカー界だけの話ではないからだ。産業界やビジネス界でも同じ体験をしたことがある。たとえば、自分の特殊なスキルについて自慢してくる投資銀行家は、自分には数理トレーダー（通称「クォンツ」）にない直感があるから、数学なんていらないと思っている。テクノロジー業界のリーダーは、自分の新興企業が成功したのは並外れた洞察力と才能のおかげだとよく説明してくる。学者も例外ではない。失敗した研究者はアイデアを盗まれたと言うし、成功した研究者は自分の原理原則に従ったおかげだと言う。誰もが自分のやり方を貫いたのだ。

さて、答えるのが難しい疑問とはこうだ。相手が貴重な話をしているかどうかを判断する方法なんてあるのか？

今、私の目の前に座っている男の話は、まちがいなく貴重な内容で満載だ。何せ、もう1時間半もノンストップでしゃべりまくっているのだから。しかし、ほかの多くの人々は、ミスター・マイ・ウェイも含めて、ときどき貴重な話をする。問題は、貴重な内容と自己満足の内容、そのふたつをどう区別するかだ。

ナンセンス＝検証可能でないもの

応用数学者は、この疑問に答えるため、人々の話している内容を3種類のカテゴリーに分類する。最初のふたつのカテゴリーは、これまでの章で話したとおり、「モデル」と「データ」だ。モデルとは、この世界に関する仮説であり、データとは、自分の仮説が正しい（または正しくない）ことを証明する経験である。今、私が話をしているミスター・マイ・ウェイが言っていることとは、その多くが3番目のカテゴリー、つまり「ナンセンス」に当てはまる。彼は自分自身の考え方や知識についてなんら具体的なことを言わないまま、自分の成功、失敗、気持ちの話ばかりしている。

センスという部分に傍点を附《ふ》したのは、この単語の意味について少しばかり考えてほしいからだ。これは私自身の数学観に影響を与えたオックスフォード大学の哲学者、A・J・エイヤーからヒントを得たものなのだが、彼は「ナンセンス（無意味）」が非常に挑発的な単語だと気づいてはいたものの、私たちの五感《センス》から得られない情報を表わすのにこの言葉を用いた。ミスター・マイ・ウェイの気持ち、彼自身の成功や失敗の認識は、測定可能な物事や観測に基づいていない。

エイヤーは、ミスター・マイ・ウェイにしろほかの誰にしろ、誰かが何かを言ったら、その命題が検証可能かどうかを問うべきだと訴えた。その命題が正しいかどうかを、五感から得られるデータを使って確認または検証することは原理的に可能か？

検証可能な命題とは、たとえば「私たちが乗る飛行機はこれから墜落する」「レイチェルは性悪女だ」「奇跡は起こる」「ヤンとマリウスには賭博市場で優位性がある」「スウェーデンの雇用主は面接に呼ぶ相手を人種差別に基づいて決める」「ジェスは幸せになりたいなら仕事をやめるべきだ」……等々の命題だ。いずれも、まさに私が本書で形式化してきた命題であり、モデルとデータを比較することによって、どれくらい正しいのかを検証できる。

モデルの検証可能性を確かめるのに、必ずしもデータにアクセスできる必要はない。エイヤーが１９３６年に検証可能性の原理を説明した著書『言語・真理・論理』を刊行した時点で、月の裏側の写真は存在しなかった。したがって、月の裏側に山があるという仮説は、正しいとも正しくないとも断定できなかった。それでも、原理的には真偽を確かめられるわけだから、この命題は検証可能だ。そして、ソ連の宇宙船「ルナ３号」が１９５９年に月の裏側へと回ると、事実が確認された。

対して、ミスター・マイ・ウェイの気持ちや自信についての命題は違う。彼の語る話には、断片的な情報、実在の人々の名前、現実に起きた出来事が含まれるけれど、検証可能ではない。彼が「独特の見方」を持っているとか、「ほかの誰にもまねできない」ものを持っているとか、「何が重要で何が重要でないか」をわかっているとかいう主張を裏づけるテストなんてできない。なぜなら、彼自身でさえこうした命題の根拠をきちんと説明できないからだ。自分の気持ちと事実を区別することもできていないし、自分の命題を、データと照らし合わせて検証可能なモデルとして形式化し直すこともできていない。ミスター・マイ・ウェイの主張を特徴づけるのは、個人的な意見の寄せ集めだけ。彼の言っていることはデータでもモデルでもない。そう、文字どおりのナンセンスなのだ。

サッカーとは頭脳と肉体の共演

バルセロナのラ・マシア。サッカーという美しきゲームに対して、深く知的なアプローチを取り入れている場所といえば、サッカークラブ「バルセロナ」のトレーニング施設に勝《まさ》るところはない。1979年、サッカー界のレジェンドであるヨハン・クライフによって、若い選手のためのアカデミーとして設立されたラ・マシアは、クラブ内のすべての物事に通ずる哲学をはぐくんできた。

私は、正門を出入りする選手たちを一目見ようと集まった追っかけたちの横を通り過ぎ、新生ラ・マシアの通用口を見つけた。昔ながらの伝統的な建物から煌《きら》びやかな新しい建物へと移転した多くの大学と同じように、バルセロナのアカデミーとスポーツ研究施設もまた、もともとは農家風の建物のなかにあったものが現代風のガラス張りの建物の一角へと移転した。

私はFCバルセロナのスポーツ・アナリティクス部門の代表であり、人工知能について研究する博士課程の学生であるハビエル・フェルナンデス・デ・ラ・ロサから、ラ・マシアへと招かれた。私の最近の研究やサッカーの分析手法に関するプレゼンテーションを依頼されたのだった。

新しいラ・マシアの構内もまた、教育、トレーニング、研究、そのすべての施設を備えているという点で、現代の大学の学部とよく似ている。私が着いたときは、ちょうど最初のチーム選手たちがトレーニング・セッションを終えたところで、別のピッチでは若者たちが慌ただしく動き回っていた。ハビエルは煌々と明かりの灯るオフィスに座っていた。目の前にはモニターがずらりと並び、背後には本が何段も置かれている。私が今までに訪れたほかのサッカークラブは、ほぼすべてトレーニング施設で占められていて、アナリストたちは隅っこの冴えないスペースへと押し込まれていた。その点、ここの選手には必要なものがすべて与えられていて、研究者には研究や考察のための専用の場所が与えられている。おかげで、チームのプレイスタイルを思う存分に練り、改善することができるのだ。ラ・マシア内部の空間構成は、今の私が考えるサッカーというゲームそのものだった。そう、頭脳と肉体の共演だ。

ハビエルと私は、さっそく仕事に取りかかった。彼のオフィスに入り、お互いのコンピュータを開いて、意見交換を始めた。パスをどう評価するのか？　選手の動きをどう追跡するのか？　ひとつの試合をさまざまな試合状況へとどう分割するのか？　カウンター攻撃の定義は？　ピッチ支配をどうモデル化するのか？　質問と回答の応酬だった。データ、モデル、データ、モデ

ル、データ、モデル……。そんなやり取りが延々と続いた。
するとあるとき、私にはかなり唐突に感じられたのだが、ハビエルがプレゼンテーションの時間が来たと告げた。私は彼とともに広々としたセミナー室に入り、ラップトップを巨大な画面に接続すると、すっくと立ち上がり、こんどはコーチ、スカウト、アナリストといった聴衆を相手に、プレゼンテーションを始めた。すると、最前列に座っていた5、6人が話をさえぎり、私の使っているデータ、仮定、結果についてたずねてきた。彼らは自分自身の発見したことを語り、どうすれば私の分析がもっとよくなるかを教えてくれた。

バルセロナのスポーツ・アナリティクス・チームは、私の思う研究の醍醐味、そのとおりのものを与えてくれた。それは、モデルとデータの掘り下げだ。研究三昧《ざんまい》の完璧な1日を終えると、その晩、私は観客席の最前列に座って、リオネル・メッシらの動き回る様子を見守った。カンプ・ノウ・スタジアムを照らす夕日が落ちていくなか、私はその日の昼、コンピュータ画面上の曲線として眺めていた運動体を、これ以上ないくらい近くで観察していた。

サッカーを数値で表現する方法

私はバルセロナでのプレゼンテーションで、とりわけひとりの選手に注目した。2018年のワールドカップが終了して数カ月、私はポール・ポグバという選手に大きな興味を持っていた。そして、当時の新聞の噂が本当なら、バルセロナも同じ様子だった。

私は長年ポグバのファンだ。なぜなら、彼はどんなに優秀な選手よりも、チームの色を特徴づけてしまうからだ。確かに、リオネル・メッシはバルセロナの大黒柱だけれど、チームは部分の総和よりも大きくあるべし、がバルセロナの哲学であり、個人プレイをよしとはしない。クリスティアーノ・ロナウドはまちがいなくピッチ上で圧倒的な存在感を誇るけれど、基本的には、非常に運動能力の高いオーソドックスなストライカーだ。ユヴェントスやレアル・マドリードのサッカーのスタイルは彼の能力だけでつくられているわけではない。

マンチェスター・ユナイテッドでプレイしているときのポール・ポグバは、チームそのものだし、ワールドカップで戦っているときの彼は、栄冠を勝ち取った母国フランスを特徴づけていた。これは私の仮説だけれど、検証可能だろうか？　メッシやロナウドとは違って、ポール・ポグバはどんどんゴールを決めるわけではない。ワールドカップでは決勝の1得点だけで、それ自体はすばらしい活躍だけれど、もっと得点を決めた選手はたくさんいる。したがって、得点だけで彼のスキルを語ることはできないだろう。

私がポグバを評価するために用いた数学的アイデアとは、彼自身の得点ではなく、チームの得点に対する貢献に着目するというものだ。と聞くと、サッカーのファンは、ゴールにつながったパス、つまりアシストのことを言っていると思うかもしれない。ファースト・アシストとは、得点した選手に供給されたパスであり、セカンド・アシストとは、得点した選手にパスした選手へのパスのことだ（サード・アシスト以降も同様）。確かに、アシストの計測は私のアプローチの一部だが、ほんの小さな一部にすぎない。得点やアシストに特別な地位を与える代わりに、タックル、パス、インターセプトなど、ピッチ上で繰り広げられるすべての行動を評価する。その目的は、一つひとつの行動がどうチームの得点確率を上げ、相手チームの得点確率を下げるかを測定することだ。

この目的を満たすには、まずサッカーの試合を数値で表現する方法について考えねばなるまい。ピッチ上の地点（x_1, y_1）から別の地点（x_2, y_2）へのパスを考えてみよう。このパス座標を思い浮かべるには、サッカーのピッチを上から見下ろすとわかりやすい。タッチラインに沿って伸びるのが x 軸で、ゴールラインが y 軸だ。座標(0, 0)は攻撃側チームのゴールラインの右側のコーナーフラッグで、座標(105, 68)はその対角にあるコーナーフラッグだ（一般的に、プロサッカーのピッチは長さ１０５メートル、幅68メートル）。試合中のパスはこんな風に表現できる。(10, 30)→(60, 60)はゴールキーパーからウイングへのロングキック。(60, 60)→(60, 34)はピッチ中央への展開。(60, 34)→(90, 40)はペナルティエリアへのボールの移動だ。サッカーの試合を、選手のパスやドリブルによって更新されていく座標の列と考えてみてほしい。こうすると、すべてのプレイの流れ（私たちは「ポゼッション〔ボール支配のこと〕連鎖」と呼んでいる）は、ピッチ上の座標(x, y)で起きている動きの記述へと分解できる。

知りたいのは、このポゼッション連鎖における個々の選手の動きが、両チームの得点確率をどう増減させるかだ。それを知るために、ひとつの数学的仮定を立てる。一般的に、数学者が「仮定する（assume）」と言う場合、「今から正しくないことを言いますので、いったん不信を保留して、代わりに想像力を使ってください」という意味だ。この単語の日常的な使い方、たとえば、夕食に招いたゲストたちに関して、「午後7時ごろには来ると思う（I assume they will come around 7 p.m.）」と妻に言ったり、応援チームが残り時間5分の時点で2点ビハインドの場合に、「また負けるだろう（I assume we are going to lose again）」と言ったりするときの assume の使い方とは少し違うので注意してほしい。これらの文章は真である可能性の高い状況を表わしているが、数学的仮定とはいえない。

数学で「仮定」という単語を使うときは、必ずしも正しくないことがわかっているが、当面は心配しなくてよい物事を指す。私がお願いしたいのは、私の仮定自体についてどうこう言うのではなく、いったん不信を保留して、その仮定からどんな結論が導かれるかを一緒に見ていきませんか、ということだ。ただ、仮定を最初から述べておくことは大事だ。仮定はモデルの基礎であり、モデルを現実と比べるに当たって、その制約を正直に認めることが必要だからだ。

私がここで立てようとしている仮定とはこうだ。サッカーにおけるパスの質は、パスの始点と終点の座標だけに依存する。パスの前後の出来事や、パスの時点でピッチ上にいた選手などの要因は関係ない。たとえば、ポグバがピッチの中央の座標(60, 34）からペナルティエリアの座標(90, 40）へとパスを通したとしよう。このパスは、試合中のどんな出来事とも関係なく、フランスの得点確率に毎回同じ影響を及ぼすと考えるわけだ。

もちろん、この仮定は明らかに正しくない。たとえば、ワールドカップの対ペルー戦では、たった1分のあいだに、ポグバが同じような位置からペナルティエリアに2本のパスを通した。1本目のパスはディフェンスの上をふわりと越えてエムバペへと通ったけれど、アクロバティックな動きも実らずゴールには至らなかった。2本目のパスは地上をするすると転がってオリヴィエ・ジルーへと通った。彼のシュートはディフェンダーに阻まれるも、ボールがちょうどエムバペの前に転がり、こんどはエムバペが見事にフランスの初得点を決めた。チャンスを逃すことへとつながった1本目のパスとゴールにつながった2本目のパス、その両方ともがフランスチームに同じ価値をもたらしたというのが、私の立てた仮定だ。

不信を保留すれば、サッカーの試合中に起こるどんな出来事のモデルも構築できる。私は同僚のエンリ・ドレヴと共同で、プレミアリーグ、チャンピオンズリーグ、ラ・リーガ、ワールドカップなど、数シーズンにわたるトップレベルのサッカーの試合中に出されたパスの始点と終点の座標データベースを用いた。そして、すべてのパスを調べて、最終的にゴールへと結びついたかどうかを確かめた。こうすることで、パスの始点と終点の座標をゴール確率と関連づける統計モデルを当てはめることができた（図4を参照）。これにより、前後の出来事と関係なく、すべてのパスに一定の値を割り当てることが可能になる。

エンリと私で全試合のすべての動きに値を割り当て終えると、ようやくポール・ポグバの評価ができるようになった。彼はふたつの要因で際立っている。ピッチの中央でボールを奪い返す能

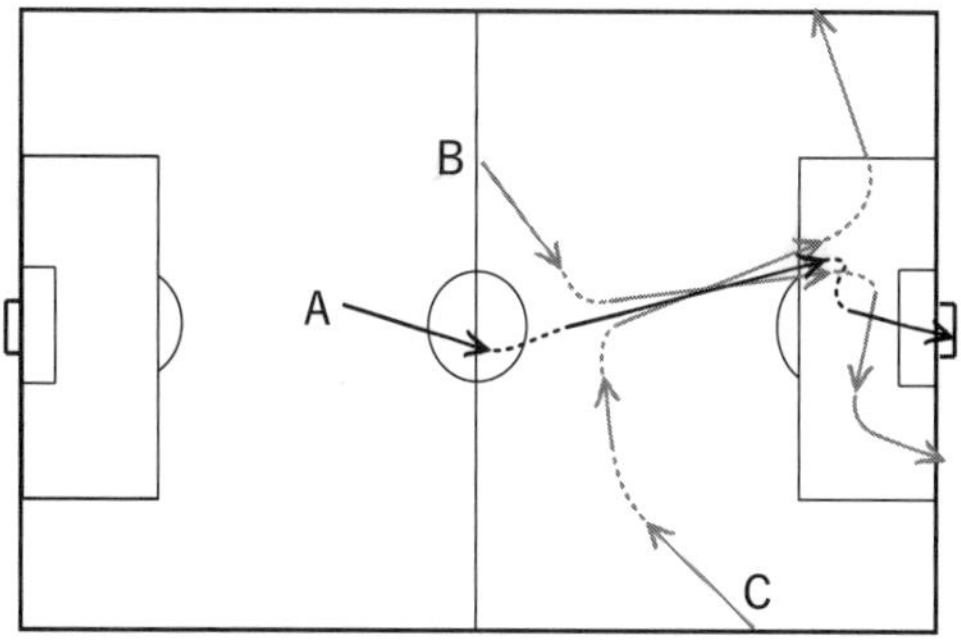

各ポゼッション連鎖には、ゴールに結びついた場合に1、そうでない場合に0という値が割り当てられる。よって、連鎖Aは値1、連鎖BとCは値0を持つ。

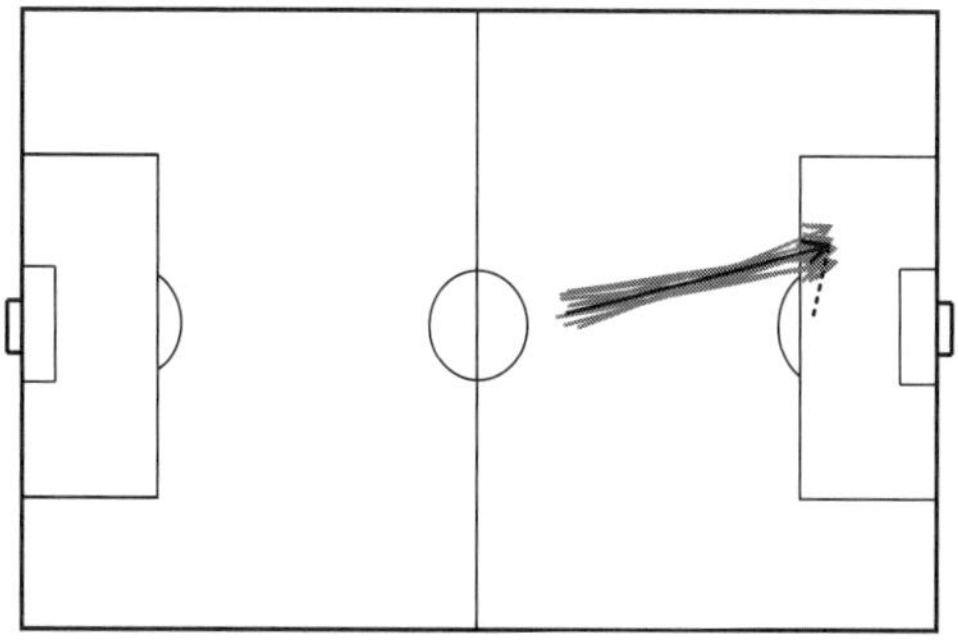

マルコフ性の仮定が意味するのは、あるパスの値は、ゴールに結びついた連鎖のなかでそのパスが行なわれた回数の割合であるということだ。この場合、10本の似たようなパスのうちの1本がゴールに結びついているので、値は0.1となる。

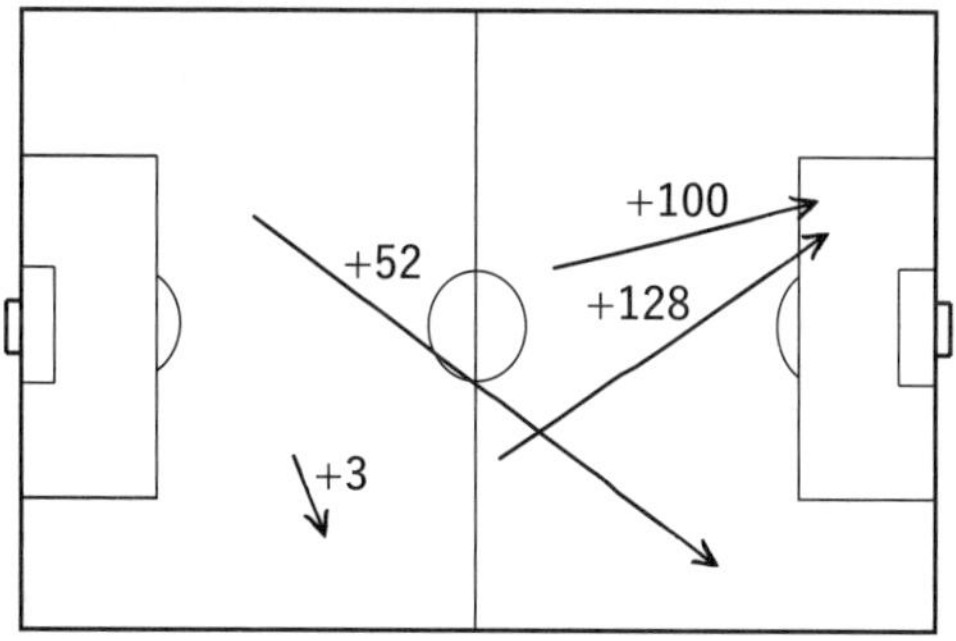

この割合に1000を掛け、ポグバの出した全パスに0〜1000点を割り当てる。この点数の和が、ポグバのボールパスのスキルの指標となる。

図4：マルコフ性を仮定した場合のサッカーのパスの評価方法

力と、正確なロングパスで守備を攻撃へとすぐさま切り替える能力だ。彼はワールドカップで見事なパスを何本も決めた。ピッチの中央近くでボールを奪い返すと、すぐに振り返って、敵陣深くにいるチームメイトの足下へとどんぴしゃでパスを通すのだ。こうして、彼はほかのどのチームメイトよりもフランスの得点確率を高めた。

バルセロナには似たような役回りの選手がすでにひとりいる。セルヒオ・ブスケツだ。リオネル・メッシが全員にその名を知られるバルセロナのスター・アタッカーだとすれば、ブスケツはピッチの中央から攻撃を開始するチームのエンジン部分に当たる。ブスケツとポグバは多くの面で違うけれど、ピッチ中央での圧倒的な威圧感はよく似ている。ただ、ブスケツはポグバの5歳年上だ。エンジンは古くなればなるほど、性能が落ちていく。

エンリと私が構築したモデルは、全試合のすべてのプロ選手に適用できる。たったの数秒で、ポグバと同じように選手の評価ができるのだ。このモデルを使えば、チームは条件を完璧に満たす選手を選び出せる。選手が退団しても、その穴をぴったりと埋める代わりの選手を見つけられるわけだ。

選手のパフォーマンスを評価する伝統的な方法といえば、スカウトに試合を観覧させ、報告書を書かせるというものだ。最近、あるトップクラブのテクニカル・ディレクターが、獲得候補選手のデータベースを見せてくれた。スウェーデンのディビジョン3でプレイする17歳の選手に、ブラジルのジュニアリーグに在籍する15歳の選手。選手の横についている緑色のチェックマークは、スカウトがすでにプレイを視察済みであるという意味で、選手をクリックすると、世界じゅうの全選手に関する複数のスカウトによる報告書が読める。

私たちのモデルはこのやり方を補う。ピッチ上のある座標から別の座標へとボールを動かす選手の能力を具体的に測れるからだ。スカウトは選手を評価するとき、経験を頼りに選手のピッチ上でのポジショニング、周囲の選手への気配り、チームメイトとのやり取りを評価している。どれだけ優秀なスカウトでも、ある選手がプレミアリーグで出したパスをすべて評価しているなんて、口が裂けても言えないだろう。でも、モデルを使えばそれができる。

サッカーのスカウトやコーチと話すとき、私は自身の仮定についてそう説明する。「統計によれば、今回のワールドカップの最優秀ミッドフィールダーはポグバです」などと言う代わりに、「選手が中盤からどれくらいボールを前進させたかに注目するとしたら、今回のワールドカップとマンチェスター・ユナイテッドの試合の両方で、ポグバは世界最高峰の選手のひとりといえるでしょう」と言うようにしている。

誰かと話すときは、結論はもとより仮定についても説明することが欠かせない。いや、サッカーだけでなく、私たちにとって大事なことすべてについて論じるときに言えることだ。世界をモデル、データ、ナンセンスへと分解するなら、結論を導き出すとき、どんな仮定を立てたのかをつまびらかにするべきだし、自分自身と他者、その両方の視点についてきちんと考えるべきなのだ。

スキルを測定する大半の数学的モデルの基礎となるのは、「マルコフ性の仮定」と呼ばれるものだ。式で表わすとこうなる。

▼ マルコフ性の仮定

$$P(S_{t+1}|S_t) = P(S_{t+1}|S_t, S_{t-1}, S_{t-2}, \ldots, S_1) \quad \cdots\cdots (4)$$

$P(S_{t+1}|S_t)$ の読み方は、第2章の数式（2）のときと同じだ。P は世界が S_{t+1} の状態にある確率を示し、棒線（|）は「以下を仮定した場合の」という意味を示している。今回の新たな要素は、各出来事を示す添字の $t+1, t, t-1, \ldots$ だ。よって、$P(S_{t+1}|S_t)$ を言葉で表わすとしたら、「世界の状態が時刻 t に S_t だったと仮定した場合、世界の状態が時刻 $t+1$ に S_{t+1} である確率」となる。

マルコフ性の仮定がいわんとしているのは、世界の未来の状態は直近の過去のみに依存するということだ。数式（4）は、時刻 $t+1$ の未来の状態が現在時刻 t のみに依存すると述べている。つまり、過去の状態 $S_{t-1}, S_{t-2}, \ldots, S_1$ は無関係だと仮定しているわけだ。具体例で考えてみよう。エドワードは混雑するバーのバーテンダーで、なるべくてきぱきと接客したいと思っている。顧客の数はその時々によって違うけれど、なるべく多くの注文に応じようと努力している。

数学の用語を使うなら、S_tを時刻tの時点における注文待ちの客の数としよう。

さて、エドワードに仕事をさせてみよう。勤務開始時点で、$S_1=2$人の客が注文を待っている。お安い御用だ。彼はひとり目の男性客に2パイントのビールをつぎ、その後ろの女性客にグラス入りのワインを出す。その途中で、3人の客が注文をした。これで、時刻$t=2$における注文待ちの人数は$S_2=3$人だ。彼はその3人に飲み物を提供し終えると、時刻$t=3$の時点で$S_3=5$人が注文を待っていることに気づく。今回は、そのうちの3人にしか飲み物を提供できず、注文を待っている残りのふたりに、新たに4人が加わって、$S_4=6$人が注文待ちの状態にある。

マルコフ性の仮定がいわんとしているのは、エドワードのバーテンダーとしてのスキルを測定するには、彼の接客スピードさえ知ればいいということだ。S_{t+1}がS_tにどう依存するかさえ知っておけばよい。その晩、それより前に待っていた客の人数（$S_t, S_{t-1}, S_{t-2}, \ldots, S_1$）は、現時点での彼のスキルを評価するうえでは関係ない。バーテンダーの仕事に関していえば、これは合理的な仮定といえよう。彼は1分間当たり2、3人にサービスを提供できている。これはS_{t+1}とS_tとの差で求められる。

ところが、マルコフ性の仮定に疎《うと》いエドワードの上司は、バーでたくさんの客が待たされている光景を見て、仕事をサボっていると結論づけるかもしれない。エドワードはマルコフ性の仮定について説明し、バーへの客の来店速度と自分の接客速度、そのふたつをきちんと分けて考えてほしいと訴えるかもしれない。彼に責任があるのは後者のほうだけだ。あるいは単純に、「今夜はめちゃくちゃ混んでいるんです。見てくださいよ、こんなにてきぱきと働いているでしょう?」と言うかもしれない。どちらにしろ、彼がマルコフ性の仮定を用いて、彼のバーテンダーとしてのスキルの正しい測定方法を説明していることに変わりはない。

数式(4)は、直接答えを与えてくれはしないという点で、これまで見てきたほかの数式とは違う。数式(1)から(3)では、モデルにデータを代入すると、現在または近い未来への理解が深まった。一方、数式(4)は仮定だ。答えに一歩近づくことに違いはないけれど、仮定は答えそのものではない。バーテンダーの仕事の場合、マルコフ性の仮定は、エドワードの接客速度を見るよう教えてくれる。先ほどのサッカーのパスのモデルでも、似たような仮定をしたのを覚えているだろう。ポグバがボールを持つ前後で起きた出来事は忘れてかまわない、という仮定のおかげで、彼のパスがチームにどう貢献したかを測定することができたのだった。

モデルを構築する前後では、仮定に対して正直になり、その仮定が当初思っていたとおりに機能したのかどうかを素直に認めることが大事だ。この姿勢こそが、自分の不幸を不運や他人のミスのせいにするミスター・マイ・ウェイ的人物との違いなのだ。つまり、どの出来事をモデルに含めるべきで、どの出来事を無視してもかまわないのかを判断するのが、モデルを構築する人の腕の見せどころといえる。バー、サッカーチーム、組織の真の状態を特徴づける出来事や測定値とはいったいなんなのか? それを見極めるわけだ。

当然、まちがった仮定を立ててしまう可能性は十分にある。私たちがてきぱきとカクテルをミックスして客に出しているエドワードを応援していると、上司が再び事務所からひょっこりと顔を出す。すると、こんどは汚れたグラスが山積みになっていることに気づく。なんと、エドワードが食器洗い機のスイッチを入れ忘れていたのだ！　私たちのまちがい、そしてエドワードの恥ずかしいミスの原因は、誤った仮定にある。そう、バーで大事なのは接客だけだと仮定し、食器洗いのことをすっかり忘れていたのだ。

上司は食器洗い機の使い方をエドワードに教え、これからは食器洗いのスピードと接客速度、その両方でスキルを評価すると告げる。そこで、ふたりはモデルを見直し、たとえば5人の客が注文を待っていて、汚れたグラスが83個ある状態を $S_t = \{5,\ 83\}$ で表わすことにした。これで、エドワードと上司の両方が満足できる。エドワードが客の注文した食事を運ぶのを忘れていることに、上司が気づくまでの話だが……。

あなた自身の生活について考えるときは、あなたが人生のどんな側面を改善したいのか、それを正直に認めることが成功の秘訣だ。たとえば、給料があなたにとって最重要な成功基準だとしよう。マルコフ性の仮定に従うなら、もはや関係のない過去の昇給について心配するよりも、あなたの現在の行動が収入の向上にどう結びつくかを考えるべきだ。自分にとって重要なのが給料であることを正直に認めるのだ。ただし、長時間労働のせいで恋人との関係にひびが入りはじめたら、仮定がまちがっていたと愛する人に説明すればいい。今までの仮定を見直し、もういちど一からやり直すことは、いつだってできるのだから。

▼「検証可能性の原理」の歴史

A・J・エイヤーが著書『言語・真理・論理』で概説した検証可能性の原理は、ウィーン学団と呼ばれる哲学者集団の思想から生まれたものだ。その中心にいたのが学団の代表を務める物理学者のモーリッツ・シュリックや、偉大な論理学者および数学者のゴットロープ・フレーゲのもとで学んだルドルフ・カルナップだった。[1] この運動の暗躍者といえば、なんといってもルートヴィヒ・ウィトゲンシュタインその人だ。彼はケンブリッジ大学時代にバートランド・ラッセルのもとで学び、ウィーン学団には積極的に参加していなかったが、「有意味な命題は必ずデータに照らし合わせて検証可能でなければならない」という主張をもっとも明確に打ち出したのは、彼の1922年の著書『論理哲学論考』であった。ウィトゲンシュタインの第7命題「語りえぬものについては、沈黙に任せるほかない」は、検証の力を疑う人々への究極の〝口封じ〟だった。

1933年、当時22歳だったA・J・エイヤーは、どうやったのかはわからないが、ウィーン学団の討論会への招待を勝ち取った。彼の著書が刊行されたのはその3年後のことだった。現在「論理実証主義」と呼ばれているウィーン学団の手法は、彼を通じてヨーロッパ本土からイングランドへと渡り、第二次世界大戦によって、カルナップや彼の思想はさらにアメリカへと伝来することとなる。終戦を迎えるころには、西洋社会の大半が実験的検証の原理を採用していた。20世紀前半、論理実証主義的な考え方はTENに革新をもたらした。モデルはすでにあらゆる科学研究の中心を占めるようになっていて、かのアルベルト・アインシュタインでさえ、新しい数学を用いて物理学の法則を書き直したほどだった。そう、この手法は特別な権限を持つようになったのだ。モデルやデータは世界をとらえるひとつの手法ではなく、唯一の手法になったのである。

とはいえ、TENのメンバーたちは、ウィトゲンシュタイン、ラッセル、カルナップ、エイヤーをより深く理解するための独自の勉強会を開いたりしたわけではない。なかには哲学の文献を読んだ者もいたが、ほとんどの者はただモデルの応用方法について自分で思惟《しい》し、先ほどの哲学者たちと似た結論に達したにすぎない。忘れないでほしいのだが、TENのメンバーの頭のなかには、「TEN」という実体は存在しないわけだから、当然、TENの原理原則を定めるための会合なんてありえない。ただ、論理実証主義がTENの独特な考え方とぴったり符合していただけのことだ。ド・モアブルが初めて信頼の数式を述べたときから行なってきたことを、正確に表現していたのだ。

こうして、TENはヨーロッパ全土で黄金時代へと突入する。（マルコフ連鎖で有名な）アンドレイ・マルコフは、世紀の変わり目にロシアで秘密結社TENを立ち上げたが、革命後の新生ソ連でTENの活動を率いたのが、もうひとりのアンドレイ、つまりアンドレイ・コルモゴロフだった。彼は確率の公理を打ち立て、ド・モアブル、ベイズ、ラプラス、マルコフら先人たちの研究を結びつけて、ひとつの統一的な枠組みをつくり上げた。こうして、暗号を教師から一握りの学生へと直接伝えることが可能になった。夏、コルモゴロフは自身の巨大な別荘を開放して、選りすぐりの学生たちを招き、一人ひとりに部屋を与えて問題を解かせた。彼は家じゅうを回りながら各問題について順番に議論し、学生たちの腕を磨いては、暗号を発展させていった。国じゅうで行なわれていた粛清とは裏腹に、ソ連の指導者たちは自分たちの社会思想を前進させ、宇宙計画を練り、新たな経済を設計するため、たびたびＴＥＮに頼るようになった。

同じような知的自由の精神やＴＥＮへの信頼は、ヨーロッパじゅうに広がっていく。イギリスの数学的手法の中心地といえば、なんといってもケンブリッジ大学だ。ロナルド・フィッシャーが自然選択の理論を数式で書き直したのも、アラン・チューリングが自身の万能計算機について記述し、コンピュータ科学の基礎を築いたのも、ジョン・メイナード・ケインズが大学時代の数学研究を用いて、政府による経済的な意思決定を一変させたのも、バートランド・ラッセルが西洋哲学をつくり上げたのもこの地だ。戦争末期、デイヴィッド・コックスが大学生としてやってきたのもまた、ケンブリッジ大学だった。

オーストリア、ドイツ、スカンジナビアでは、ＴＥＮが物理学の疑問に次々と挑んでいった。エルヴィン・シュレーディンガーは量子力学の方程式を書き、ニールス・ボーアは原子の数学をつくり、アルベルト・アインシュタインは……一言でいえば、アインシュタインの功績とされていることをすべて行なった。その200年前にド・モアブルを国外追放したフランスの人々は、戦後になるまで完全には検証可能性の原理に納得しなかった（戦後になっても、完全に納得したとはいえないかもしれないが）。それでも、のちにカオス理論として知られることになる数学の礎石を敷いたのは、フランスの数学者、アンリ・ポアンカレだったことをつけ加えておく。

すべてをモデルとデータに二分《にぶん》するTENの考え方は、ほかの何よりも優先され、宗教的信念にも惑わされることはなかった。リチャード・プライスが判断の数式に起因するとしたキリスト教は、検証可能でないという理由から切り捨てられた。神が人間に数学的真実を授けたのかもしれないという可能性も、私たちがプラトンの寓話に出てくる洞窟に住んでいるのかもしれないという考えも、無意味、ナンセンスとみなされた。信頼の数式の起源がギャンブルにあるという事実は、その応用性になんら影響を及ぼすものではなく、したがって無関係だとみなされた。宗教や倫理学のあらゆる概念が路傍《ろぼう》へと追いやられ、厳密で検証可能な思考で置き換えられたのだ。

仮定とモデルによって世界を説明する人たち

現代のTENのメンバーたちは、よく一緒に座り、今日の喫緊《きっきん》の課題について話し合う。相対性理論、気候変動、野球、ブレグジットに関する国民投票。テーマこそこの100年間で変わってきたけれど、議論の性質は変わっていない。その特徴は厳密さにある。TENのメンバーは自分たちの立てた仮定に対して正直だ。自分たちのモデルで説明できる世界の側面や、説明できない世界の側面について話し合い、意見が対立したら、仮定どうしを比較してデータを慎重に分析する。データを最良に説明できるモデルを構築した人は、「どうだ、見たか」という誇らしげな気分になるだろうし、自分のモデルが成立しないと認めざるをえなくなった人は、少しムッとするだろう。だが、大事なのは人間の感情ではない。そのことはみんなわかっている。より大きな目標は、モデル化そのもの、つまりいちばん現実との乖離《かいり》が少ない説明を見つけることなのだ。

モデルとデータの言語を話せない人々は、偏見まみれの政治家、罵声を浴びせるサッカーコーチ、激怒するファンから、気候変動の熱狂的すぎる活動家や無知な否定論者、文化戦争の解説者、マルクス原理主義者、果てはドナルド・トランプ、女性蔑視のインセル〔女性と縁のないことを、女性や自身の運命のせいにし、インターネット上でヘイト活動やモテる人々への攻撃などを行なう人々〕たちまで、静かに叱責されるか、丁重に無視されるか、そのどちらかだ。残りの人類がどんどん真実から遠ざかっていくなか、数少ないＴＥＮのメンバーたちだけが、どんどん真実へと近づいていっている。

バスケットボールのアナリスト

リラックスした様子のルーク・ボーンは、Ｔシャツ姿でコンピュータのカメラに微笑みかけている。２０１９年２月、私たちはスカイプで対談をしていた。彼がいるのはカリフォルニア州サクラメントの明るいオフィスで、私がいるのはスウェーデンの薄暗い地下室だ。彼の後ろには、彼の名前が入ったサクラメント・キングスのバスケットTシャツが飾られていて、オフィスの反対側にはお決まりの学術書がずらりと並んでいる。ふたりには時差があったので、それぞれの元気度には開きがあった。私が彼への疑問を必死で思い出そうとしているあいだ、彼は椅子に座ったままオフィスを動き回り、書棚から何冊かの本を引き抜くと、画面の前に掲げて私に見せる。

サクラメント・キングスの戦略およびアナリティクス担当副社長のルークは、いわゆる伝統的な道をたどってバスケットボールの世界や今の役職へとたどり着いたわけではない。彼は後ろを指差しながらこう言う。

「前回、うちのチームでデータ・アナリストの役職の募集を発表したとき、1000件を超える応募があった。そのほとんどは、こんなに小さいころからスポーツの世界で働くことを夢見てきた人たちだった」

そう言いながら、片方の腕で4歳児くらいの身長を指し示すルーク。

「私は違う。ちょうどハーバード大学の学術的なポストに就いて、動物の動きや気候変動のモデリングを始めようとしていたころだった。たまたま『NBAのアナリストでサンアントニオ・スパーズの元戦略家である』カーク・ゴールズベリーと会い、山のようなバスケットボール・データを見せられたんだ」

ルークの心をつかんだのは、データの豊富さだった。選手の健康や体力に関する情報、関節への負荷データ、トレーニング中と試合中の全選手の動きのパターン、パスやシュートの記録……。そこにはバスケットボールに関するすべてのことが記録されていたが、チームコーチによって活用されている形跡はほとんどなかった。

「私にとっては――」とルークは声に興奮をにじませながら言う。「単なる〝かっこいいスポーツ〟のプロジェクトじゃなかった。文字どおり、今まで出会ったなかで最高に面白い科学的難題だったといっていい」

彼には、その難題に挑み、いち早く結果を出すのに打ってつけのスキルの数々があった。2015年のMITスローン・スポーツ・アナリティクス・カンファレンスにて発表された論文で、彼は「カウンターポイント」と呼ばれるバスケットボールの新たな守備の指標を定義した。すると、ルークの手法の成功に関心を持ったサッカークラブ「ASローマ」のオーナーから、アナリティクス部門のディレクターに任命されることになる。彼はローマで、グラフやシュートのプロットを使って情報を視覚的に伝える方法をすばやく学んでいき、スカウトやコーチに数学的概念を理解させることに成功した。その間《かん》、ローマはふたりの世界トップクラスの選手、フォワードのモハメド・サラーおよびゴールキーパーのアリソン・ベッカーと契約した。その後、ふたりはリヴァプールへと移籍し、2019年のチャンピオンズリーグで栄冠をつかみ取ることになる。

「ふたりとの契約が私の手柄だと言うつもりは毛頭ない」とルークは言う。「サッカーの移籍には、あまりにも多くの可変要素があるからね。ただ、サラーとベッカーが移籍したのは、私がキングスのほうへ移ったあとだということだけは申し述べておく。ふたりの売却は断じて私の責任じゃない！」

バスケットボールをどうモデル化するか

私がマルコフ性の仮定について話したいと言うと、彼の表情は移籍話のときよりいっそう明るさを帯びた。

「カウンターポイントの論文では、最初からマルコフ性を仮定していたよ」と彼は言う。

ルークのカウンターポイント・システムは、誰が誰をマークしているのかを自動的に特定し、どの選手が1対1の状況でいちばん強いかを測定するものだ。たとえば、2013年クリスマスのサンアントニオ・スパーズ対ヒューストン・ロケッツ戦では、ロケッツのジェームズ・ハーデンのディフェンスの位置は、スパーズのフォワードのカワイ・レナードの位置からもっとも正確に予測することができた。この対戦に関していえば、勝ったのは試合で20得点を上げたレナードのほうだった。ルークのアルゴリズムによれば、献上した得点のうちの6・8点はハーデンのマークに起因するものだった。

「誰だって神のモデルを知りたいと思っているさ」と彼はすべてを知り尽くしているような笑みを浮かべて言った。「神のモデルを使えば、得点の確率を最大限に高めるために、レブロン・ジェームズが次にどう行動するべきかまでわかる。しかし、現実問題として、そんなことはできっこないことも誰もがわかっているんだ」

有効なモデルを構築するうえで重要なのは、何を「所定のもの」とみなすのか、つまりどういう仮定を立てるのかだ。神のモデルは過去に起きた出来事すべてを所定のものとみなす。レブロン・ジェームズが参加したすべてのトレーニング・セッション、彼がプレイしたすべての試合、彼が今までの人生でとってきたすべての朝食、試合前の靴紐《くつひも》の結び方。これが数式（4）の右辺に当たる。そう、ジェームズがシュートを打つ瞬間までの彼の人生の歴史全体を、所定のものとみなすわけだ。モデルを構築する者としてのルークの腕の見せどころは、無視できる情報の判断にある。マルコフ性の仮定を立てるとき、彼は数式（4）の左辺に何を残すべきなのかを判断するのだ。

「レブロン・ジェームズをモデル化する際に考慮するのは、彼のコート上の位置、彼へのディフェンスの強さ、チームメイトの位置だ。そのうえで、その時点から数秒以上前の出来事はすべて無関係だと仮定するんだ。そして、この仮定はおおむねうまく働いている」

試合の解説者はよく、直前の5分間や10分間のプレイぶりを見て、「今日の彼は動きに冴えが見られません」とか、「この選手は流れに乗っていますね」などと言う。こうした解説者のコメントについては、どう考えればいいのだろう？　彼に訊いてみた。

「ただのバイアスにすぎないさ。選手のシュートをもっとも正確に予測するのは、直近の5回のシュートの平均とかではなくて、シュート時点でのその選手と相手のコート上の位置、その選手の全体的なプレイの質なんだ」

バスケットボール最大の疑問は、攻撃側の選手がどういう場合に3ポイントラインの外側、つまり3ポイントシュートを打てる位置にいるチームメイトへとパスするべきなのか、というものだ（3ポイントラインの内側、ゴールリングに近い位置からのシュートは2点）。マルコフ性の仮定のおかげで、ルークは1回のコンピュータ・シミュレーションでNBAのシーズン全体を再生することができる。ある「代替現実」シミュレーションでは、3ポイントラインの内側にいる選手は強制的に3ポイントシュートの打てる位置までパスまたはドリブルをさせられる。このシミュレーションの結果は一目瞭然だ。なんと、すでにゴールリングの近くにいるのでもないかぎり、いったん3ポイントラインの外側までボールを出して3ポイントシュートを狙うほうがいいのだという。

ジェームズ・ハーデンが選手としての真価を発揮しているのは、まさしくこの点といえる。彼はレブロン・ジェームズも含め、NBAのどの現役選手よりも多く50得点超の試合を達成しているけれど、その大きな要因のひとつが3ポイントシュートだ。彼はドリブルで3ポイントラインの内側へ行くと見せかけ、すっと後ろに下がって3ポイントシュートを打つという妙技を完成させた。

ルークのモデルでは、3ポイントシュートを数学的にいちばん完璧に利用していたのは、そのジェームズ・ハーデン属するロケッツだった。それもそのはずだ。ゼネラルマネジャーのダリル・モリーはノースウェスタン大学でコンピュータ科学と統計学を学んだ実績を持つのだから。ルークに先んじて同じ結論にたどり着いた数学者がもうひとりいたわけだ。ハーデンはすでに「モリーボール」と称される3ポイント戦略を実行に移していた。

バスケットボールは今や、コート上で繰り広げられるスポーツ競技と同じくらい、コート外で繰り広げられる数学的頭脳の戦いへと変わった。それは、最適なモデルの仮定を握る者は誰なのか、を巡る戦いだ。現在、ルークは遷移確率テンソルと呼ばれる手法を用いて、ディフェンスのプレッシャーやショットクロックといった要素を彼のマルコフ性の仮定へと組み込むことにより、シュートまでの残り時間が減っていくなかで、せめて2点をもぎ取るべきタイミングはいつなのかを計算している。確かに、ルークの遷移確率テンソルは、ハーデンのステップバック3ポイントシュートほど華やかではないけれど、同じくらい芸術的であることはまちがいない。

数学的モデルが弱小野球チームを救う

映画『マネーボール』でブラッド・ピットが演じた野球コーチ、ビリー・ビーンの物語は、現代最高の統計オタクの冒険譚のひとつだ。これは弱小野球チーム「オークランド・アスレチックス」のゼネラルマネジャーが統計的な実績をもとに、ささやかな予算で型破りな選手たちのチームをつくり上げていく物語で、チームは実に20連勝を記録した。

映画『マネーボール』では、締めくくりでビーンがボストン・レッドソックスの高額報酬の役職を打診されるが、オファーを断って愛するアスレチックスに残る。映画としては、なんともロマンチックなエンディングだけれど、オークランドの成功のあとに野球界で起きた出来事を正確に反映しているとは言いがたい。

ビーンは専門教育を受けた統計学者でも経済学者でもなく、元選手だ。しかし、ビーンの成功を再現しようとしたほかの野球チームのオーナーたちが頼った先は、ビーンのような頭の柔らかい元プロ野球選手ではなく、たいていは数学者だった。実際、ビーンが用いた統計的手法の生みの親であるビル・ジェームズは、ボストン・レッドソックスの役職の打診を受け入れ、2003年以来ずっとそこで働いている。また、レッドソックスは数学の学位を持つトム・ティペットを野球情報サービス担当責任者に任命した。

統計学で成功したもうひとつのチーム、タンパベイ・レイズは、2010年にオペレーションズ・リサーチを専門とするハーバード・ビジネス・スクールの助教、ダグ・フィアリングを雇った。ダグが在籍した5年間で、メジャーリーグでも特に年俸総額の低いレイズは、3度もディビジョンシリーズに進出を果たした。[2] 次に、ダグはロサンゼルス・ドジャースへと移った。彼の分析グループには20人が在籍していて、うち少なくとも7人は統計学または数学の修士号か博士号を持っていたというから驚きだ。彼らの分析対象は、守備のポジショニングから、打順、選手たちの契約期間まで、あらゆる物事へと及んだ。

私は、2019年2月に自身のスポーツ・アナリティクス会社を興《おこ》すためにロサンゼルス・ドジャースを去ったばかりのダグに連絡を取った。開口一番にたずねたのは、彼が大の野球ファンなのかどうかだった。

「まあ、スポーツ界で働いている平均的な人々と比べたら、ファンを自称するのはおこがましいかもね」とダグは冗談を言った。「でも、人口全体から見れば、まちがいなく大ファンだと断言できるよ」

ダグはこれまでの人生でずっとドジャースを追いかけており、ドジャースで働くのはまさに夢だった。

現代の野球分析は、スポーツに興味を持つアマチュア統計学者たちの研究に源流を持つ。私がマネーボール理論の話題を振ると、彼はこう言った。

「オークランド・アスレチックスの成功の大きな要因は、［映画『マネーボール』でジョナ・ヒルが演じた登場人物のモデルである］ポール・デポデスタにある。彼は公的な分野ですでに使われていた手法を、球団内部の意思決定に応用したんだ」

ダグいわく、野球選手として華々しいキャリアを送り、鋭い野球勘を持つ野球界のゼネラルマネジャーは、アイビー・リーグ卒でデータについて熟知している大卒生へと少しずつ置き換えられていった。

「野球は、打者と投手の一連の1対1の対決として近似できる。だから、マルコフ性の仮定はかなり多くの状況でうまく機能するといえるね」

マルコフ性の仮定の適用のしやすさこそが、野球をほかのスポーツより分析しやすいものにしている。数学者が野球界をあっという間に席巻してしまったのは、そのおかげなのだ。

ダグは1960年代と1970年代の野球分析に関する初期の古典的な科学論文について熱く語ってくれた。ジョージ・R・リンジーは1963年刊行の論文で、統計モデルを使い、走者はいつ盗塁を試みるべきか、守備側のチームは内野手をどれくらい打者の近くに配置するべきか、といった疑問に答えていった。彼の立てたマルコフ性の仮定とは、アウトの数や走者の配置こそが試合の状態にほかならないというものだ。彼は父親のチャールズ・リンジー大佐が手作業で収集した1959年および1960年シーズンの計6399ハーフイニング分のデータと自身のモデルを照らし合わせ、打撃と守備の最適戦略を発見した。彼は論文の結論の前置きでこう述べている。「これらの計算は全員が〝平均的〟な選手であるという神話的な状況でしか成り立たないことを繰り返し述べておく必要がある」[3]

自分自身の構築したモデルを神話であると同時に有益なものともみなす、この過剰なほどの正直さこそ、真の数学的モデルの構築者の証《しるし》といえよう。仮定を正確に報告することは、結果を正確に報告するのと同じくらい重要なのだ。

こうした数学的モデルを発見したのは、総じて部外者たちだ。つまり、統計学に興味を持ち、統計学を説明したいと願っている男女たちだ。ひとつのスポーツで数値の力が認められると、その暗号を知る人々が次々と迎えられる一方で、そのスキルを持たない人々は退出を求められた。

野球界では、その入れ替わりはすでに完了している。バスケットボール界では現在進行中で、サッカー界ではようやく始まったところだ。ルークがローマで働いていた時代に、同チームのふたりの最優秀選手と契約したリヴァプールFCは、ビル・ジェームズをボストン・レッドソックスへと持ち込んだアメリカの実業家、ジョン・W・ヘンリーが所有している。リヴァプールは論理物理学者のイアン・グレアムを雇い、チームの補強を任せた。チームが2019年のチャンピオンズリーグで優勝すると、『ニューヨーク・タイムズ』はグレアムと、彼の同僚のアナリストで物理学者のウィリアム・スピアーマンに、彼らの役割についてインタビューを行なった。[4] リヴァプールはこのインタビューを許可することで、チームの大躍進の要因の少なくとも一部が彼らにあることを喜んで認めたわけだ。2018-19年シーズンのプレミアリーグのタイトルを戴冠《たいかん》したマンチェスター・シティもまた、データ・アナリストたちの巨大チームを抱えているし、ご存じのとおり、2019年のラ・リーガのチャンピオンであるバルセロナもそうだ。ほかのチーム、主だったところでいうとマンチェスター・ユナイテッドなどはまだ目をつけていないようだ。きっと、ポール・ポグバがチームにとってどれだけ価値があるのか、よくわかっていないのだろう。

マンチェスター・ユナイテッドには危険信号が灯っている。人生のほかの面で成り立つ法則は、スポーツでも成り立つ。そう、モデルは勝ち、ナンセンスは負けるのだ。

天才でなくてもできること

あなた自身や他者のスキルを測定するときには、仮定を明確にする必要がある。行動する前後の状態は？　あなたの人生のなかで改善したい分野を具体的にしよう。もっと数学を学びたい？　もっと頻繁にランニングをしたい？　それなら、現在地を正直に認めよう。あなたが知っている数式、知らない数式は？　今は週に何キロメートル走っているか？　それが現時点での状態だ。それを書き出して、パフォーマンスの向上に取り組みはじめよう。そうしたら、1カ月後、もういちど現在地を確かめてみる。スキルの数式は、開始前の仮定に対して正直になるよう教えてくれる。目標は別のところにあったなどと言って、失敗を正当化してはいけないし、人生のほかの部分での失敗に気を取られて、成功を過小評価してもいけない。ただ、継続する前に当初の仮定を評価し直すことだけは忘れちゃいけない。本当に改善したいこととはなんなのか？　それをもういちど見直そう。過去にこだわるのは禁物だ。マルコフ性の仮定を用いて、過去のことは忘れ、ひたすら未来だけに集中しよう。

ルーク・ボーンと話をしていると、私自身にも改善の必要なスキルがいくつかあることに気づかされる。ミスター・マイ・ウェイと話すときには、もっと話し上手に、もっと辛抱強くならないと。本章の冒頭で示したコミカルな表現を抜きにすれば、ミスター・マイ・ウェイにもまちがいなくいいところはある。人生経験や熱意があるし、人当たりがよい。自分のスポーツをよく知っていて、こよなく愛している。ミスター・マイ・ウェイにナンセンスな話をやめさせて、もっとモデルやデータの話を引き出すには、どうすればよいだろう？

ルークいわく、スカウト会議に参加すると、ひとりのスカウトがつい最近見た選手についてコメントするところから議論が始まることが多いのだという。

「いい選手だと思うかい？」

「ああ、いいと思う」と別のスカウトが言う。

「うん、かなりいいね。名手だ」と3人目のスカウトが続ける。

「私はいまひとつだと思うんだがね」とひとり目が言う。

こういうとき、ルークは統計を使ってちょっとした議論の文脈を提供しようとする。たとえば、その選手が名手だと信じ込んでいる3人目のスカウトにこう告げる。

「ええと、あなたがこの選手を見たのは11月22日の1回きりですよね。統計によると、彼にとって生涯最高のゲームだったようです。なので……」

すると、議論はそこから、深い情報に基づいた新しい方向性を帯びていくことがある。その選手の動画をみんなで観直し、その日の彼のプレイが普段どおりのものなのかどうかを確かめることもできよう。

ひとつ、ルークがスポーツの世界に飛び込んで感心させられたのは、スポーツチームのスタッフがすごくオープンなことだ。彼の会うスカウトたちはみな、手に入る情報はなんでも手に入れたいと思っている。数学者と同じで、データに飢えているのだ。ルークは根底にあるモデルという形で、その情報を整理する手段を与えようとしている。

「私たちはモデルの語る言葉になるべく正直でありたいと思っている。すべてを議論のテーブルの上に開陳して、私たちの仮定をスカウトたちに伝える。それが議論の土台になるからね」

彼は組織のほかの人たちに、統計的な要約、図表、新聞報道など、必要なものすべてを提供している。だが、話す際にはあえて「データ」という単語を使わないようにしている。データという単語は、データ依存や知識偏重について議論するときに使われる傾向があるからだ。むしろ、彼は自分自身を情報の与え手だと見ている。

「情報がほしくない人なんてどこにいるだろう?」とルークは反語的に訊いた。

私は彼が自分自身を主に情報源として認識していることに興味をそそられ、思わずこんな質問をした。

「君の話しぶりからすると、まるで自分自身をスカウトより下に見ているように聞こえるけれど……」

「ある意味ではそうかも」とルークはしばらく考えた末に言った。「私がキングス唯一の賢い人間である必要なんてないんだ。むしろ、ほかのみんなを賢くさせてあげる人間でありたい」

謙虚さというのは、私の経験上、最高の応用数学者や統計学者の特徴であることが多い。

そのとき、私はサー・デイヴィッド・コックスとの議論を思い出した。天才の概念に話が及んだとき、彼はずいぶんと物思いにふけっていた。

「私は〝天才〟という言葉は使わない。かなり強烈な言葉だからね」と彼は言うと、またしばらく考え込んでから続けた。「〝天才〟という言葉を誰かが使うのは聞いたことがない。ただ、R・A・フィッシャーに対してだけは例外だが」。フィッシャーとは、現代統計学の父として広く認められているケンブリッジ大学の統計学者のことだ。「たとえそうだとしても、少し皮肉っぽい意味で使ったのだろう。いかにもイギリス人らしいといえばそうなのかもしれないが、私には少しおおげさすぎる単語に思えるね」

続けて、サー・デイヴィッドは天才だと思う人物として、ピカソ、モーツァルト、ベートーヴェンの名前を挙げた。

「天才」という単語は、数学の応用方法について語るときにもよく使われる。アルベルト・アインシュタインなら物理学、ジョン・ナッシュなら経済学、アラン・チューリングならコンピュータ科学へと数学を天才的に応用した。彼らの貢献は紛れもなく偉大だけれど、彼らの功績を天才という言葉で片づけるのはまちがっている。天才という言葉は一般の人々を遠ざけ、その数学者本人を、自分は誰よりも賢いと考えるミスター・マイ・ウェイへと変えてしまう。

バルセロナには天才がいる。それはリオネル・メッシであり、セルヒオ・ブスケツであり、サミュエル・ユムティティだ。彼らには決して私たちに見えないものが見える。彼らのパフォーマンスは、ほとんど誰も再現できない芸術を生み出す。

その点、TENのメンバーは天才ではない。私たちは再現可能で測定可能なアイデアを生み出す。データを分類し、整理する。ナンセンスを一掃する。モデルを構築する。それだけだ。そして、私たちがベストを尽くすときには、それを他人からは見えない形で行なっているのである。

第5章

影響力の数式

インフルエンサーを科学する

$$A \cdot \rho_{\infty} = \rho_{\infty}$$

あなたがあなたとして生まれ変わる確率

あなたが別の誰かではなく、あなた自身として生まれる確率がどれくらいなのか、考えたことはあるだろうか？　別の誰かというのは、ディズニーランドに行ったことがあるかないかや、映画『スター・ウォーズ』を全作観たことがあるかないか、だけが違う誰かではなくて、まったく違う誰かだ。つまり、別の国で生まれた誰か、あるいは別の時代に生まれた誰かのことだ。

地球の人口は約80億人だ。つまり、あなたがあなたとして生まれる確率は80億分の1ということになる。イギリスにあるような49個のボールを使った宝くじの場合、6個すべての数字が的中する確率は約1400万分の1だ。そう、この宝くじを1枚だけ買って当せんする確率のほうが、あなたがあなたとして生まれる確率よりもまだ570倍も高いわけだ。

ときどき、私は毎日ランダムな人間として朝を迎える宇宙を想像することがある。先ほどの計算から、2日連続で同じ人間として目を覚ます確率は、ほとんど無視してしまっていいとわかる。その確率はやっぱり80億分の1だけれど、じゃあ、前日と同じ都市で目を覚ます確率ならどうだろう？　私が暮らすスウェーデンの街ウプサラは、人口約20万人。地球規模で考えると、私がここウプサラで明日も目を覚ます確率は、たった4万分の1しかない。同じことを続けて、今後50年間、毎朝ランダムな人間として目を覚ますとすると、そのあいだにウプサラにいちどでも戻ってくる確率はやっと50%くらいだ。私が故郷でもういちど日の出を見られるかどうかは、コイン投げで決まることになる。

このランダムな旅の途中、私は2年ごとにロンドンで1日、ロサンゼルスで1日を過ごす。ニューヨーク、カイロ、ムンバイはおよそ1年に1日だ。[1] 3800万の人口を擁する大東京圏は、1年に2日近く、私の新しい故郷になるだろう。特定の都市で目を覚ます確率は小さいけれど、地方よりは人口の密集する都市部で目を覚ます確率が高い。いちばん目を覚ます確率が高い国は中国で、その次が僅差でインドだ。このランダムな生まれ変わりというノイズのなかに安定性があるとしたら、このふたつの国に見つかるはずだ。合計人口28億人の両国のどちらかで、1週間のうちの約2日半を過ごすことになる。1週間のうちの平均1日はアフリカが私の故郷となり、アメリカ合衆国を訪れるのは1カ月に1回ちょっとにすぎない。旅の出発地点へと戻ってこられる見込みはほとんどない。それくらい、私が私であることは奇跡的であり、なおかつ私という人間はありえないくらいちっぽけなのだ。

さてここで、世界人口のなかからランダムに選ばれた人間として目を覚ますのではなく、私自身がインスタグラムでフォローする人々のなかのひとりとして目を覚ますところを想像してみよう。私はその写真共有ソーシャル・ネットワークのヘビーユーザーではないし、私をわざわざ探し出してくれた何人かの友人をフォローしているだけなので、そのなかのひとりとして目を覚ますことになるだろう。たぶん、学校時代の友人か、別の大学の数学者だ。1日だけその人の体を借り、その人の人生はどんな感じなのかを味わい、元の自分にメッセージのひとつでも送り、ベッドのなかで一晩を過ごし、またその人がフォローする人々のなかのランダムなひとりとして目を覚ます。

もういちどデイヴィッド・サンプターとして目を覚ますことだってあるだろう。一般的なインスタグラムのユーザーは、100〜300人をフォローしているので、私のフォローしている人の全員が私と相互フォローの関係（お互いにフォローし合っている状態）にあることを考えると、もういちど自分自身として過ごす確率はある程度（約200分の1）ある。また自分自身に戻るかどうかは別として、私の社会集団、友人の友人、私と文化や背景が似ている人々のあいだを何日か巡る可能性が高い。

そのとき、私の人生が180度変わる出来事が起こる。クリスティアーノ・ロナウドとして目を覚ますのだ。いや、ロナウドとはかぎらない。カイリー・ジェンナーかもしれないし、「ザ・ロック」ことドウェイン・ジョンソン〔元プロレスラーの俳優〕、アリアナ・グランデかもしれない。どの有名人かは別として、スターに生まれ変わることは保証されている。旅を始めてから1週間やそこらで、私はインスタグラム上でもっとも有名な人々のひとりへと変わるだろう。数億人のフォロワーを持つその有名人たちは、私自身の社会的ネットワークに属する人々がフォローしているので、そうした有名人として目が覚めるのは時間の問題なのだ。

私が1週間、あるいはもっと長く、この有名人の世界にとどまることは十分にありうる。クリスティアーノはドレイク、ノバク・ジョコビッチ、スヌープ・ドッグ、ステフィン・カリーをフォローしているので、しばらくはスポーツ界のスター選手やラッパーのあいだを行き来することになる。ドレイクからファレル・ウィリアムス、マイリー・サイラスへと生まれ変わり、ウィロー・スミス、ゼンデイヤへと続く。そこからしばらくは、ミュージシャンや映画スターの世界を悠々と動き回ることになる。

そして、2週間ばかり名声に浸ったのち、スヌープ・ドッグとして目を覚ますよりもいっそう劇的な生まれ変わりが起こる。1日じゅうアクション映画の撮影を行なった次の日の朝、目を覚ますとドウェイン・ジョンソンの学校時代の友人になっている。この時点で、私は恐ろしい現実に気づく。完全に迷子だ。もういちどデイヴィッド・サンプターに戻れる確率はゼロに近い。それからすぐ、私はまたセレブの世界へと逆戻りし、スターとつるんだり、上半身裸の写真をインスタグラムで公開したりするようになる。そのあいだ、B級スターに生まれ変わったり、ときおり一般人に戻ったりしながら、再び輝かしいスターの世界へと戻っていく。

ここまで来ると、翌日、私がデイヴィッド・サンプターに戻る確率はものすごく低くなる。おそらく1兆分の1、あるいはそれ未満かもしれない。ランダムなインスタグラムの旅は、ひたすら有名人への一方通行であり、しかもその先は行き止まりになっているのだ。

▼影響力の数式を理解する――第1段階

21世紀でもっとも重要な数式といえば、次のものだろう。

$$A \cdot \rho_\infty = \rho_\infty \quad \cdots\cdots (5)$$

10億ドルの収益を生み出すギャンブル界のロジスティック回帰なんて目じゃない。この数式は1兆ドル産業の土台なのだ。グーグル。アマゾン。フェイスブック。インスタグラム。あらゆるインターネット・ビジネスの中心にある。スーパースターの創造者であり、平凡なものやつまらないものの封殺者である。インフルエンサーの生みの親であり、ソーシャルメディアの女王や王の選定者である。私たちの絶え間ない注目への欲求、自己像へのこだわり、ファッションへの不満や関心の源であり、名声の原動力である。私たちが広告やプロダクト・プレイスメント〔映画やテレビドラマ内に商品を小道具として紛れ込ませる広告の手法〕の広大な海へと迷い込んでいると感じる理由であり、私たちのオンライン生活の隅々まで形づくっている要素でもある。

そう、名づけて影響力の数式だ。

そんなに重要な数式なら、説明や理解は難しいと思うかもしれない。そんなことはない。むしろ、先ほどの「もしもロナウド、ザ・ロック、ウィロー・スミスに生まれ変わったら?」という例ですべて説明しきっている。必要なのは、記号A（「隣接行列」と呼ばれる）と記号ρ_t（時刻tにおいて、ある社会的ネットワーク内のそれぞれの人になる確率を表わすベクトル）を、先ほどの世界人口を巡る旅と結びつけることだけだ。

隣接行列を視覚化するため、行と列がいずれも人の名前になっているスプレッドシートを想像してみよう。このスプレッドシート内のセルは、翌日、その人として目を覚ます確率を示す。手始めに、5人しかいない世界を想像してみよう。私（DS）、ザ・ロック（TR）、セレーナ・ゴメス（SG）、それから名前も聞いたことがないふたりの人物、仮にワン・ファン（WF）、リー・ウェイ（LW）としておこう。最初の思考実験で仮定したように、毎日、ランダムな人間として目を覚ますと仮定すると、行列Aはこうなる。

$$A = \begin{array}{c} \begin{array}{ccccc} \mathrm{DS} & \mathrm{TR} & \mathrm{SG} & \mathrm{WF} & \mathrm{LW} \end{array} \\ \left(\begin{array}{ccccc} 1/5 & 1/5 & 1/5 & 1/5 & 1/5 \\ 1/5 & 1/5 & 1/5 & 1/5 & 1/5 \\ 1/5 & 1/5 & 1/5 & 1/5 & 1/5 \\ 1/5 & 1/5 & 1/5 & 1/5 & 1/5 \\ 1/5 & 1/5 & 1/5 & 1/5 & 1/5 \end{array}\right) \end{array} \begin{array}{c} \\ \mathrm{DS} \\ \mathrm{TR} \\ \mathrm{SG} \\ \mathrm{WF} \\ \mathrm{LW} \end{array}$$

行と列の見出しは、先ほどの5人の世界の住人たちのイニシャルを表わす。毎日、自分がなりきっている人の列を参照すれば、各々の行の値から、特定の人になる確率がわかる。すべての項目が$\frac{1}{5}$だということは、翌日、私が5人のうちの誰になってもおかしくないことを示している（私自身も含めて）。

一方、2回目の思考実験で仮定したように、私がインスタグラムでフォローしている人々のなかの誰かとして目を覚ますと仮定すれば、行列Aの形状は変わってくるだろう。話を少し面白くするため、ザ・ロックがある数学の問題で行き詰まり、インスタグラムで私をフォローしてくれたとしよう。さらに、歌手のセレーナ・ゴメスがコンサートでファンとウェイに会い、ふたりのことをかわいいと思って（言い忘れたが、ファンとウェイはカップルだ）、セレーナがふたりをフォローしたとする。当然、セレーナ・ゴメスとザ・ロックは自分以外の4人全員にフォローされているものとする。すると、行列Aはこうなる。

$$A = \begin{array}{c} \\ \end{array}\begin{array}{ccccc} DS & TR & SG & WF & LW \\ \end{array}$$

$$A = \begin{pmatrix} 0 & 1/2 & 0 & 0 & 0 \\ 1/2 & 0 & 1/3 & 1/3 & 1/3 \\ 1/2 & 1/2 & 0 & 1/3 & 1/3 \\ 0 & 0 & 1/3 & 0 & 1/3 \\ 0 & 0 & 1/3 & 1/3 & 0 \end{pmatrix} \begin{matrix} DS \\ TR \\ SG \\ WF \\ LW \end{matrix}$$

私がデイヴィッド・サンプターだとすると、翌日、私がなる可能性があるのは、セレーナとザ・ロックのふたりだけなので、私の列の各項目は1/2ずつとなる。ザ・ロックも同様。一方、残りの3人は、なる可能性のある人が3人ずついる。行列の対角線上の数字がすべて0になっているのは、2人連続で同じ人にはなりえないという意味だ。自分自身はフォローできないからだ。

私はこのモデルを構築するに当たって、マルコフ性の仮定（第4章の数式（4））を用いた。つまり、たとえば2日前に誰であったかが、明日、誰になるかに影響を及ぼしたりはしないということだ。実際、行列Aは一種のマルコフ連鎖ともいえる。行列Aは、出来事の連鎖における次のステップが現在の出来事だけに依存していると言っているからだ。

さて、行列Aをたどって、数日間の推移を記録してみよう。1日目の朝、私はデイヴィッド・

サンプターとして目を覚ますので、翌日、誰になるかは次のように計算できる。[2]

$$
\begin{array}{ccccc} DS & TR & SG & WF & LW \end{array} \quad \text{1日目} \quad \text{2日目}
$$

$$
\begin{bmatrix} 0 & 1/2 & 0 & 0 & 0 \\ 1/2 & 0 & 1/3 & 1/3 & 1/3 \\ 1/2 & 1/2 & 0 & 1/3 & 1/3 \\ 0 & 0 & 1/3 & 0 & 1/3 \\ 0 & 0 & 1/3 & 1/3 & 0 \end{bmatrix} \cdot \begin{bmatrix} 1 \\ 0 \\ 0 \\ 0 \\ 0 \end{bmatrix} = \begin{bmatrix} 0 \\ 1/2 \\ 1/2 \\ 0 \\ 0 \end{bmatrix} \begin{array}{l} DS \\ TR \\ SG \\ WF \\ LW \end{array}
$$

行列の掛け算の方法について詳しくは、巻末注2で説明しているが、何より注目してほしいのは、等号のすぐ両側にあるふたつの数値の列だ。これらは「ベクトル」と呼ばれ、このベクトルの各行には、私が特定の日に特定の人物になる確率を測定する0から1までの単一の数値が含まれている。1日目、私はデイヴィッド・サンプターなので、私の行は1で、残りの人々の行は0だ。2日目、私は半々の確率でセレーナ・ゴメスまたはザ・ロック（デイヴィッド・サンプターがフォローしているふたり）になるので、このベクトルのふたりの値は1/2、残りの全員が0だ。

3日目になると、状況は面白くなってくる。3日目の結果はこうだ。

$$
\begin{array}{c}
\begin{array}{ccccc} DS & TR & SG & WF & LW \end{array} \qquad \text{2日目} \qquad \text{3日目} \\
\begin{pmatrix}
0 & 1/2 & 0 & 0 & 0 \\
1/2 & 0 & 1/3 & 1/3 & 1/3 \\
1/2 & 1/2 & 0 & 1/3 & 1/3 \\
0 & 0 & 1/3 & 0 & 1/3 \\
0 & 0 & 1/3 & 1/3 & 0
\end{pmatrix}
\cdot
\begin{pmatrix} 0 \\ 1/2 \\ 1/2 \\ 0 \\ 0 \end{pmatrix}
=
\begin{pmatrix} 1/4 \\ 1/6 \\ 1/4 \\ 1/6 \\ 1/6 \end{pmatrix}
\begin{array}{l} DS \\ TR \\ SG \\ WF \\ LW \end{array}
\end{array}
$$

私はこの5人の誰になっていてもおかしくないのだ。デイヴィッド・サンプターかセレーナ・ゴメスになる確率がやや高いけれど、ザ・ロックやセレーナの中国人ファンのどちらかになる確率も$1/6$ずつある。再び同じ掛け算をして、4日目に私が誰になる可能性が高いのかを確かめてみよう。

$$
\begin{array}{c}
\begin{array}{ccccc} \text{DS} & \text{TR} & \text{SG} & \text{WF} & \text{LW} \end{array} \qquad \text{3日目} \qquad \text{4日目} \\
\begin{bmatrix} 0 & 1/2 & 0 & 0 & 0 \\ 1/2 & 0 & 1/3 & 1/3 & 1/3 \\ 1/2 & 1/2 & 0 & 1/3 & 1/3 \\ 0 & 0 & 1/3 & 0 & 1/3 \\ 0 & 0 & 1/3 & 1/3 & 0 \end{bmatrix} \cdot \begin{bmatrix} 1/4 \\ 1/6 \\ 1/4 \\ 1/6 \\ 1/6 \end{bmatrix} = \begin{bmatrix} 6/72 \\ 23/72 \\ 23/72 \\ 10/72 \\ 10/72 \end{bmatrix} \begin{array}{c} \text{DS} \\ \text{TR} \\ \text{SG} \\ \text{WF} \\ \text{LW} \end{array}
\end{array}
$$

だんだん有名人たちが主役に躍り出てきているのがわかる。４日目のベクトルの値を見ると、私がザ・ロックやセレーナ・ゴメスである確率は23/72で、デイヴィッド・サンプターである確率の４倍近くもあることがわかる。

隣接行列Aを掛けるたび、１日未来へと進む。私の旅のモチベーションとなる疑問はこうだ。長期的に見ると、私はそれぞれの人物として何回ずつ過ごすのだろう？

この疑問に答えてくれるのが数式（５）だ。どう答えてくれるのかを確かめるため、数値を含む行列とベクトルを記号に置き換えてみよう。隣接行列がAと呼ばれるのは、先ほど説明したとおりだ。そこで、ベクトルをρ_tおよびρ_{t+1}と表現しよう。これで、先ほどの行列をずっと簡潔な形で書き直せる。

$$A \cdot \rho_t = \rho_{t+1}$$

ρ_tは、私が時刻tにおいて、ある社会的ネットワークのなかのそれぞれの人である確率を示す。添字のtは、前章と同じように時刻を表記するのに使われる。これまでの議論で、次のことがわかった。

$$\rho_1 = \begin{pmatrix} 1 \\ 0 \\ 0 \\ 0 \\ 0 \end{pmatrix}, \rho_2 = \begin{pmatrix} 0 \\ 1/2 \\ 1/2 \\ 0 \\ 0 \end{pmatrix}, \rho_3 = \begin{pmatrix} 1/4 \\ 1/6 \\ 1/4 \\ 1/6 \\ 1/6 \end{pmatrix}, \rho_4 = \begin{pmatrix} 6/72 \\ 23/72 \\ 23/72 \\ 10/72 \\ 10/72 \end{pmatrix} \begin{matrix} \mathrm{DS} \\ \mathrm{TR} \\ \mathrm{SG} \\ \mathrm{WF} \\ \mathrm{LW} \end{matrix}$$

▶ 影響力の数式を理解する——第2段階

さて、いよいよ数式（5）だ。最後に紹介してからしばらく時間がたっているので、念のため再掲しておこう。

$$A \cdot \rho_\infty = \rho_\infty \quad \cdots\cdots (5)$$

先ほどの数式にあったtと$t+1$を無限大の記号∞で置き換えた。この数式が言わんとしているのは、時間を無限に早送りすると、tと$t+1$のあいだに差がなくなるということだ。その意味をしばし考えてみてほしい。つまり、十分な日数、生まれ変わりを繰り返せば、あと1日同じことを繰り返すかどうかなんて関係なくなるということだ。ある人物になる確率は同じで、ρ_∞で示される。このρ_∞のことを「定常分布」という。なぜなら、時間がたつにつれて、私たちが各状態にあった時間、つまりそれぞれの人物であった時間や、その人物がもともと誰だったのかは、忘れられてしまうということを示しているからだ。

数式（5）は、遠い未来のある日、私が特定の人物として目を覚ます確率を示す。あとはこの方程式を解くだけだ。私が現在暮らしている5人だけの宇宙の場合、次のようになる。

$$\begin{pmatrix} 0 & 1/2 & 0 & 0 & 0 \\ 1/2 & 0 & 1/3 & 1/3 & 1/3 \\ 1/2 & 1/2 & 0 & 1/3 & 1/3 \\ 0 & 0 & 1/3 & 0 & 1/3 \\ 0 & 0 & 1/3 & 1/3 & 0 \end{pmatrix} \cdot \begin{pmatrix} 8/60 \\ 16/60 \\ 18/60 \\ 9/60 \\ 9/60 \end{pmatrix} = \begin{pmatrix} 8/60 \\ 16/60 \\ 18/60 \\ 9/60 \\ 9/60 \end{pmatrix} \begin{matrix} \text{デイヴィッド・サンプター} \\ \text{ザ・ロック} \\ \text{セレーナ・ゴメス} \\ \text{ワン・ファン} \\ \text{リー・ウェイ} \end{matrix}$$

左辺と右辺のふたつのベクトルはまったく同じで、元《げん》をすべて足し合わせると1になることがわかる。つまり、隣接行列Aにこのベクトルを何回掛けたとしても、結果はずっと変わらないということだ。これらが、長期的に見て私がそれぞれの人になる確率となる。

結論は？　私がデイヴィッド・サンプターとして目を覚ます確率よりもザ・ロックとして目を覚ます確率のほうが2倍も大きく、セレーナ・ゴメスとして目を覚ます確率はそれよりもさらに大きいということだ。また、私がワン・ファンやリー・ウェイとして目を覚ます確率もまた、デイヴィッド・サンプターとして目を覚ます確率よりも大きいけれど、その差はほんのわずかだ。この確率を上下逆さまにすると、私がそれぞれの人として過ごす時間がわかる。60日は約2カ月なので、この定常分布から、私は2カ月間のうちの8日間をデイヴィッド、16日間をザ・ロック、18日間をセレーナ、そしてそれぞれ9日間をファンおよびウェイとして過ごすことがわかる。無限の未来まで進めば、私は人生の半分以上を有名人として過ごすことになるわけだ。

▼）影響力の数式とインターネット企業

もちろん、毎朝を他人のベッドの上で迎えるなんてことはありえないけれど、インスタグラムはお互いの生活を垣間見させてくれる。あなたの見る写真の1枚1枚が、あなたのフォローする人の生活の一場面であり、ほんの数秒間だけ、その人として生きるのがどんな感じなのかを体感させてくれる。

ツイッター、フェイスブック、スナップチャットもまた、情報を広げ、フォロワーの感じ方や考え方に影響を及ぼすメディアだ。定常分布ρ_∞は、誰が誰をフォローしているかではなく、ユーザー間でアイデアやミームが広まる速度という面でも、この影響力を測定する。ベクトルρ_∞の値が大きい人ほど、影響力が大きく、ミームをすばやく広める。逆に、ρ_∞の値が低い人ほど影響力が低い。

だからこそ、数式（5）、つまり影響力の数式は、巨大インターネット企業にとってこの上ない価値を持つのだ。本人の素性や仕事を知らなくても、影響力の数式があればネットワーク上でいちばんの大物が誰なのか、手に取るようにわかる。要するに、人々の影響力の測定は、単なる行列代数の問題へと還元できるわけで、コンピュータは何も考えず無批判にその計算を行なうのである。

影響力の数式をオンラインで初めて用いたのはグーグルであり、世紀が変わる直前にページランク・アルゴリズムで使用したのが最初だった。グーグルはユーザーが次の訪問先を選ぶため、訪問したサイト上のリンクをランダムにクリックするという仮定のもと、ウェブサイトの定常分布を計算した。そして、ρ_∞の値が高いサイトは検索結果の上位に表示された。同じころ、アマゾンは自社のビジネスのために隣接行列Aを構築しはじめた。同時に購入された書籍、そしてのちにおもちゃ、映画、電化製品などが行列内で関連づけられ、その強い関連を特定することで、ユーザーに「この商品を買った人はこんな商品も買っています」と提案できるようになった。ツイッターもまた、ネットワークの定常分布を用いて、ユーザーのフォローすべき相手を見つけ、提案している。さらに、フェイスブックはニュースの共有、ユーチューブは動画の提案に同様のアイデアを用いている。次第に、この手法は進化し、細かな改良が追加されていったが、ソーシャルメディア上のインフルエンサーを発見する基本的なツールが隣接行列Aとその定常分布ρ_∞であることに変わりはない。

過去20年間で、このことが想定外の結果につながった。もともと影響力を測るためにつくられたシステムが、影響力の作り手へと進化したのだ。影響力の数式に基づくアルゴリズムは、ソーシャルメディアのフィード上で大きく取り上げるべき投稿を判断する。誰かが人気だとしたら、より多くの人がその人の投稿を読みたいと思うはずだからだ。その結果が、絶え間のないフィードバック・ループだ。ある人の影響力が大きければ大きいほど、アルゴリズムはその人を目立たせるようになり、翻《ひるがえ》ってその人の影響力はいっそう大きくなる。

インスタグラムの元従業員のひとりから聞いた話によると、創設者たちは当初、自社のビジネスのなかでアルゴリズムや数学を使うのをかなり渋ったそうだ。

「彼らはインスタグラムのことを非常にニッチで芸術的なプラットフォームだととらえていたんだ。一方、アルゴリズムはうさんくさいものだと見ていたね」と彼は言う。もともとインスタグラムは、親友どうしで写真を共有するためのプラットフォームだったが、フェイスブックが買収した瞬間にすべてが変わった。

「この数年でインスタグラムは劇的に変わった。今では、1％のユーザーが全フォロワーの90％以上を抱えている」

ユーザーに友人だけをフォローするよう勧める代わりに、インスタグラムはネットワーク内で影響力の方程式を解いた。そうして、特に人気の高いアカウントを宣伝したわけだ。すると、フィードバックのメカニズムが働きはじめ、有名人のアカウントがどんどん成長していくとともに、インスタグラムもまたユーザー数10億人以上にまで成長を遂げた。それ以前のすべてのソーシャルメディア・プラットフォームと同じように、インスタグラムもまた、影響力の数式を使いはじめたとたん、人気が爆発したのである。

ネットワーク科学の進展

私たちの社会的ネットワークを形づくるのに使われた数学は、その応用が可能になるはるか以前からすでにつくられていた。影響力の数式を発明したのはグーグルではなく、その源流はマルコフまでさかのぼることができる。彼は状態の連鎖をとらえる方法として、私がインスタグラムをランダムにたどる旅で仮定したように、新しい状態はすべてその直前の状態にのみ依存する、というマルコフ性の仮定を提唱したことで有名だ。

ぜんぶで5人しかいないオンライン世界に関して方程式（5）を解いたとき、私はちょっとだけ横着をした。この方程式の解、つまり長期的に見て私がそれぞれの人として過ごす時間を求めるため、行列Aがいっさい変化しなくなるまで、行列Aにベクトルρ_tを繰り返し掛けつづけた。そうして、最終的にρ_∞を求めたのだ。確かに、この方法ならいつかは正解が得られるけれど、あまりエレガントな解き方とはいえないし、グーグルが使っている手法でもない。今から１００年以上前、オスカー・ペロンとゲオルク・フロベニウスというふたりの数学者が、すべてのマルコフ連鎖Aに対して、固有の定常分布ρ_∞が存在することを証明した。したがって、社会的ネットワークの構造とは関係なく、私たちが人々のあいだをランダムに渡り歩く際、それぞれの人として過ごす時間を計算することが常に可能になる。その定常分布を求めるのに使えるのが、「ガウスの消去法」という手法だ。この手法も正規曲線と同じくカール・フリードリヒ・ガウスの名を冠《かん》しているけれど、ルーツは別のところにある。実は、中国の数学者たちが２０００年以上にわたってガウスの消去法を使っていたのだ。ガウスの消去法ではρ_∞の解を求めるため、行列Aの行を入れ替えたり並べ替えたりするのだが、そのおかげで何百万人という個人からなるネットワークでさえ、インフルエンサーの計算がすばやく効率的に行なえるようになる。

20世紀を通じて、ＴＥＮはグラフ理論と呼ばれる研究分野において、ネットワークの性質に関する結果を収集してきた。早くも１９２２年には、ウドニー・ユールがのちに「優先的選択(preferential attachment)」と呼ばれることになるプロセスの観点から、インスタグラム上の人気の増大の背景にある数学について記述した。それは、フォロワー数の多い人ほど、より多くの人々を惹きつけ、名声が増大していくというプロセスである。すると、21世紀初頭、フェイスブックが誕生するほんの数年前、この研究分野は爆発的な成長を見せ、「ネットワーク科学」と呼称されるようになった。ネットワーク科学のおかげで、ミームやフェイクニュースの広まり、全員が6ステップ以内でつながっている小世界をソーシャルメディアがつくり出す仕組み、世界の二極化の可能性を記述できるようになった。[3]

とうとう、TENが動きだす準備は整った。TENのメンバーたちは未来の大手ソーシャルメディアの創設者となり、初期の従業員となった。彼らのビジネスの中心にあったのが影響力の数式だった。この数式を操る能力を持つ人々に提示される給与は、TENのもっとも理想主義的なメンバーでさえ心を揺さぶられるほど破格だった。そして何より、その仕事はクリエイティブに考え、新しいモデルを想像し、それを実行に移す自由を彼らに与えたのだ。

たちまち、TENのメンバーたちは社会的ネットワークに対する私たちの反応を分析する仕事を任されることになる。彼らはフェイスブックのフィードを操り、否定的なニュースばかり受け取ったユーザーの反応を確かめた。人々を選挙で投票に行かせるためのソーシャルメディア・キャンペーンを考案した。そして、ユーザーに自分の見たいニュースばかりを見させるフィルターをつくった。そう、私たちの見るものを操り、友人や有名人の投稿、ニュース（フェイクであれ本物であれ）、広告を見るべきかどうかを勝手に決めていったのだ。TENは、何を言うかを通じてではなく、私たちのつながり方を独断で決めることによって、正真正銘のインフルエンサーになったわけだ。そればかりか、彼らは私たちについて、私たち自身でさえ知らないことを知っていた。

友情のパラドックスが生じるのはなぜ？

私はあなたという人間をちっとも知らないし、あなたのことを不当に判断するつもりもないけれど、ひとつだけ、一定の確信をもって言えることがある――あなた自身よりも、あなたの友達のほうがきっと人気がある。

「友情のパラドックス（friendship paradox）」と呼ばれる数学の定理によれば、フェイスブック、ツイッター、インスタグラムといったあらゆるソーシャル・ネットワーク上の人々の大多数は、その友人たちより人気がないことがわかっている。[4] ひとつ例を見てみよう。先ほど見た5人の社会的ネットワークからザ・ロックを取り除いてみたらどうなるか？　残るは私、セレーナ・ゴメス、ファン、ウェイの4人で、フォロワーはそれぞれ0、3、2、2人だ。たぶん、ファンとウェイはゴメスと仲間なので人気者の気分でいるだろうが、そんなふたりに驚きの事実がある。このネットワークのそれぞれの人に、友人の平均的なフォロワー数を数えてもらうことにしよう。私はセレーナ・ゴメスしかフォローしておらず、セレーナのフォロワーは3人なので、私の友人の平均的なフォロワー数は3だ。ゴメスはふたりをフォローしており、両方ともふたりのフォロワーがいるので、ゴメスの友人の平均的なフォロワー数は2だ。ファンとウェイはお互いとゴメスをフォローしているので、友人の平均的なフォロワー数は2・5だ。よって、このネットワークにおける友人の平均的なフォロワー数は（3＋2＋2.5＋2.5)/4＝2.5となる。フォロワーより友人の数が多いのはセレーナ・ゴメスだけで、ファンとウェイは私と同じく平均以下なのだ。

友情のパラドックスが生じるのはなぜか？　その理由は、ひとりの人物をランダムに選ぶことと、ひとつの友人関係をランダムに選ぶこととの違いにある（図5を参照）。まず、ひとりの人物を完全ランダムに選ぶことから考えてみよう。フォロワー数の期待値（つまり平均）を求めるには、ネットワーク上のそれぞれの人のフォロワー数の合計を、そのプラットフォームの合計利用人数で割ればよい。フェイスブックの場合、約200人だ。ゴメスのネットワークの場合は（0＋3＋2＋2)/4＝1.75となる。この値を、そのグラフ（＝社会的ネットワーク）内のノード（＝人々）の「平均入次数《いりじすう》」と呼ぶ。ゴメスのネットワークの場合、友人の平均的なフォロワー数は2・5だとすでにわかっているけれど、この値は単純な平均フォロワー数である1・75より大きい。

同じ結果は、ザ・ロックをネットワークに戻したとしても成り立つ。さらには、ゴメスが私をフォローしたとしても成り立つ。実際、友情のパラドックスは、全員が同じ人数をフォローしている任意のネットワークに対して成り立つことを証明できる。その証明とはこうだ。まず、ネットワーク全体からひとりをランダムに選ぶ。次に、その人がフォローしている誰かをひとり選

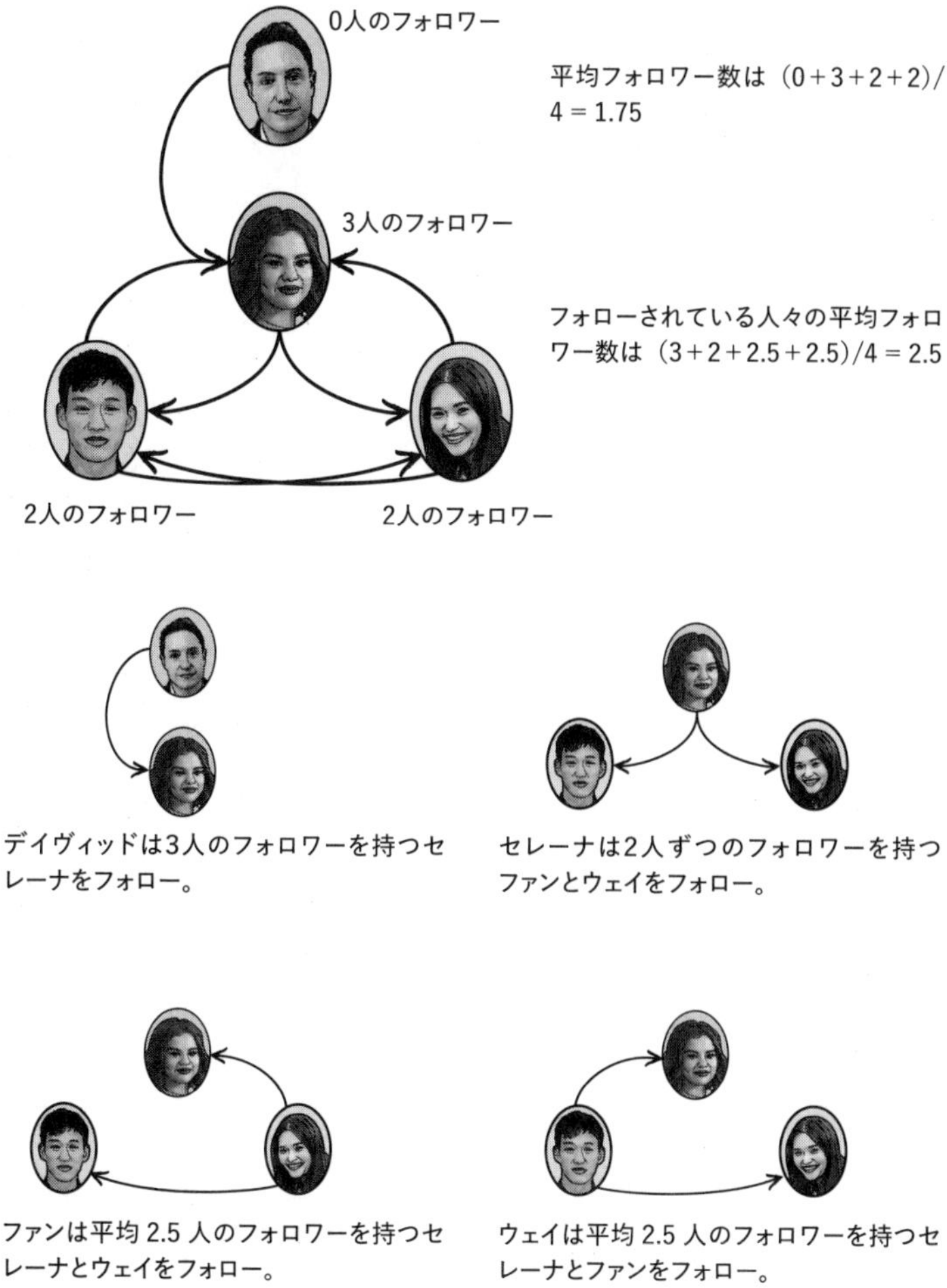
0人のフォロワー
平均フォロワー数は（0＋3＋2＋2）/4＝1.75
3人のフォロワー
フォローされている人々の平均フォロワー数は（3＋2＋2.5＋2.5）/4＝2.5
2人のフォロワー
2人のフォロワー
デイヴィッドは3人のフォロワーを持つセレーナをフォロー。
セレーナは2人ずつのフォロワーを持つファンとウェイをフォロー。
ファンは平均 2.5 人のフォロワーを持つセレーナとウェイをフォロー。
ウェイは平均 2.5 人のフォロワーを持つセレーナとファンをフォロー。

図5：4人の場合における友情のパラドックス

ぶ。別の見方をするなら、関係のあるふたりの人々を選ぶということは、ネットワーク内のすべてのフォロワー関係から、ひとつの関係をランダムに選ぶのと実質的に同じことだ。グラフ理論では、こうした関係のことをそのグラフの「辺」と呼ぶ。さて、ここで、人気の高い人々は（その定義からして）その人に入ってくる辺の数が多いので、人気の高い人は、ひとりの人物をランダムに選んだ場合よりも任意の辺の端点にいる可能性が高い。よって、ランダムに選んだ人物のランダムに選んだ友人（辺の端点にいる人物）は、ランダムに選んだ人物よりも多くの友人を持つ可能性が高いということになり、友情のパラドックスが成り立つ、というわけだ。[5]

ただ、これはあくまでも数学理論だ。では、現実はどうなのだろう？　南カリフォルニア大学の研究准教授のクリスティーナ・ラーマンは、その答えを調べてみることにした。彼女は同僚たちとともに、２００９年のツイッター・ユーザーのネットワークに目を向け（当時はツイッターの初期の時代で、ユーザー数はわずか５８０万人だった）、フォロワー関係を調べた。[6] その結果、一般的なツイッター・ユーザーからフォローされている人々は、彼らより10倍近くのフォロワーを持つことがわかった。フォロワーよりも人気のあるユーザーは、全体の２％にすぎなかった。

続けて、ラーマンらは私たちの直感を完全に覆す結果を発見した。ランダムに選んだツイッター・ユーザーをフォローする人々は、彼らより平均で20倍も人とつながっていたのだ！　私たちがフォローする人々が人気なのはまだわかる。なんせ、その多くが有名人なのだから。でも、私たちのことをフォローしている人々が私たち自身より人気があるというのは、ずっと解《げ》せない。あなたのことをフォローしている人々が、あなた自身より人気があるなんて、いったいどういうことなのか？　公平とは思えない。

その答えは、相互フォローの関係にある。誰かがあなたをフォローすると、相互フォローしなければという社会的なプレッシャーが生まれる。フォローバックしないのは失礼だ。平均的に、インスタグラムであなたのことをフォローする人々や、フェイスブックで友達リクエストを送ってくる人々は、ほかの人にも同じようなリクエストを送っている可能性が高い。その結果、そういう人々が私たちの社会的ネットワークの大部分を占めるようになる。それだけではない。あなたの友達のほうが、あなた自身より多くの投稿をし、多くの「いいね！」やシェアをもらい、多くの人々とつながっていることもわかった。

あなたは人気者ではないという数学的な必然性を受け入れれば、ソーシャルメディアとのつき合い方がみるみる改善しはじめるはずだ。あなたはひとりじゃない。クリスティーナ・ラーマンらの調査では、ツイッター・ユーザーの推定99％はあなたと同じ状況にある。いやむしろ、人気者たちのほうがあなた自身より苦しんでいる可能性だって十分にある。考えてもみてほしい。その〝人気者〟たちは、より高い社会的地位を求める果てしない旅のなかで、自分以上の成功者たちと相互フォローしようと励んでいる。そうしようとすればするほど、自分よりも人気のある人々に囲まれるはめになる。ちっぽけな慰めにすぎないけれど、成功者に見える人々も、おそらくあなたと同じ思いを抱いているという事実を知っておくといいだろう。ピアーズ・モーガンや

J・K・ローリングといった例外はさておき、残りの1％のツイッター・ユーザーは、PR戦略を駆使した有名人アカウントか、さもなくばオンラインでの存在感を維持しようと半狂乱の努力を続けている人たちなのだから。

心のフィルターをいかにして取り除くか

とはいえ、私は「ソーシャルメディアとは縁を切れ」とアドバイスするつもりなんてない。決してあきらめない、それが数学者の信条だ。数学者はいつだって物事を「データ」「モデル」「ナンセンス」の3つの構成要素に分解しようとする。

ぜひ、あなたも今日から始めてほしい。真っ先にすべきなのは、データを見ることだ。フェイスブックやインスタグラムで、あなたの友達のフォロワーや相互フォローの数を調べてみてほしい。私はフェイスブックでそれをやってみたけれど、私の友達の64％は私自身より人気があった。次に、モデルを思い出そう。オンラインの人気はフィードバックによって生まれるもので、すでに人気のある人々がいっそうのフォロワーを惹きつけるようになっている。つまり、人気というのは、友情のパラドックスが生み出す統計的な蜃気楼《しんきろう》なのだ。そして最後に、ナンセンスを切り離そう。自己憐憫に浸ったり、他人に嫉妬したりする必要なんてない。私たちはみんな、さまざまな方法で私たちの自尊心を歪めるネットワークの一部なのだと認識するだけでいい。

心理学者たちは、個人や社会に実世界と乖離した主観的な現実を体験させる認知バイアスについて、たびたび書いたり話したりしている。その認知バイアスのリストは膨らむ一方だ。ホットハンドの誤謬《ごびゅう》、バンドワゴン効果、生存者バイアス、確証バイアス、フレーミング効果……。

TENのメンバーは決してこうしたバイアスの存在を否定したりはしないけれど、彼らにとって最大のポイントは、人間の心理的な制約ではない。最大の問題は、その心のフィルターをいかにして取り除き、世界をより明瞭に見据えるかにあるのだ。そのために、彼らは「もし○○なら（what-if）」シナリオを想像する。もし、毎日ランダムな人間として目を覚ますとしたら？ もし、インターネットのミームと同じようにスナップチャットのなかを旅したら？ もし、フェイスブックの勧めるニュースだけを読んだり、ネットフリックスの勧める映画だけを観たりしたら？ 私の世界はどう変わるだろう？ その世界は、すべての情報に等しく注意を払う〝より公正な〟世界とはどう違うのだろう？

TENは、信じられないような空想的シナリオに想像を巡らせるよう促す。そして、そうしたシナリオを数学的なモデルへと変える。そこから、サイクルが始まる。モデルをデータと比較し、データを使ってモデルを改良していく。そうして、ゆっくりとはいえ着実に、余計なフィルターを取り除き、私たちの社会の現実を暴いていくのだ。

インスタグラムのアルゴリズムを分析する

リナとミカエラがインスタグラムのアカウントにログインし、写真を私に見せる。

「これって広告？　自撮り写真？」と私はリナに訊く。

写真には、ハート形のケーキがびっしりと載ったトレイを掲げ、それをカメラに見せている地元のベーカリーの主人が写っている。嘘くさい感じはないけれど、その目的はフォロワーを店に呼び込むことだ。彼女は自撮り写真だと答えたが、アカウント自体は企業アカウントだという。

リナとミカエラは大学の数学の研究プロジェクトに取り組んでいる最中だ。[7] ふたりはインスタグラムがユーザーに世界をどう見せるかを研究している。プロジェクトの開始直前、インスタグラムは写真の表示順序を決めるアルゴリズムをまたもや更新した。友達や家族の写真を優先するための変更とのことだった。

その結果、多くのインフルエンサーが脅威を覚えた。スウェーデンのインスタグラマーで、ソーシャルメディア界の重鎮であるアニータ・クレメンス（フォロワー数は6万5000人）は言う。

「フォロワーが去っていくのを見るのは、本当にストレスが溜まる。私はもう40歳近いけれど、若いインフルエンサーにとってはどんな気分かしら？」[8]

クレメンスは「［自身の］フォロワーのため」に必死で取り組んでいるのだが、新しいアルゴリズムではそのメッセージをフォロワーたちに届けられないと感じていた。アルゴリズムの限界を試すため、彼女は妊娠していると誤解してしまいそうな格好で、新しいパートナーとともに写っている写真を投稿してみた。この写真がインスタグラム上で急速に広まると、彼女はオンラインでどういう写真が広まり、どういう写真が広まらないのかをテストするためにやったことだと明かした。注目を集めたいなら、インスタグラム上で妊娠を装うのは効果抜群のようだ。

たった1枚の虚偽の妊娠写真への反応からわかることなんて、ないに等しいけれど、クレメンスは一種の実験を行なったといっていい。ミシガン州立大学のケリー・コッターによると、インスタグラムのアルゴリズムを分析して操ろうとしているインフルエンサーは少なくないという。[9] 彼らはさまざまな戦略のA／Bテスト（賭けの数式を思い出してほしい）を行なって、なるべく多くの投稿に「いいね！」やコメントをつけることの費用と便益や、最適な投稿時間について、公然と論じている。そうしたインフルエンサーの多くは、インスタグラムが自分の投稿をフォロワーのフィードの下位へと追いやって、自分に嫌がらせをしているのではないかと勘ぐっている。インスタグラムがアルゴリズムを変更したとき、そうしたインフルエンサーの多くがソーシャルメディアに繰り出して「#RIPInstagram（インスタ終わった）」宣言をした。

そこで、リナとミカエラは、一般ユーザーという自身の立場から、インスタグラムのアルゴリズムをより徹底的に調べてみることにした。翌1カ月間、ふたりは1日1回だけ午前10時にアカウントにログインし、写真の表示順を調べ、各投稿の種類や投稿者を記録していった。そうすることで、自分がインスタグラムのアルゴリズムから嫌がらせを受けているとか、軽んじられているとかいうインフルエンサーたちの仮説を検証できるわけだ。

「今までよりインスタグラムを開く頻度が減るのは、私たちにとってプラスだと思うんです」とミカエラは言う。彼女が言っているのは、1日1回しかデータを収集しない（インスタグラムの投稿を確認しない）というルールのことだ。多くの人と同じで、そのふたりの若い女性もまた、普段はついつい自分が望む以上にソーシャルメディアをチェックするクセがついていた。

厄介なのは、インスタグラムのアルゴリズムの分析、つまりインスタグラムがユーザーから隠している内容（そんなものがあるならの話だが）を解読するという部分だ。数学では、こうした問題は「逆問題」と呼ばれ、X線画像の解読に源流を持つ。現代のコンピュータ断層撮影（CT）スキャナーでは、患者が筒状の装置の中に横たわっているあいだ、あらゆる方向からX線画像が撮られる。X線は高密度物質によって吸収される性質を持つため、私たちの骨格、肺、脳といった体内の構造物の画像を得ることができる。X線にとっての逆問題とは、すべてのX線画像を組み合わせて、臓器の完全な画像を復元することだ。このプロセスの背景にある数学的手法は「ラドン変換」と呼ばれ、一連の2次元画像を正しく統合し、正確な3次元画像を構築する方法を与える。

ソーシャルメディアにラドン変換を施すわけにはいかないけれど、私たちは数式（5）という形で、ソーシャルメディアが社会的な情報を吸収して変形させる方法については詳しく理解している。インスタグラムのデータ変形プロセスを分析するため、リナとミカエラは「ブートストラップ法」という統計的手法を用いた。毎日、ふたりはフィード内の最初の100件のメッセージをぐちゃぐちゃにシャッフルし、新しい順序に並べ替えた。ふたりはこのプロセスを1万回繰り返し、インスタグラムが特定の種類の投稿を優先せず、日々の投稿をランダムに表示したと仮定した場合の順序の分布を構築した。そのうえで、このランダム化したランキングを、実際のインスタグラム・フィードにおけるインフルエンサーの表示位置と比較することにより、インフルエンサーの投稿がフィード内でわざと上下に移動させられているのかどうかを突き止めることができる。

その結果は、「インスタ終わった」運動を扇動した人々の主張とはまるで対照的だった。インフルエンサーたちが意図的に格下げされていたという証拠はなかったのだ。リナとミカエラのフィード上におけるインフルエンサーの表示位置には、順序がランダムだと仮定した場合と比べて、統計的な差が見られなかった。つまり、基本的に、インスタグラムはインフルエンサーたちを中立に扱っていたわけだ。ただし、一部のアカウントを強烈に優先していたことは事実だ。友達と家族の投稿はフィードの最上位へと移動されていた。この友達推《お》しのおかげで、ニュースサイト、政治家、ジャーナリスト、組織が全般的に割を食っていた。インスタグラムはインフルエンサーの影響力を減らしたというよりも、むしろ友達と家族の影響力を高め、ユーザーのフィードの下のほうにある、広告料を払っていないアカウントを応援していたといえる。

▼ネットワークによって生み出される自己像

「インスタ終わった」運動によって何より浮き彫りになったのは、インフルエンサーたちの抱える不安感だろう。彼らは自分たちがそれまで思っていたほど、自分自身の社会的地位をコントロールする力を持たないということに、はたと気づかされた。要するに、彼らの地位は、人気を生み出すアルゴリズムによってつくられていたわけで、彼らはそうしてつくられた人気が、こんどは友達優先のアルゴリズムによって奪われつつあるのを心配していたのである。

この調査によって、オンラインの真のインフルエンサーは食事やライフスタイルの写真を撮る有名人ではなくて、私たちが世界を見るときに通すフィルターを形づくるグーグル、フェイスブック、インスタグラムのプログラマーだということがわかった。何が、そして誰が人気になるのかを決めているのは、彼らなのだ。

リナとミカエラにとって、この実験は救いになった。この実験のおかげで、インスタグラムの見方が変わったとリナは言う。今までよりインスタグラム上での時間の使い方が効率的になった気がするそうだ。

「面白い内容を探して下のほうまでスクロールするのはやめて、友達の投稿だけを見るようになったんです。それより下はどうせ退屈なものしかないとわかりましたから」とリナは話した。

影響力の数式は、たったひとつのソーシャル・ネットワークだけでなく、すべてのネットワークで成り立つ。この数式の威力は、オンライン・ネットワークの構造がいかにしてあなたの世界観を形成するかを明らかにしてくれるという点にこそある。アマゾンで商品を探しているユーザーは、一番人気の商品が真っ先に表示されるせいで、「この商品を買った人はこんな商品も買っています」という人気ネットワークの渦に捕らわれている。ツイッターは、二極化した意見を示すことで、世界じゅうの人々があなたの見方に反論する機会を提供している。インスタグラムのユーザーは、友達や家族に囲まれているが、いろいろなニュースや意見からは隔離されている。ぜひあなたも、数式（5）を使って、誰（または何）があなたに影響を及ぼしているのかを、正直に見つめてみてほしい。あなたの社会的ネットワークの隣接行列を書き出し、誰があなたのオンライン世界の内側にいるのか、外側にいるのかを確かめてみてほしい。そのネットワークがあなたの自己像にどんな影響を与えているのか、あなたのアクセスできる情報をどう操っているのかを、考えてみてほしい。ネットワーク内を動き回り、そのことがあなたとつながっている人々にどんな影響を与えるのかを、調べてみてほしい。

▼ 数式の独占がもたらす問題

数学教師を目指しているリナとミカエラは、数年後には、携帯電話内部のアルゴリズムが人々の世界観にどんなフィルターをかけているのかを、10代の子どもたちに説明していることだろう。ほとんどの子どもたちにとっては、自分の属している複雑な社会的ネットワークにうまく対処する助けになるはずだ。しかし、ふたりの教え子の一部は、そこに別の可能性を見出すにちがいない。そう、将来的なキャリアを。彼らは必死で勉強し、数学をより深く理解して、グーグルやインスタグラムなどが用いているアルゴリズムの応用方法を学ぼうとするだろう。そのなかの数人は、もっと先へと進み、私たちへの情報の提示方法を操る裕福で有力なエリートたちの一員になるかもしれない。

２００１年、グーグルの共同創設者のラリー・ページは、インターネット検索における数式（５）の応用に関する特許の承認を受けた。[10] その特許は当初、当時彼が働いていたスタンフォード大学が保有していたのだが、グーグルが１８０万株のグーグル株と引き換えに買い取った。スタンフォード大学は２００５年、その株式を３億３６００万ドルで売却することとなる。今ならその10倍の価値になっていただろう。数式（５）の応用は、グーグル、フェイスブック、ヤフーが20世紀の数学をインターネットに応用する目的であまた保有していた特許のひとつにすぎない。たとえば、グラフ理論はそれを利用してきた巨大テクノロジー企業にとって何十億ドルという価値を持つ。

こうした特許が申請される１００年近くも前につくられた数式を、一大学や一企業が独占できるというのは、ＴＥＮの精神に反するように思えてならない。確かに、ＴＥＮのメンバーは常に秘密を抱えてきたけれど、そうした秘密はたいてい、それを学ぶ志《こころざし》を持つ人全員によって共有され、利用されてきたのだ。とすると、ＴＥＮは、メンバーが発見を我が物にしたり、入念に集約された知識から利益をむさぼったりするのを防ぐための原理原則を設けるべきではないだろうか？

ところが、この疑問への答えは、そう一筋縄でいく問題ではなかった……。

第6章

市場の数式

投資に成功する

$$dX = bdt + f(X)dt + \sigma \cdot \epsilon_t$$

道徳・倫理は検証できない

世界をモデル、データ、ナンセンスの3つに分けることで、TENのメンバーたちはある種の確信を得た。結果について思い悩む必要はなくなり、自分たちのスキルを実行に移すだけでよくなった。彼らはありとあらゆる問題を数値やデータへと変え、仮定を明確にした。合理的な推論を行ない、目の前の疑問にどんどん答えていった。

当初、TENのメンバーたちは行政や政府の研究機関で働いていた。1940年代と1950年代、彼らはリチャード・プライスの仕事を引き継ぎ、国民のために国民保険制度を築き、国民全員のために医療サービスを拡充していった。デイヴィッド・コックスが繊維業界で働き、数学を使って業界の成長を後押ししていたのがこの時代だ。1960年代と1970年代になると、TENのメンバーたちはニュージャージー州のベル研究所、NASA、冷戦を続ける東西諸国の国防当局、一流大学、ランド研究所のような戦略シンクタンクなど、研究施設で要職を占めるようになる。知識の巨大な統合は、こうした特権的な集団の内部で起こった。1980年代と1990年代になると、金融業界が隆盛を誇り、資金の運用のために続々とTENのメンバーたちを雇った。

ナンセンスから解放されたTENは、独力で世界の問題を解決できると信じていた。裕福な権力者たちもそれに同意し、TENのメンバーたちに巨額の給与を支払い、投資資金を運用させた。政府は自国の経済や社会の未来計画を立てるために彼らを雇い、政府間組織は彼らを気候変動の予測や開発目標の設定における主役に据えた。

ところが、TENの数学者たちが忘れていたことがひとつあった。実は、A・J・エイヤーが著書『言語・真理・論理』でそのことを明記していたのだが、当時のTENを突き動かしていた論理実証主義のほかの概念のようには理解されていなかった。エイヤーが数学や科学をナンセンス（無意味）と区別するために検証可能性の原理を用いたとき、彼はナンセンスのカテゴリーが、大半の科学者が認めるよりずっと広いことに気づいた。彼によれば、道徳や倫理もまたナンセンスの範疇《はんちゅう》に含まれていたのだ。

エイヤーは段階を追ってこの点を証明した。彼はまず、宗教的な真理を分類した。彼によると、神の信仰は検証可能ではなかった。というのも、神の存在を検証できる実験が存在しないからだ。神は人間の理解を超越した神秘であるとか、信仰とは信じる行為であるとか、神は神秘的な直観の対象であるとかいう主張はありえる。エイヤーにとって、こうした命題は、信仰者がそれをナンセンスな命題だとはっきり認めるかぎり、なんら問題なかった。しかし、神や超自然的な存在が観測可能な世界でなんらかの役割を持つと考えるべきではないし、そう考えることはできない。個人の宗教的な信念や、宗教的な預言者の教えは、データに照らし合わせてテストすることができないので、検証不能だ。あるいは、もし信仰家が自分の信念は検証可能だと言い張るなら、データに照らし合わせて検証できるし、おそらく（高い確率で）まちがいだと証明されるだろう。つまり、宗教的な信念はナンセンスである。

エイヤーの議論のこの段階までは、ＴＥＮのメンバーの大半が認めていたし、理解していた。また、エイヤーの議論は彼らの信念ともかなり一致していた。彼らはとっくのとうに奇跡を否定していたし、神の力なんて必要としていなかった。が、エイヤーはそこで立ち止まらなかった。彼は宗教的な信念に反論する無神論者に対しても、有神論者に対してと同じくらい冷静で素っ気ない態度を取った。ナンセンスについて論ずる無神論者自身もまた、ナンセンスの創造に手を貸しているのだ、と。宗教に関して経験的に有効な命題は、個々の信者の心理的な側面や社会における宗教の役割についての分析だけであり、宗教的な信念への反論は、宗教的な信念の擁護と同じくらい意味のないことだ、というのである。

ところが、そこで終わらない。エイヤーはさらに、ウィーン学団の一部の面々が行なっていた功利主義的な主張、つまり目指すべきは全員にとっての最大幸福であるとの主張も否定した。科学だけで何が「よい」のか、何が「善」なのかを決めることなんて不可能だし、現在の幸福と未来の充足のバランスの取り方に関する数式に合理性などない、と彼は主張したのだ。たとえば、オンライン・カジノが本当はギャンブルをする金銭的余裕のない客からお金をむしり取る割合ならモデル化することはできるけれど、モデルを使って、ギャンブラーがどんな形であれお金を使うのはまちがっていると言うことは不可能だ。気候変動のモデルを構築する人が、「二酸化炭素の排出量を減らさなければ、未来の世代が不安定な気候と食糧不足に見舞われるだろう」と述べることはできるけれど、現在の私たちの生活を最適化したり、逆に孫世代の幸福を考えたりするのが正しいとかまちがっているとか言うことはできない。エイヤーにとって、「私たちは他者を助けるべきである」「私たちはより大きな善のために行動するべきである」「私たちには未来の世代のために世界を守る道義的な責任がある」「数学的な結果に特許を与えるべきではない」とかいう道徳的な行動の呼びかけはすべて、意見の陳述にすぎなかった。それは心理学者の研究分野であり、合理的な意味を持つものではなかったのだ。

また、エイヤーの議論では、「強欲は善である」「自分のことを第一に考えよ」とかいう個人主義的な意見もまた経験的に検証可能とはいえない。これらの命題もまた、私たちの精神の奥深くに埋め込まれたものとはいえ、ナンセンスであることに変わりはない。こうした格言に従って生きている人々の相対的な経済的・社会的成功について論じる以外に、こうした命題を私たちの経験と照らし合わせて検証する手立てはないからだ。確かに、ある人を金持ちや有名にする要因をモデル化することはできる。成功者の性格を測定することはできる。そうした性格特性が自然淘汰を通じてどう進化してきたかを論じることだってできる。でも、数学を使って、ある価値観が本質的によいとか、善であるとか言うことなんてできないのだ。世界をモデル化するうえでおおいに役立つ検証可能性の原理は、TENの道徳的な道筋を決めるうえでは無力だとわかった。

TENがその内側から道徳性を導き出せないとするなら、TENの確信はいったいどこからやってきたのか？　そして、道徳的な指針すらないなら、ＴＥＮはいったい誰の利益に仕えているのか？　もしかすると、ＴＥＮはリチャード・プライスが思い描いていたほど善なる存在ではないのだろうか？

投資家たちとの一夜

私は港を見下ろす香港の最高級レストランのひとつに座っていた。とある世界最大級の投資銀行から、同行の一流の市場アナリストたちとの会食に招かれたのだ。妻とのフライトから、５つ星ホテル、私たちが今とっている食事まで、すべてがファースト・クラスだった。

議論の内容は、世界最大の懸念のひとつへと進んでいった。長期投資と短期投資の戦略の違いだ。その日に集まった男性たち（とひとりの女性）は、主に年金基金の運用という長期的な側面に携わっており、企業の基礎的情報《ファンダメンタル》、経営構造、将来の計画、市場での地位を参考にして投資判断を下していた。彼らはそっちの世界の理解にかけては自信を持っていた。でなければ、今ごろ絶景レストランで会食なんてしていないだろう。

しかし、短期的な側面にかけては自信がないようだった。トレーディングはすっかりアルゴリズムに支配されるようになっていた。そうしたアルゴリズムはいったい何をしているのか？　彼らの疑問はそこにあった。新入社員にどのプログラミング言語を学ばせればいいのか？　どんな数学的スキルが必要か？　データ科学に関して最高の修士号を提供している大学は？

彼らの質問に精一杯答えようとするなかで、すごく単純な事実を見落としていたことに気づいた。本来、前提とすべきでないことを前提としていたのだ。私はこの絶景とミシュランの星つきの料理を前にして、相手が私と同じく数学のレンズを通して世界を見ていて、そのおかげでこうして大金持ちでいられるのだと思い込んでいた。夜もまだ早いころ、私がサッカーの試合のポゼッションを分析するためにマルコフ性の仮定を用いているという話をすると、彼らはさもわかっていますと言わんばかりに大きくうなずき、機械学習やビッグデータなどの流行語をいくつか持ち出した。もちろん、私の研究内容の細かい部分まですべて理解できるとは思わなかったけれど、おおまかには把握できていると思い込んでいた。

だが、すべては知ったかぶりだった。新入社員に必要なスキルについて訊かれたとき、私はようやくそのことにはたと気づいた。彼らは私の話なんてまるで理解していなかったのだ。私の話した数式のことなんてほとんど知らなかったし、コンピュータをプログラミングすることもできなかった。統計とは科学ではなく、年次報告書の付録にある数値表のことだと思っていた。微積分学は数学出身の新卒生にとって重要なスキルかと訊いてきた人さえいた。

私はなんて浅はかだったのだろう。どうしてもっと早く気づかなかったのか？　その日の午後、私たちは「ゆっくりと考える」べき理由についての本を書いたある男性の講演を聴いていた。それは隅から隅まで「刺激的」な講演にちがいなかった。彼は判断を下す前にじっくりと待たなければならないことを聴衆に理解してもらうため、「ゆっっっっくり」という単語を頻発し、長期間保有していたおかげで値上がりした株式の話や、資産の評価間隔をかなり長く取っているという話をした。それから、即断即決を信条にしている男が一緒だったせいで偽物の牛肉をつかまされたとかいう話もあった。彼が自身の主張の根拠として持ち出した例のひとつが、カリフォルニアを拠点とする自動取引会社だ。高速取引の世界では、価格を西海岸からシカゴの取引所まで送信するのにも、時間がかかりすぎてしまう。そこで、同社は移転し、メインフレーム・コンピュータを証券取引所の近くへと移動させた。ところが、アルゴリズムのパフォーマンスはかえって下がった。遠方にあったときのほうがむしろうまく機能していたというのだ。

この事例研究は「遅ければ遅いほどよい」という自身の説を裏づけている、というのが彼の結論だった。この結論は明らかに正しくない。この事例はむしろ、ある特定の時間向けに設定されたアルゴリズムが必ずしも別の時間設定では機能しないという些細な事実を示すエピソードにすぎなかった。せいぜい、ほかの人々が使用しているのとは別のタイムスケールに合わせて調整されたアルゴリズムは、優位性をもたらす可能性があるということを示す例にすぎない。証券取引所の近くにある取引アルゴリズムはごく短期的な非効率性を突くよう調整されていたが、西海岸のトレーダーたちはもう少し長いタイムスケールの非効率性を突くことができていた。でも、それはサーバを移転するまでの話。より長いタイムスケールに関して、なんら特別な面があるわけではなかったのだ。

確かに、経済学と心理学、そのどちらの分野にも、人間の意思決定に関する高品質な研究は山ほどある。しかし、その講演者は、基本的な科学的基準に従っていなかった。長い時間と短い時間への誤った分類を用いて、生焼けの投資アドバイスをし、あたかも自分が理論を握っているかのようなフリをしていたにすぎないのだ。ただ、私の目的は、その人物を叩くことではない。無性に腹が立ったのは、そのカンファレンスの出席者たちが、彼のエピソードやほかの講演者たちの話を面白がる様子だった。自分たちのビジネス全体を下支えしているアルゴリズムにほとんど無知な市場アナリストたちが、賢そうな顔を保つためだけに、お互いにエピソードを交わしていたのだ。

だが、私も同じ穴の狢《むじな》になってしまった。私のここでの役割はどうやら、自分が高頻度取引やスポーツ・アナリティクスの仕組みを理解しているという招待者たちの信念を裏づけるために、プレミアリーグへの賭け、サッカークラブのスカウト、グーグルのアルゴリズムなど、先ほどの講演者たちと同じようなエピソードを提供することのようだった。彼らは高頻度取引に関する専門的な知識などまったく持ち合わせていなかったが、私の怒りは別のところにあった。本来、彼らのようなトレーダーが用いているアルゴリズムから得られる真の教訓は、山ほどある。それは、自分自身の仕事ともっとバランスよく向き合うための実践的で重要な教訓だ。ところが、彼らはアルゴリズムを一種のブラックボックス、もっといえば自分たちの雇う一握りのクォンツたちが魔法のごとく利益を紡ぎ上げてくれる手段としてしか見ていなかったので、クォンツたちが知っている内容、自分たちが今まで把握できていなかった内容を理解することになんて、まるで興味がないように見えたのである。

それどころか、彼らは答えが理解できなかったらどうしようという不安から、質問することを恐れていた。私はテーブルにそんな恐怖がただようのを感じつつも、恥ずかしいことに、その恐怖につき合ってしまった。何を学んだほうがいいと正直に伝える代わりに、相手の聞きたがっているエピソードをべらべらと語りつづけた。バルセロナへの訪問。ヤンとマリウスの話。サッカーのスカウトたちが新しい選手を探し出してくる方法。彼らは面白がっているようで、その晩は楽しく進んだ。そして、向こうも心の底から楽しめる話をたくさん聞かせてくれた。つい最近、私がおおいに尊敬するナシーム・タレブに会ったという人もいれば、娘がハーバード大学で数学を学んでいる人もいた。私はワインを飲みながら、その場の雰囲気にどっぷりと浸かった。

ただ、どうか私のことを悪く思わないでほしい。私が株式取引の数学的詳細を知らない人々との時間を楽しんじゃいけない、なんて理屈はないはずだ。いやむしろ、そういう人のほうがずっと楽しいことだってあるのだ。

投資家の〝感情〟を表わす数式

私がそんな偽善者でなかったなら、たぶんこういう話をしただろう。

次の基本的な数式なくしては、金融市場の秘密をひもとくことはできない。

$$dX = hdt + f(X)dt + \sigma \cdot \varepsilon, \quad \cdots\cdots (6)$$

数式は、たくさんの知識をごく少数の記号へとぎゅっと凝縮することにより、世界を単純化する。市場の数式はその輝かしい例だ。この数式に詰め込まれている知識をひもときたいなら、ワンステップずつ、ごく慎重に理解していく必要があるだろう。

この数式は、ある株式の現行価格に対する投資家の〝感情〟を表わす値 X の変化を記述したものだ。その感情は肯定的でも否定的でもかまわない。$X = -100$ なら将来をたいへん悲観していて、$X = 25$ ならまあまあ楽観していることになる。経済学者は市場が強気または弱気であると表現するが、私たちのモデルでは、強気市場は将来に対して楽観的（$X > 0$）で、弱気市場は悲観的（$X < 0$）ということになる。もう少し厳密にしたいなら、X を強気な人々の数から弱気な人々の数を引いた値と考えればよい。ただ、今の段階では、X の具体的な測定単位は固定しない。むしろ、X は感情をとらえた値として漠然ととらえることにしよう。投資家の感情ではなくて、リストラ計画が発表されたあとや、企業が大規模な受注をしたあとの会議の雰囲気であってもいい。

数学の慣例として、説明したい物事を左辺、その説明を担う物事を右辺に置く傾向がある。そして、この場合はまさにそうだ。この場合の左辺は dX で、文字 d は変化を表わす。したがって、dXは「感情の変化」を意味する。あなたの仕事が危機に瀕しているとわかると、部屋の雰囲気は下がるので、$dX = -12$と表わせるかもしれない。あるいは、今後数年間は企業が安泰といえるような新規注文が入ったなら、$dX = 6$と表現できるかもしれない。注文がもっと大きければ、$dX = 15$になるだろう。

注目すべき対象は、私が用いている数値の規模、つまり単位ではない。学校の数学では、リンゴ、オレンジ、お金など、実物を足したり引いたりする問題をよく扱うけれど、この場合はもう少し自由だ。あなたの同僚の感情を「$dX = -12$の変化」などと表わせないなんてことは先刻承知だけれど、だからといって、人々の感情の変化を数式で書き表わせないということにはならない。いやむしろ、株価の本質とは感情にある。株価とは、投資家がある企業の将来的な価値についてどう感じているかそのものなのだ。そして、私たちが説明したい物事とは、特定の株式投資に関するみんなの感情、職場における感情、ある政治家候補に対する感情、ある消費者ブランドに対する人々の感情……等々にほかならない。

先ほどの数式の右辺は、hdt, $f(X)dt$, $\sigma \cdot \varepsilon_t$の3つの項の足し算からなる。各項でいちばん大事なのは、シグナルh、フィードバック$f(X)$、標準偏差またはノイズσだ。これらの項に掛けられている係数は、私たちにとって興味があるのは変化（d）と時刻（t）であるということを示している。ノイズに掛けられているε_tは、微小でランダムな時間的増減を示す。これらの項は、シグナル、社会的なフィードバック、ノイズの組み合わせによって駆り立てられる私たちの感情をモデル化しているわけだ。さて、基本事項がわかってきたところで、次は例を通じてこの数式をもう少し具体的に説明してみよう。

シグナル、フィードバック、ノイズ

みなさんは、市場の数式を使ってお得な年金制度を選びたいと思っているかもしれない。申し訳ないけれど、その答えは少し待ってほしい。もっと大事な疑問が手元にある。マーベルの新作映画を観にいくべきか？　どのブランドのヘッドホンを買うべきか？　来年の休暇にどこへ行くべきか？

とりあえず、新型のヘッドホンの購入判断を例に取ろう。あなたは高品質なヘッドホンを買うために、やっと200ポンドを貯め終えたところだ。そして今、最適な商品をオンラインで見繕っている。あなたはソニーのウェブページを訪れ、技術的な仕様に目を通す。日本のブランド「オーディオテクニカ」のレビューを読む。有名人やスポーツ界のスター選手がこぞって「ビーツ」のヘッドホンを着けているのを見る。さて、どれを選ぶべきだろう？

具体的にどれを買えと言うことはできないけれど、考え方なら教えられる。こうした問題で何より大事なのは、シグナルh、フィードバック$f(X)$、ノイズσの3つを区別することだ。まず、ソニーから始めてみよう。変数X_{Sony}を使って、どれくらいの消費者がブランドとしてのソニーを好きかを測定してみる。私が1989年にリチャード・ブレイクという知人から中古で初めて買った高品質のウォークマン〔カセットテープ、CD、MD等の携帯型プレイヤー〕とヘッドホンはソニー製で、まちがいのない定番の品だった。数式（6）に照らし合わせると、ソニーのhの値は$h=2$で固定されていて、時間の単位dtは1年間としていいだろう。「感情」の単位は恣意的なものなので、2という値自体は重要ではない。重要なのは、社会的なフィードバックやノイズと比べたシグナルの相対的な大きさのほうだ。ソニーの場合、$f(X)=0,\ \sigma=0$とする。つまり、シグナルしかない。

2015年に$X_{Sony}=0$から始まったとすると、$dX_{Sony}=h\cdot dt=2$なので、2016年には$X_{Sony}=2$となる。以下、2017年には$X_{Sony}=4$……等々となり、2020年には$X_{Sony}=10$まで増える。肯定的なシグナルのおかげで、ソニーへの肯定的な感情は年々膨らんでいく。

もうひとつのブランド、オーディオテクニカについては、ずっと情報が少ない。いくつかのユーチューブ・チャンネルに上々のレビューがあり、近所のハイファイ店のサウンド・マニアは日本のDJたちのあいだでいちばん流行《はや》りのブランドだと言っているけれど、あまり情報は出てこない。ひとつやふたつの情報源のアドバイスを真に受けるのはリスクがある。このリスクこそがノイズに当たる。日本のDJに人気だというヘッドホンは、一握りの情報源が勧めているだけなので、$\sigma=4$としておこう。つまり、ノイズの大きさはシグナルの2倍ということだ。

よって、オーディオテクニカ（略してAT）の市場の数式は、$dX_{AT}=2dt+4\varepsilon_t$と書ける。最終項の$\varepsilon_t$は、毎年ランダムな数値を生成する項と考えればわかりやすい。プラスの年もマイナスの年もあるが、平均するとε_tは0で、分散は1だ。ε_tにランダムな値を選ぶことで、あなたがオーディオテクニカに関して受け取る情報のランダム性をうまく再現できる。これは、金融業界で株価の変化をモデル化するクォンツたちがよく行なっているのと同じことだ。彼らは特定の問題に対して何百万回とシミュレーションを行ない、結果の分布を確かめるのだ。

ここで、こうしたシミュレーションの仕組みを解説するため、随時ランダムな値を生成しながら、ひとつのシミュレーションを〝実行〟してみよう。2015年のランダムな値を$\varepsilon_t = -0.25$とする。すると、$dX_{AT} = 2 - 4 \cdot 0.25 = 1$だ。翌年が$\varepsilon_t = 0.75$だとすると、$dX_{AT} = 2 + 4 \cdot 0.75 = 5$となり、2017年が$\varepsilon_t = -1.25$だとすると、$dX_{AT} = 2 - 4 \cdot 1.25 = -3$となる。オーディオテクニカへの信頼は年々高まっているが（X_{AT}は2016年、2017年、2018年がそれぞれ1、6、3だ）、ソニーと比べればずっと不規則なのがわかる。

最後に、社会的なフィードバックが存在する製品、つまりビーツ・バイ・ドクター・ドレーを見てみよう。ビーツのヘッドホンを着けている人々は、そのおしゃれさをソーシャルメディア上で共有し、ほかの人々を巻き込むような雰囲気をつくり出す。それを見た人はその誇大広告を信じ込む。有名人やオンラインのインフルエンサーがその雰囲気づくりに加わるにつれて、より多くの人々がビーツのヘッドホンを着け、雰囲気はいっそう強固なものになっていく。私たちのモデルでいえば、ビーツに対する感情がその感情に比例して大きくなっていくと仮定し、仮に$f(X)$

$= X$としておこう。全体的なビーツ愛が高まるにつれて、さらなるビーツ愛が創出される。その結果、市場の数式は $dX_{BEATS} = 2dt + X_{BEATS}dt + 4\varepsilon_t$ となる。ビーツの成長の根底には、時間当たり2単位の増加分、X_{BEATS} 単位の社会的なフィードバック、4単位のノイズが存在する。

仮に、2015年、ビーツは幸先が悪く、$\varepsilon_t = -1$ だったとしよう。初期値が $X_{BEATS} = 0$ であると仮定し、市場の数式を適用すると、$dX_{BEATS} = 2 + 0 - 4 \cdot 1 = -2$ となる。つまり、2016年の開始時点で、ビーツへの信頼度は $X_{BEATS} = -2$ とマイナスの値だ。翌年、ノイズという点では状況が少し上向きになり、$\varepsilon_t = 0.25$ となるが、社会的なフィードバックが改善を妨げる。$dX_{BEATS} = 2 - 2 + 4 \cdot 0.25 = 1$ だ。よって、2017年は $X_{BEATS} = -1$ だ。2018年、$\varepsilon_t = 1$ となり、ビーツに対する感情は好転しはじめる。計算すると、$dX_{BEATS} = 2 - 1 + 4 \cdot 1 = 5$ だ。これで $X_{BEATS} = 4$ となり、社会的なフィードバックがうまく回りはじめる。2019年は $\varepsilon_t = 0.0$ といまひとつだったが、$dX_{BEATS} = 2 + 4 + 4 \cdot 0 = 6$ となり、ビーツに対する好評価 $X_{BEATS} = 10$ が続く。社会的なフィードバックの項は、悪い感情とよい感情、そのどちらも増幅させる。社会的なフィードバックは、製品が軌道に乗るのを難しくする場合もあるけれど、いったんよい感情が確立されれば、その感情はどんどん強さを増していく。

もちろん、ここに書いたのは、ソニー、ビーツ、オーディオテクニカに対する架空のイメージにすぎない。したがって、どれかのブランドに訴えられる前に、消費者にとっての真の難しさについて指摘しておきたい。あなたがオンラインで検索したり、友人に評判をたずねたりしているときに測定しているのは、人々がそれぞれのヘッドホンについて表現する感情だ。私たちのシミュレーションの場合、それらは次頁の図6にまとめてある。

年を追うたび、最高品質の製品は、消費者の感情によって変化していく。2016年と2018年は、ソニーが最高だと考えられている。2017年はオーディオテクニカだ。そして、2019年と2020年は、ビーツが最高のようだ。

先ほどの説明から、あなたはシグナルがいちばん安定しているソニーを買うべきだと結論づけるかもしれない。ただし、ほかのすべての製品にも正真正銘のシグナルがあり、この場合、全製品$h=2$で共通している点を思い出してほしい。市場の数式の右辺は、もっと深掘りが必要だと教えてくれる。どのブランドも、市場の数式は3つの要因すべての組み合わせによって決まる。リスナーのあなたにとって厄介なのは、フィードバックとノイズのなかからシグナルを見分けることなのだ。同じことは、最新のベストセラーから、オンラインゲーム、スニーカー、ハンドバッグまで、どんな製品についても当てはまる。あなたがいちばん頻繁に接するのは製品に対する感情だけれど、あなたが本当に知るべきなのは、その奥にある製品の質なのだ。

株式市場についても、問題は同じだ。私たちにわかるのは株価の増減dXだけであることも多いけれど、本当に知りたいのはそのシグナルの強さだ。社会的なフィードバックが積み重なって、ある製品が過大評価されているのか？　混乱を招くノイズの元凶は？

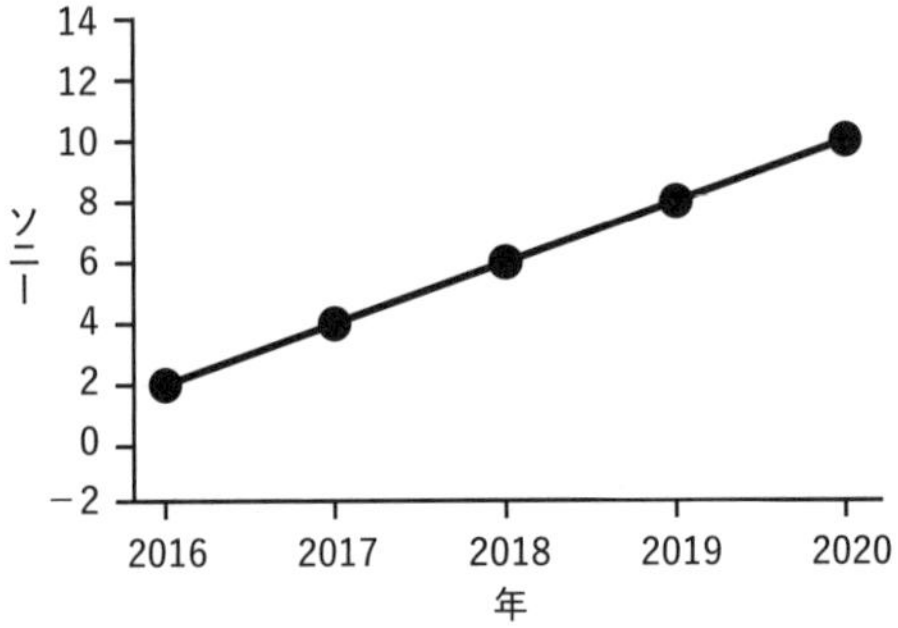

ソニーに対する感情は、シグナルのみによって増加していく。

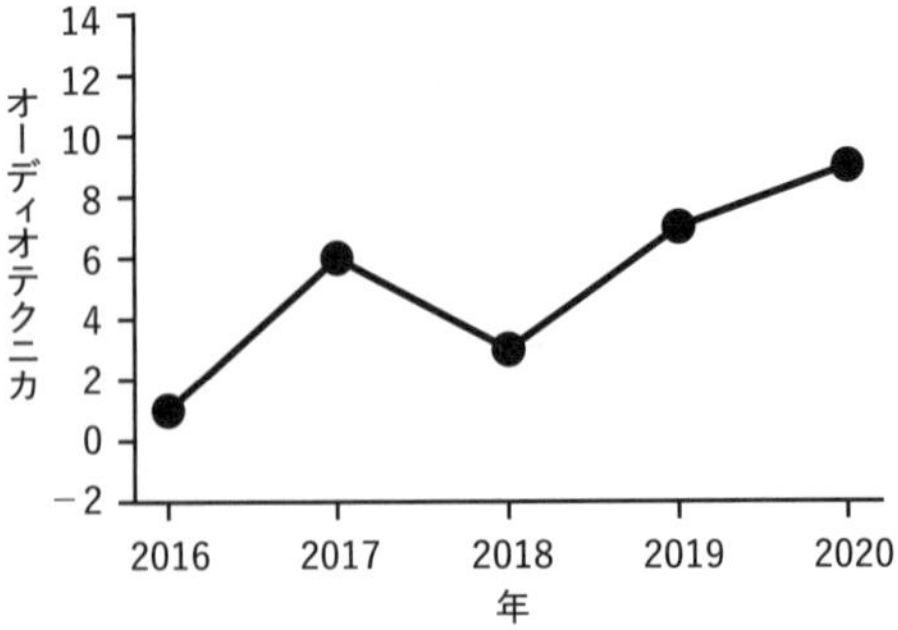

オーディオテクニカに対する感情は、シグナルとノイズの組み合わせで決まる。

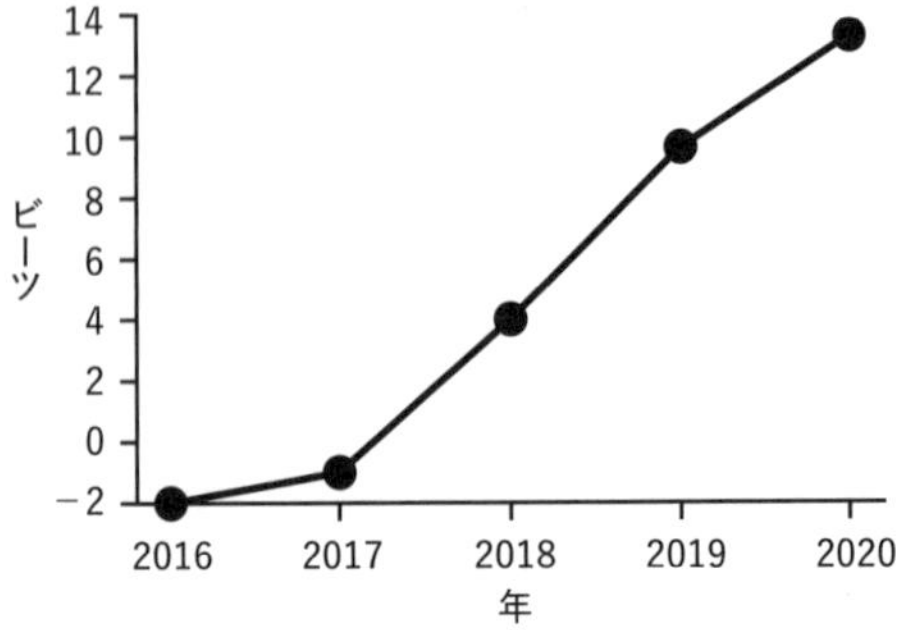

ビーツに対する感情は、シグナル、フィードバック、ノイズの組み合わせで決まる。

図6：3種類の製品に対する感情の時間的変化

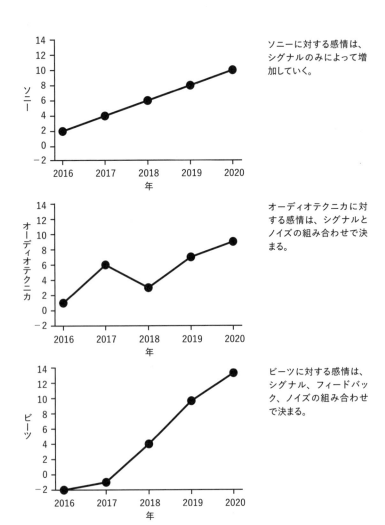

▼ 市場の数式の歴史的展開

何世紀ものあいだ、TENのメンバーたちはシグナルだけを見ていた。ニュートンの重力が及ぼす避けられぬ引力に刺激を受け、18世紀のスコットランド人経済学者のアダム・スミスは、市場を均衡状態へと導く「見えざる手」の概念を提唱し、物々交換や商品取引が供給と需要のバランスを自然に取るのだ、と説明した。イタリアのエンジニアのヴィルフレド・パレートは、微積分を用いてスミスの見方を定式化し、最適な状態へと向かう経済の連続的な進化について記述した。利益というシグナルは私たちを安定した繁栄へと決定論的に導く、と彼らは信じていた。

不安定性の最初の兆しといえば、オランダのチューリップ・バブルやイギリスの南海泡沫事件《なんかいほうまつ》（18世紀、イギリスの南海会社の投機によって引き起こされたバブルとその崩壊）が有名だが、こうした事例はかなりまれで、真の懸念材料とまではならなかった。バブルとその崩壊になんらかの説明が必要になったのは、資本主義が全世界へと広まってからのことだった。1929年の世界恐慌から、1987年の株式市場の暴落まで、たび重なる危機は市場が完璧ではないということ、市場が乱雑で大きな変動の危険性を秘めているということを、社会に対してまざまざと見せつけた。こうして、ノイズがシグナルと同じくらい強力になったのだ。

20世紀初頭、物理学がニュートンからアインシュタインへと進化したように、市場の数学も進化した。相対性理論を発表する前の段階から、アインシュタインは水中の花粉の動きが水分子のランダムな衝突によって引き起こされると説明していた。私たちの経済の繁栄が外的な出来事の影響を受ける様子は、この新しいランダム性の数学によって完璧にとらえられているようだった。すると、TENのメンバーたちは新しい理論を定式化しはじめた。1900年、フランスの数学者のルイ・バシュリエは、論文「投機の理論（The Theory of Speculation）」を発表し、数式（6）の最初のふたつの要素を提唱した。こうして、20世紀の大半の期間、ノイズが新たな利益の源となる。この基本的な理論の拡張、たとえばブラック＝ショールズ方程式を用いて、さまざまなデリバティブ、先物、プット、オプションの考案や価格づけが行なわれていった。そして、こうした新たな金融モデルの創造と管理、その両方のために雇われたのが、TENのメンバーたちだった。そう、事実上、彼らが世界に出回るお金を管理するようになったわけだ。

ニュートンの決定論的な微積分学が金融市場にとって誤ったモデルだったのと同じように、ノイズの襲撃を受ける市場という見方もまた、ひとつの決定的な要素を欠いていた。それは私たち、つまり市場参加者の存在である。私たちは外的な出来事のみによって動かされる粒子なんかではなくて、理性と感情、その両方を持つ能動的な行動主体だ。ノイズのなかにシグナルを探し、その過程で、互いに影響を及ぼし合い、学び合い、操り合う。こうした人間の複雑性を、数学理論できっぱり無視するわけにはいかない。

この気づきに刺激を受け、TENの一部のメンバーは新たな方向を目指した。ニューメキシコ州にあるサンタフェ研究所は、世界じゅうから数学者、物理学者、科学者を集め、私たちの社会的相互作用の説明を試みる新たな複雑系理論の輪郭を描きはじめた。その理論が予測したのは、トレーダーの群れによって引き起こされる大規模で予測不能な株価の変動だった。変動性が増加すれば、過去に類を見ない壮大なバブルとその崩壊が引き起こされるはずだ。研究者たちは著名な科学誌で次から次へと警告を発した。[1] TENの秘密は、例によって、誰もが読める形で開けっぴろげにされたわけだ。ところが、不幸なことに、それをあえて読もうとする者はほとんどいなかった。

サンタフェ研究所の研究者のひとりのJ・ドイン・ファーマーは、こうしたアイデアを実行に移すために研究所を去った。のちに彼から聞いた話では、それは想像以上の苦労だったが、最終的には功を奏したそうだ。1997年のアジア通貨危機、2000年のドットコム・バブルの崩壊、そして2007年の金融危機と、ファーマー自身の投資は幾多の危機を無事に切り抜けた。数々の金融機関や政府を崩壊させ、ヨーロッパやアメリカで政治不信の種を蒔いた動乱に対して、保険をかけていたからだ。

数学者たちは、一定の理屈づけを行なえば、崩壊が迫っていることなんて前々からわかっていたと言うことができた。彼らにはほかの人々にできていない準備ができていた。多くの人々が大損をするなかにあってもなお、TENのメンバーたちは利益をかき集めていたのだ。

少し先を急ぎすぎたようだ。数学が単純なシグナルという観点で市場を理解する段階から、ノイズを評価する段階、そしてやがて社会的なフィードバックを組み込む段階へとどう変容していったのかという歴史的説明は、それはそれで面白いけれど、重要な点を見逃している。まるで、人間の一時《いっとき》の愚かさが、新しい考え方によってどう改善したのか、という話に聞こえてしまうからだ。

この1世紀、数学者たちが失敗に学び、残りの人たちよりも先を行っていたのは事実だけれど、もうひとつ、指摘しておかねばならない大事な点がある。実際のところ、数学者には金融市場のノイズのなかから真のシグナルを見つけ出す方法なんてわからないのだ。

これはかなり大胆な主張なので、一歩ずつ順を追っての説明が必要だろう。市場の数式の初期の成功の秘密は、第3章に見て取れる。1980年代の金融業界で働く数学者たちは、観測結果を十分に集めることで、シグナルとノイズを区別することができた。ルイ・バシュリエの市場の数式の最初のバージョンには、$f(X)$ が含まれていなかった。ある企業への信頼、つまり株価への信頼の高まりを、シグナルとノイズの組み合わせとして表現していたにすぎない。その数学的知識だけでも、トレーダーはクライアントがさらされるランダム性を抑えることができた。そう、ランダム性を理解しておらず、シグナルとノイズを混同している人々よりも優位に立つこと

しかし、確実な法則は存在しない

ができたわけだ。

　2007年の金融危機が起こる前の10年あまり、一連の理論物理学者たちは、シグナルとノイズのみに基づく市場の数式は危険きわまりないと訴えていた。そのモデルでは、前世紀の株式市場で見られた著しい高騰と暴落を説明できるほどの株価の変動が生まれなかったからだ。ITバブルや1997年のアジア通貨危機では、いずれも単純なシグナルとノイズのモデルでは予測しえない値まで株価が暴落した。

　この巨大な逸脱の規模を理解するため、ド・モアブルと彼のコイン投げのトリックの話を思い返してみよう。彼は、n回コイン投げを行なって表が出る回数は、たいてい$\sqrt{n}$に比例する大きさの区間に収まることを発見した。中心極限定理は、ド・モアブルの結果を拡張し、同じ$\sqrt{n}$の法則があらゆるゲーム、さらには世論調査などの実生活のいろいろな状況にまで当てはまることを述べている。中心極限定理において重要な仮定は、それぞれの事象が独立である、というものだ。つまり、独立したルーレット・スピンの結果をそのまま足し合わせたり、たくさんの人々に独立した意見を訊いたりするケースがそれに当たる。

　単純なシグナルとノイズのモデルもまた、価格変化の独立性を仮定している。このモデルのもとでは、将来の株価は$\sigma\sqrt{n}$の法則および正規曲線に従うはずだ。しかし、現実は違う。むしろ、サンタフェ研究所などの理論物理学者が示したように、将来の株価の変動は$n^{2/3}$のようなより高次のn、さらにはn自体に比例する可能性だってあるのだ。[2]そのせいで、市場は恐ろしいまでに変動性が高くなり、予測はほとんど不可能になってしまう。まるでコイン投げを行なって1800回連続で裏が出たかのように、株価が1日にして価値を完全に失ってしまう危険性さえ、なきにしもあらずなのだ。

こうした巨大な変動が存在するのはなぜか？　それは、トレーダーの行動が互いに独立ではないからだ。ルーレットの場合、1回のスピンの結果が前回の結果に依存しないので、中心極限定理が成り立つけれど、株式市場の場合、ひとりのトレーダーが株式を売ると、別のトレーダーがその株式への信頼を失って同じく売るということが起こりうる。この事実こそが、ド・モアブルの中心極限定理の仮定を無効にし、株価の変動をもはや小さく予測可能なものではなくしてしまう。株式市場のトレーダーは、いわば動物の群れのようなもので、お互いの動きを追いながら高騰と暴落を繰り返していく。

金融数学者のみながみな、中心極限定理が市場で成り立たないことを理解しているわけではない。2009年にJ・ドイン・ファーマーと会ったとき、彼があるトレーディング会社の同業者の話をしてくれた。その会社がファーマー自身の会社とは逆に2007年から2008年にかけての金融危機で大損すると、その人物は投資銀行リーマン・ブラザーズの崩壊を「12σの事象」と表現したという。第3章で見たとおり、1σの事象は3回に1回、2σの事象は約20回に1回、5σの事象は約350万回に1回の頻度で起こる。12σの事象ともなれば、何回に1回の事象だろう？　ええと、どれどれ、よくわからない。9σ以上を計算しようとすると、私の電卓がクラッシュしてしまうからだ。とにかく、まず起こりえないということだ。そんな事象が起こるとすれば、モデルのほうが的外れだとしか考えられない。

確かに、理論物理学者たちは巨大な逸脱の背景にある数学を明かしたけれど、トレーダーの群れる性質について記述したのは、まちがいなく彼らだけではなかった。ナシーム・ニコラス・タレブはふたつの著書『まぐれ』と『ブラック・スワン』で、2007年以前の金融業界について、爽快なほど傲慢な、それでいて見事なほど先見性のある分析を行なっている。ロバート・J・シラーは同時期の著書『投機バブル 根拠なき熱狂』で、同様の考えをより学術的に詳しく取り扱っている。[3] あるモデルについて、理論物理学者、百戦錬磨のクォンツ、イェール大学の経済学者たちがみんな同じ警告を発しているなら、たぶん注目するのが賢明だろう。

新たな千年紀《ミレニアム》が幕を開けるころ、金融業界へと進出した理論物理学者たちの多くが市場に優位性を見出し、金融危機の最中にもその優位性を保って、市場の暴落で巨万の富を得た。市場の数式に $f(X)$ という項を加えることで、ほかのトレーダーたちがお互いの動きにならい、極端でリスクのあるポジションを取っている最中も、リーマン・ブラザーズの崩壊のような出来事に備えることができたのだ。

現在の金融数学者は例外なく、市場がシグナル、ノイズ、群れる行動《ハーディング》の組み合わせで成り立っていることを知っている。彼らのモデルでは、そうした崩壊は起こりうるし、長期的に見てその規模がどれくらいなのかもだいたい想像がつく。しかし、そんな金融数学者たちでさえわからないことがある。それは、そうした崩壊の起こるタイミングや理由だ。わかるとすればせいぜい、崩壊が群集心理と関係しているということくらいだ。また、そうしたアップダウンが生じる根本的な理由もわからない。第3章でオンライン・カジノへの潜入実験を行なったとき、私はゲームがカジノ側にとって有利にできており、そのシグナルがルーレット盤の構造から計算すると1回当たり平均1/37の損失だということを知っていた。第4章で、ルーク・ボーンはバスケットボール選手のスキルを測定するため、全体的なチーム成績に対する各選手の貢献度を分析した。そして、バスケットボールの知識と入念に選んだ仮定を組み合わせ、スキルのシグナルを発見した。第5章で、リナとミカエラはインスタグラムのアルゴリズムを分析することで、人々の世界観がソーシャルメディアによってどう歪められるのかを突き止めた。どの例においても、ルーレット、バスケットボール、ソーシャルメディアの仕組みについての洞察を与えてくれるのはモデルである。市場の数式自体は、理解を与えてくれるものではない。

研究者はさまざまな時期に、もう一歩進んで市場の真のシグナルを見つけようと努力してきた。1987年のブラックマンデーの株価大暴落のあとの1988年、全米経済研究所のデイヴィッド・カトラー、ジェームズ・ポテルバ、ローレンス・サマーズは、「何が株価を動かすのか?(What moves stock prices?)」と題する論文を著わした。[4] 彼らの発見によると、株式市場のリターンに影響を及ぼす工業生産、金利、配当といった要因では、株式市場の株価に見られる変動の3分の1程度しか説明できなかった。続けて、彼らは戦争や新大統領の就任といったビッグニュースが一定の役割を果たすかどうかを調べた。確かに、ビッグニュースは株価に多大な変化を及ぼしたが、ニュースがなくても市場が大きく値動きする日も相当数あった。つまり、株式市場の値動きの大多数は外的要因では説明がつかないのだ。

2007年、コロンビア大学経済学教授のポール・テトロックは、毎日の取引終了直後に書かれる『ウォール・ストリート・ジャーナル』紙のコラム「市場の最新動向（Abreast of the Market）」をもとに、「悲観的メディアファクター（pessimism media factor）」なる指標を生み出した。[5] このファクターは、当該コラムで使われている単語の登場回数をもとに、その日の取引に対する記者の報告の感情全般を測定するものだ。その結果、悲観的な単語と翌日の株価下落とのあいだには関連があるが、下落分は数日以内に回復することがわかった。よって、「市場の最新動向」コラムは長期的な傾向に関してなんら有益な情報を含まない、と彼は結論づけた。また、インターネットのチャットルームでの噂や、証券取引所での人々の会話も、取引量の予測には役立つが、市場の値動きの方向の予測には役立たない、ということも数々の研究で証明されている。[6] そう、将来の株価を予測する確実な法則なんて存在しないのだ。

▼ 不確実さのなかでどう判断すべきか

ここで、ふたつの点をはっきりさせておきたい。第一に、だからといって、企業に関するニュースがその企業の株価に影響を及ぼさないというわけではない。事実、ケンブリッジ・アナリティカのスキャンダル〔フェイスブックの個人データがブレグジット投票やアメリカ大統領選で不正に利用されたとされる疑惑〕のあと、フェイスブックの株価は下落したし、ディープウォーター・ホライズンの原油流出事故のあと、BP社の株価は下落した。ただ、どちらのケースも、株価の変動を引き起こした出来事は、株価自体よりも予測のつかないものであり、利益を追求する投資家にとっては半ば役立たずであった。あなたが事故のニュースを知ったときには、ほかの全員もすでに知っている。よって、優位性を得るチャンスはなくなってしまう。

第二に、市場の数式に基づくモデルは、長期的なリスク計画にはまちがいなく役立つということを繰り返し強調しておきたい。一流銀行に勤めている私の友人で数学者のマヤは、数式（6）を使って自身の銀行がさらされているいろいろなリスクを評価し、必ずやってくる高騰と暴落の波に備えた保険をかけている。マヤによると、数学者以外の人々は、彼女の用いているモデルの限界をまず理解してくれないのだという。前回、マヤ、彼女の同僚のペイマン、私の3人で昼食をとったとき、マヤがこんなことを言った。

「数学に疎い人々の最大の問題点は、モデルが導き出す結果を額面どおりに受け取ってしまうことなのよ」

ペイマンも同意した。「未来の特定の時期における信頼区間を見せると、それが必ず成り立つと思い込んでしまう。私たちのモデルがごくごく弱い仮定に基づいているとは思いもせずに」

マヤとペイマンが格闘しているのは、「数学なのだから絶対に正しいはず」という誤解だ。市場の数式はそういう種類のものではない。市場の数式が言わんとしているのは、「未来にはほとんどどんなことだって起こりうるのだから、用心しなさい」ということなのだ。

市場の変動に対して保険をかけておくことはできるが、変動が起きた理由までは理解しようがない、という金融市場の見方は、多くのトレーダーに共有されている。2018年初頭、市場が一時的にメルトダウンを起こし、すぐに反騰したとき、クォンツ取引会社「MANAパートナーズ」CEOのマノージ・ナランは、ビジネス・ニュース組織「クオーツ」にこう語った。

「市場で何かが起きた理由を理解するのは、人生の意味を理解するよりはほんの少し簡単な程度にすぎない。多くの人々が知見に基づく推測を立てるけれど、本当のところは何もわかっちゃいない」[7]

トレーダー、銀行家、数学者、経済学者にさえ市場が動く理由がわからないなら、どうしてあなたにわかると思うだろう？　どうしてアマゾンの株価がピークに達したとか、フェイスブックの株価が下がりつづけるだなんてわかるだろう？　どうして最高のタイミングで住宅市場に参入したなんて自信をもって言えるだろう？

2018年夏、私はアメリカ最大のビジネス・ニュース番組のひとつであるCNBCの「パワーランチ」にゲスト出演した。ニューススタジオはあちこちで経験済みだったけれど、今回のスタジオはまったく規模が違った。アイスホッケーのスタジアムほどの広さがある巨大で開放的なホールは、デスクからデスクへと縦横無尽に走り回る記者たちでいっぱいだった。至るところに画面があり、シアトルのピカピカなオフィスの動画フィード、スカンジナビアにある地下の高速コンピュータ室、中国の巨大工場群、アフリカのとある首都で開かれているビジネス会議の画像が延々と流れている。私は編集室へと案内してもらい、こうした情報を編集してライブストリームを制作する様子を拝見した。世界じゅうの場面が、スクロールする株価やニュース速報の見出しと重ねられていった。

市場の数式が教えてくれるのは、こうした画面に映っている情報のほとんどが、無意味なノイズや社会的フィードバックにすぎないということだ。そう、ナンセンスなのだ。日々の株価の変動を見たり、金《きん》を買うべき理由や買うべきでない理由を解説するプロの評論家の話を聞いたりしても、有益な情報なんてひとつも得られない。確かに、私が香港で会った投資家のように、投資先の企業の基礎的情報をくまなく調べ、よい投資先を見つけられる投資家もたくさんいる。しかし、企業の運営方法や内部の仕組みを体系的に調査したわけでもないかぎり、投資のアドバイスはすべてランダムなノイズにすぎない。そのなかには、過去にたまたま一発当てたカリスマたちが信者を勇気づけるために行なう独善的な助言も含まれているだろう。

過去に基づいて未来を予測することなどできないという事実は、私たちの個人的な家計に対しても当てはまる。家を買うなら、その地域の家の価格が過去数年間でどう変化してきたのかを心配してはいけない。傾向を用いて未来を予測することなんてできないからだ。むしろ、家の価格は、市場の感情の変化に応じて、上下どちらにも大きく振れる可能性があるということを、強く意識し、心理的にも金銭的にも、上下両方の事態に備えておくべきなのだ。心の準備ができたら、あなたの予算の範囲内でいちばん気に入った家を買えばいい。あなたの好きな地域は？　物件のリフォームにかけようと思っている時間は？　通勤や通学にかかる時間は？　重要なのは、こうした基本、つまり市場の基礎的情報であって、あなたの家が「人気急上昇中の地域」にあるかどうかではないのだ。

株式の購入に関していえば、考えすぎは禁物だ。あなたが信じる企業を見つけ、投資し、様子を見ればいい。あとは、多数の企業の株式へと投資を分散するインデックス投資ファンドに一部を投資し、手堅い年金を選べば十分だ。それ以上のことはしないほうがいい。余計な悩みはいらないのだ。

3種類のヘッドホンの真の品質をどう見極めるかについていえば、答えは簡単。あなたのお気に入りの10曲のプレイリストをつくり、それぞれのヘッドホンでいちどに1曲ずつ聴いてみればいい。ヘッドホンごとに聴く曲順をランダム化して、音をランクづけしよう。友人の意見やオンライン・レビューを当てにしてはいけない。シグナルだけに耳を傾けるのだ。

▼別の戦略で勝ち続ける投資家

数学者はずる賢い。すべてはランダムだと言ったあと、舌の根の乾かぬうちに別の新しい優位性を見つけ出す。数学を用いて株価の長期的な傾向を予測するのは不可能だとわかれば、その逆の方向へと動きだすのが数学者だ。代わりに、どんどん短いタイムスケールへと目を向け、人間が自分で計算することなんてとうていできない場所に優位性を見出す。

２０１５年４月15日、ヴァーチュ・フィナンシャルが株式市場にデビューを果たした。その７年前に金融トレーダーのヴィンセント・ヴァイオラとダグラス・シフーによって創設されたヴァーチュ・フィナンシャルは、高頻度取引の画期的な手法を開発した。国の反対側の証券取引所で取引される株式をミリ秒単位で売買するというものだ。株式を公開する時点まで、ヴァーチュはその手法や利益の額を極秘にしていた。しかし、ＩＰＯ（新規株式公開）を通じて証券取引所に上場するには、財務状況やビジネスの詳細を開示して審査を受ける必要があった。

こうして、秘密は暴露された。５年間の取引で、ヴァーチュが損失を出したのはなんとたった１日だけだったという。どんな基準で見てもこの結果は驚きだ。金融トレーダーはランダム性と向き合うのに慣れている。最終的に利益を出すのに欠かせない一部として、数週間や数カ月間の損失を受け入れるすべを身につけてきた。だが、ヴァーチュはその損失を打ち消し、上昇軌道を描きつづけていた。

ヴァーチュの上場時の初期評価額は30億ドルだった。

日々確実に利益が出ていることに興味を持ったイェール大学天文学教授のグレッグ・ラフリンは、ヴァーチュの実績がこれほど安定している理由を解明したいと考えた。[8] ダグラス・シフーはブルームバーグに対し、ヴァーチュの取引で利益が出ているのは全体の「51〜52％」だけだと認めた。[9] 当初、ラフリンはこの発言に戸惑った。個々の取引の48％や49％で損失が出ているなら、毎日安定した利益を上げるためには膨大な量の取引が必要になる。

そこで、ラフリンはヴァーチュの行なっている取引の種類を詳しく調べた。同社は競合他社よりも先に価格の変化を知ることで利益を得ていた。IPO文書によると、同社はイリノイとニュージャージーの証券取引所間で価格情報を約4・7ミリ秒で送信できるマイクロ波通信技術を開発したブルーライン・コミュニケーションズ社を統括していた。マイケル・ルイスは高頻度取引に関する2014年の著書『フラッシュ・ボーイズ』で、両証券取引所間の光ファイバー通信の所要時間は約6・65ミリ秒であることを発見した。つまり、ヴァーチュは光ファイバーを使う企業と比べて2ミリ秒ほど優位に立っていたことになる。

1、2ミリ秒程度のタイムスケールでは、利ざやは1株当たり0・01ドルがいいところだ。当然、利益も損失もない、収支ゼロの取引も多くなるだろう。グレッグ・ラフリンは、24％の取引が損失、25％が収支ゼロだと仮定し、取引当たりの平均的な利益を1株当たり0.51・0.01－0.24・0.01＝0.0027ドルと弾《はじ》き出した。ヴァーチュの報告する1日当たり44万ドルの収益が正しいとするなら、同社は1日当たり1億6000万株を取引していたことになる。[10] これはアメリカの株式市場全体の3～5％を占める。つまり、同社は莫大な量の取引から薄利を削り取っていた。このわずかな優位性と最高レベルの通信速度のおかげで、同社は巨額の保証された利益を上げていたのだ。

私はヴィンセント・ヴァイオラとダグラス・シフーに連絡を取り、インタビューを申し込んだ。が、どちらからも返信はなかった。そこで、私は別のクォンツ取引会社に勤めている数学者の友人、マーク[11]に電話し、ヴァーチュのような企業の仕組みについて情報を求めた。すると、彼は高頻度トレーダーが優位性を見つける5種類の方法を解説してくれた。ひとつ目は速度。ブルーラインの開発したマイクロ波技術のような最高速の通信チャネルを築くことで、トレーダーは常に競合相手よりも先に取引の方向を確実に知ることができる。ふたつ目は計算能力。取引の計算をＣＰＵへとロードするのには時間がかかるので、最大１００人の開発者チームが各々のマシン内のグラフィックカードを使って、入ってくる取引を処理している。

３つ目の方法は、数式（６）に基づくものだ。マークのチームがもっとも多用するのはこの方法だ。近年人気の投資形態のひとつとして、上場投資信託（ＥＴＦ）がある。ＥＴＦとは、Ｓ＆Ｐ５００（アメリカの最大手５００社の株価実績を測定する指数）など、より大きな市場の多数の企業の投資商品を「バスケット」化したものである。「僕たちは、ＥＴＦ内の個々の株価とＥＴＦそのものとのあいだの裁定取引《アービトラージ》の機会を探しているんだ」とマークは言う。裁定取引とは、同一商品の価格差を突いて無リスクで利益を上げる機会のことだ。もし、数ミリ秒のあいだ、ＥＴＦ内の全株式の個々の株価に、ＥＴＦそのものの価格が反映されなければ、マークのアルゴリズムは一連の売買を行なってその価格差から利益を上げられる。さらに、マークのチームは現在の株価だけでなく将来の価格にも裁定取引の機会を見つけ出す。市場の数式の一種を使って、ある株式を1週間後、1カ月後、または1年後に売買するオプションの価格を評価する。ETFと個々の全株式、その両方の将来価格をほかの誰よりも先んじて計算できれば、無リスクで利益を上げられるという仕組みだ。

4つ目の方法は、大量取引だ。「取引量が多ければ多いほど、取引コストは低くなる」とマークは説明してくれた。「利益を出すのに3、4カ月かかる投資をカバーするのに使える現金や貸株をすでに保有していることも有利に働く」。要するに、金持ちはますます金持ちになると言えば手っ取り早い。資本は多く、コストは低く抑えられるからだ。

5つ目の方法は、マーク自身が最高で数百万ドル単位の取引を行なってきた15年間のトレーダー人生において1回も使ったことのない方法だ。それは、取引されている株式や商品の真の価値を予測しようとするものだ。いろいろな企業の基礎的情報を調べ、経験と判断力を使って投資の判断を下すトレーダーもいる。だが、マークは違う。「僕は価格に関しては市場のほうが僕よりも賢いと思っているので、市場が正しいという前提で、先物やオプションの価格が適切かどうかを分析するようにしている」

マークは市場の数式で私が何より重要だと思う教訓、つまり経済的な投資だけでなく友情、人間関係、仕事、余暇への投資に対しても成り立つ教訓へと立ち返っていた。将来、人生で何が起こるかを確実に予測できると思い込んではいけない。あなたが心の底から信じられる判断、あなたにとって合理的な判断を下すべきなのだ（もちろん、判断の数式を使って）。そうしたら、市場の数式にある3つの項を使って、不確実な未来に対して心の準備をする。ノイズの項を忘れてはならない。この先、あなたにはコントロールできない幾多のアップダウンがあるだろう。社会的な項も忘れてはいけない。誇大宣伝にだまされたり、群れのみんながあなたと同じ信念を持っていないからといってくじけたりしてはいけない。そして、シグナルの項も忘れないようにしよう。シグナルはいつも目に見えるとはかぎらないけれど、あなたの投資の真の価値はすぐそこ、あなたの目の前にあるのだから。

ランダム性をコントロールするTEN

この300年間で、TENはますます確信をもってランダム性をコントロールできるようになり、TENの暗号を知らない投資家たちから利益を奪い取ってきた。数学的な秘密を知らない投資家たちは株価が上昇しているのを見て、シグナルが出ていると思い込み、投資する。株価が下落しているのを見て売る。またはその逆に、市場の裏をかこうとする人もいる。いずれにしろ、自分が主にノイズとフィードバックに踊らされているとは考えようともしない。

金融ゲームに対する部外者たちの理解は、少しずつ改善してきた。TENのメンバーは、パートタイムのギャンブラーやアマチュア投資家たちがシグナルとノイズについて話すのを黙って聞いている。「ランダム性にだまされる」「シグナルを見つけ出す」「シグナル対ノイズ比」「2σ」といったフレーズは、いかにもわかっていますと言わんばかりの口調でみんなの口をついて出てくる。そういう会話が続いているあいだも、TENはシグナルを探すこともなく、どんどん短いタイムスケールで新たな優位性を見つけつづけている。彼らのアルゴリズムは、ほぼ毎回、裁定取引の機会をうまく利用するのだ。

　グレッグ・ラフリンは、マイケル・ルイスの著書『フラッシュ・ボーイズ』と、アメリカの経済学者のポール・クルーグマンによる『ニューヨーク・タイムズ』の記事[12]を読んだあと、ヴァーチュの取引をより詳しく調べてみた。「[クルーグマンの記事で表明されている]主旨は、高頻度トレーダーが道義的に疑わしい高度な手法を使って、市場から不当にお金を搾取しているというものだ」とグレッグはメールに記した。しかし、ヴァーチュのデータはその見方を裏づけてはいなかった。同社は取引当たり1％にも満たない利ざやで、市場の全体的な効率性を改善していた。「まともな株式の購入理由があるなら、たとえば信頼性のある経済的な基礎的情報に基づいて、長期的な利益のために購入するなら、取引コストはものすごく低くなる。だが、誰かがデイトレーディングで市場に勝とうとしているなら、あるいは変動性《ボラティリティ》が上昇した時期にパニックを起こして保有株式を売り払おうとしているなら、高頻度取引でそうした行動を逆手に取ることができるだろう」

　デイトレーダーが、スポーツ賭博に興じるアマチュア・ギャンブラーと同じ方法で株式市場に向き合ったとき、数学者たちはランダム性に関するトレーダーの理解不足をすかさず突いた。例によって、TENは微小な優位性から利益を上げたのだ。混乱を引き起こすことなく、水面下で、こっそりと。

市場取引の道徳性を問う

最後に、私は道徳性に関する質問をマークに投げかけてみた。ほかの人々の取引から高速で利益を上げていることをどう思うか？　彼のチームは裁定取引の機会を見つけるたび、彼ほど高速で正確に取引できない投資家や年金基金から利益をかすめ取っていることにはならないのか？私自身やほかの人々の年金投資からお金を奪っていることをどう思う？

それは電話での会話だった。そのとき、マークはヨーロッパの大都市郊外、緑豊かな地域にある自宅の庭に立っていた。彼が答えを考えるあいだ、後ろから鳥のさえずりが聞こえてきた。私は彼の仕事の技術的側面の範疇から逸脱した質問、彼自身の社会貢献に関する質問をしている自分が、急に恥ずかしくなった。マークのように、数式を繰り返し適用して、混乱を引き起こすことなくこっそりと利益を上げている人間というのは、根がかなり正直だ。そんな彼が、株式市場を分析するときのような厳密さ、あらゆる物事を分析するときのような入念さで、自分自身の貢献を分析している。どんな答えが返ってくるにせよ、彼の答えの事実関係は正確にちがいない、と私は確信した。

「僕が自問するのは、1回1回の取引の道徳性についてではなくて、僕の取引活動のおかげで市場が多少なりとも効率的になっているかどうかなんだ。年金基金の払戻額は全体的に増えるのか？　コストは下がるのか？　高頻度取引が登場する前、ブローカーに電話して売値と買値をたずねたら、その価格差は今よりもずっと大きかったと思う」

続けて、マークはブローカーたちのかなり怪しい業務慣行について説明してくれた。かつてのブローカーは、取引の成立に際してかなり高割合の手数料を徴収していたのだという。「それが今では、ずっと高度なごく少数の会社がすべての取引からほんのわずかな手数料を得ているにすぎない」。そのため、先物の価格を適切に計算する能力がないのに、高い手数料を徴収する昔ながらのトレーダーは、どんどん廃業を余儀なくされていっている。

「だから、市場は昔よりも効率的になっていると思うよ。ただし、確信はない。取引量自体も増加しているからね」

彼はすべての数値が手元にあるわけではないのでそれ以上のことは軽々しく言えないと認めた。それでも、彼の話してくれた内容は、グレッグ・ラフリンから聞いた内容と一致していた。

高頻度取引の役割に関するマークの答えは決定的なものではないけれど、正直であることは確かだった。彼の主張には、自己正当化、言い訳、イデオロギー、薄っぺらな議論なんてひとつもなかった。彼は道徳的な疑問を金融の疑問へと変えた。それはA・J・エイヤーならきっと認めたであろう答えであり、中立的でナンセンスのない、TENのメンバーらしい答えだった。

第７章

広告の数式

消費者の嗜好パターンに訴える

$$r_{x,y} = \frac{\sum_i (M_{i,x} - \overline{M_x})(M_{i,y} - \overline{M_y})}{\sqrt{\sum_i (M_{i,x} - \overline{M_x})^2 \sum_i (M_{i,y} - \overline{M_y})^2}}$$

▼ケンブリッジ・アナリティカ事件

最初はスパムメールかと思った。そのメールは「サンプター様：」という挨拶で始まっていた。謎のコロンだ。メールの冒頭で使う人なんてそう見かけない。内容を読んでみると、ワシントンDCにある米国上院通商科学運輸委員会からのフレンドリーなインタビュー依頼だとわかったけれど、それでも疑念は晴れなかった。不可解に感じたのは、その依頼がよりにもよってメールで来たという事実についてだった。上院の委員会が本来どういう形で連絡を取ってくるかなんて知らないけれど、長ったらしい委員会の名前とカジュアルな協力の依頼、そのふたつの組み合わせがどうもしっくりと来なかったのだ。

でも、メールは本物だった。その上院の委員会は本当に私と話をしたがっていた。私が簡潔な前向きの返信を送ると、その数日後、私は同委員会の共和党側のスタッフとスカイプ通話を行なうことになった。彼らが知りたがったのは、ケンブリッジ・アナリティカの一件だった。そう、ドナルド・トランプがソーシャルメディア上の有権者にメッセージを届けるために雇い、何千万というフェイスブック・ユーザーからデータを収集したといわれる例の企業だ。メディアでは、ケンブリッジ・アナリティカの物語にはすでに2種類の筋書きができあがっていた。ひとつは当時のケンブリッジ・アナリティカCEOのアレクサンダー・ニックス側の雄弁な主張であり、有権者の性格のマイクロターゲティングを通じて、アルゴリズムを選挙運動に利用しているとの内容だった。もうひとつは色鮮やかな髪をした告発者、クリストファー・ワイリー側の言い分であり、彼はニックスと彼の会社のために「心理戦」向けの兵器の開発を手伝ったと主張した。その後、ワイリーはトランプの当選に手を貸してしまったことを悔やむ一方、ニックスは自身の〝成功〟を糧にアフリカで事業を築き上げた。

私は2017年、スキャンダルが勃発する前年に、ケンブリッジ・アナリティカの使用するアルゴリズムを調べた結果、ニックスとワイリーの主張する出来事、その両方と食い違う結論を導き出していた。私はケンブリッジ・アナリティカがアメリカ大統領選に影響を及ぼすことなんて果たして可能だったのかと疑問を持った。影響を及ぼそうとしたことはまちがいないのだが、私はケンブリッジ・アナリティカが有権者のターゲティングに使用したと称する手法に欠陥があることを発見した。[1] この結論のせいで、私は現在の筋書きの両方に疑義を呈するという妙な立場に置かれたのである。そして、米国上院通商科学運輸委員会が私と話をしたいと思った理由もそこにあった。何より、2018年春の時点で、トランプ政権の共和党員たちは、ソーシャルメディア広告に関して巻き起こった大スキャンダルをどう解釈するべきなのか、知りたくてうずうずしていたのだ。

人々をステレオタイプ化する数学的方法

上院の委員たちに手を貸す前に、まずソーシャルメディア企業が私たちのことをどう見ているのかを理解しておかねばならない。そのためには、（そうした企業がしているように）人々をデータ点として扱うことが必要になる。そのなかでもとりわけ活発で重要なデータ点が、ティーンエイジャーだ。ティーンエイジャーは、なるべく多くのものをなるべく早く見たいと思っている。毎晩、ソファーに座って集団で、そして最近ではますます寝室にこもりひとりきりで、お気に入りのソーシャルメディア・プラットフォームであるスナップチャットやインスタグラムを慌ただしくクリックしたりスワイプしたりしている。携帯電話の小さな画面を通して、信じがたい世界の光景を垣間見られる。スケボーから転げ落ちる体の小さい大人。ジェンガで「真実か挑戦か《トゥルース・オア・デアー》」ゲーム（指名された人が、どんな質問にも正直に答えなければならない「真実」と、どんな無理難題にもチャレンジしなければならない「挑戦」のどちらかを選んで実行する余興ゲーム）に興じるカップル。ビデオゲーム「フォートナイト」で遊ぶ犬。粘土のなかにゆっくりと両手を押し込んでいく幼い子ども。メイクを落とす10代の少女。架空の大学生どうしのチャット形式で進んでいく物語「フックト(Hooked)」。こうしたコンテンツに交じって、有名人のゴシップ、ごくたまに本物のニュース、そしてもちろん、ひっきりなしに押し寄せてくる広告がある。

インスタグラム、スナップチャット、フェイスブックの内部では、私たちの関心にまつわるマトリックスが生成される。このマトリックスは、数値がスプレッドシート状に並んだもので、行が人々、列がその人のクリックしている「投稿」や「スナップ」の種類を指す。数学では、このスプレッドシートはMという行列で表わされる。次に挙げたのは、12歳のユーザーのソーシャルメディア・マトリックスがどういうものなのかを（かなり簡略化して）表わした例だ。

$M =$

食べ物	メイク	カイリー・ジェンナー	ビューティパイ	フォートナイト	ドレイク
8	6	6	0	0	2
1	6	1	4	0	9
2	0	0	9	5	3
5	0	9	8	7	2
3	9	7	1	0	1
5	6	9	1	2	3
6	7	7	1	2	4
6	3	3	5	6	9
1	0	0	0	2	8
8	4	9	8	2	1
2	7	8	2	3	1

（行）マディソン、タイラー、ジェイコブ、ライアン、アリッサ、アシュリー、ケイラ、モーガン、マット、ホセ、サム、ローレン

*M*の各項は、あるティーンエイジャーが特定の種類の投稿をクリックした回数だ。たとえば、マディソンは食べ物関連の投稿を8回、メイクと有名人のカイリー・ジェンナー関連の投稿を6回ずつ、ユーチューバーのピューディパイとビデオゲーム「フォートナイト」関連の投稿を0回ずつ、ラッパーのドレイク関連の投稿を2回見たことになる。

このマトリックスを見ただけで、マディソンがどういう人物なのかがだいたいわかる。彼らが見ている投稿の種類を参考にして、マディソンやここに挙げた残りの人物たちを自由にイメージしてみてほしい。心配はいらない。実在の人物ではないから。どれだけ勝手なイメージを持ってもらってもかまわない。

このマトリックスには、マディソンと似た人々があと何人かいる。たとえば、サムはメイク、カイリー・ジェンナー、食べ物の話題は大好きだけれど、ほかのカテゴリーには一時的な興味しかないようだ。マディソンとは正反対の人々もいる。たとえば、ジェイコブやローレンは、ほかの何を差し置いてもピューディパイとフォートナイトが好きなようだ。このふたつのステレオタイプに当てはまらない人もいる。たとえば、タイラーはドレイクとメイクが好きだが、ピューディパイにもまあまあ興味があるらしい。

広告の数式は、人々を自動的にステレオタイプ化する数学的手法のひとつだ。数式は次のような形を取る。

$$r_{x,y} = \frac{\Sigma_i (M_{i,x} - \overline{M_x})(M_{i,y} - \overline{M_y})}{\sqrt{\Sigma_i (M_{i,x} - \overline{M_x})^2 \, \Sigma_i (M_{i,y} - \overline{M_y})^2}} \quad \cdots\cdots (7)$$

この数式は、さまざまな投稿カテゴリーどうしの相関を測定するものだ。たとえば、カイリー・ジェンナーの話題が好きな人々がたいていメイクの話題も好きだとしたら、$r_{メイク,カイリー}$は正の数になるだろう。この場合、カイリーとメイクのあいだには正の相関があると表現する。一方、カイリーの話題が好きな人々はピューディパイの話題が好きではないという傾向があるとしたら、$r_{ピューディパイ,カイリー}$は負の値となり、このことを負の相関があると表現する。

▼ 数式（7）を理解する

数式（7）の仕組みを理解するため、ひとつずつ順を追って分析してみよう。まずは$M_{i,x}$だ。これは行列Mのi行x列の値を指す。たとえば、マディソンはメイクに関する投稿を6回見ているので、$M_{マディソン,メイク}=6$になる。行は$i=$マディソン、列は$x=$メイクとなる。一般的に、$M_{i,x}$を見かけたら、行列Mのi行x列の項目を調べればよい。次は$\overline{M_x}$だ。これはカテゴリーxに関する投稿のユーザー当たりの平均視聴回数を指す。たとえば、メイクに関する投稿の全ユーザーの平均視聴回数は$(6+6+0+0+9+6+7+3+0+4+7+0)/12=4$なので、$\overline{M_{メイク}}=4$となる。

メイクへの平均的な関心を、マディソンの視聴回数から引くと、$M_{i,x} - \overline{M_x} = 6 - 4 = 2$となるので、マディソンは全員の平均よりはメイクに興味があるとわかる。同じように、計算すると$\overline{M_{カイリー}} = 5$となるので、i＝マディソン、y＝カイリーのとき、$M_{i,y} - \overline{M_y} = 6 - 5 = 1$となり、彼女はカイリーにも平均より（ほんの少しだけ）興味があるとわかる。

直前の2段落で説明したのは、数学でいう一種の表記法だ。これらの表記法は数式（7）の根底にある非常に強力で面白い考えのお膳立てを整える。その面白い考えとは、$(M_{i,x} - \overline{M_x})\cdot(M_{i,y} - \overline{M_y})$という掛け算を行ない、人々の共通点を探るという部分にある。マディソンについて、先ほどの掛け算を行なってみよう。

$$(M_{マディソン,メイク} - \overline{M_{メイク}})\cdot(M_{マディソン,カイリー} - \overline{M_{カイリー}}) = (6-4)\cdot(6-5) = 2\cdot 1 = 2$$

このことから、カイリーとメイクに対する彼女の興味には正の関係があるとわかる。

タイラーの場合、メイクとカイリーとのあいだの関係は$(6-4)\cdot(1-5) = 2\cdot(-4) = -8$と負になる。彼はメイクにしか興味がないからだ。ジェイコブの場合は$(0-4)\cdot(0-5) = (-4)\cdot(-5) = 20$で正となる。彼はどちらも好きでないからだ（図7を参照）。不可思議な点にお気づきだろうか？　そう、ジェイコブとマディソンの値はどちらも正だけれど、カイリーとメイクに対するふたりの感情は正反対なのだ。ジェイコブはどちらも見ないとしても、ふたりの見解

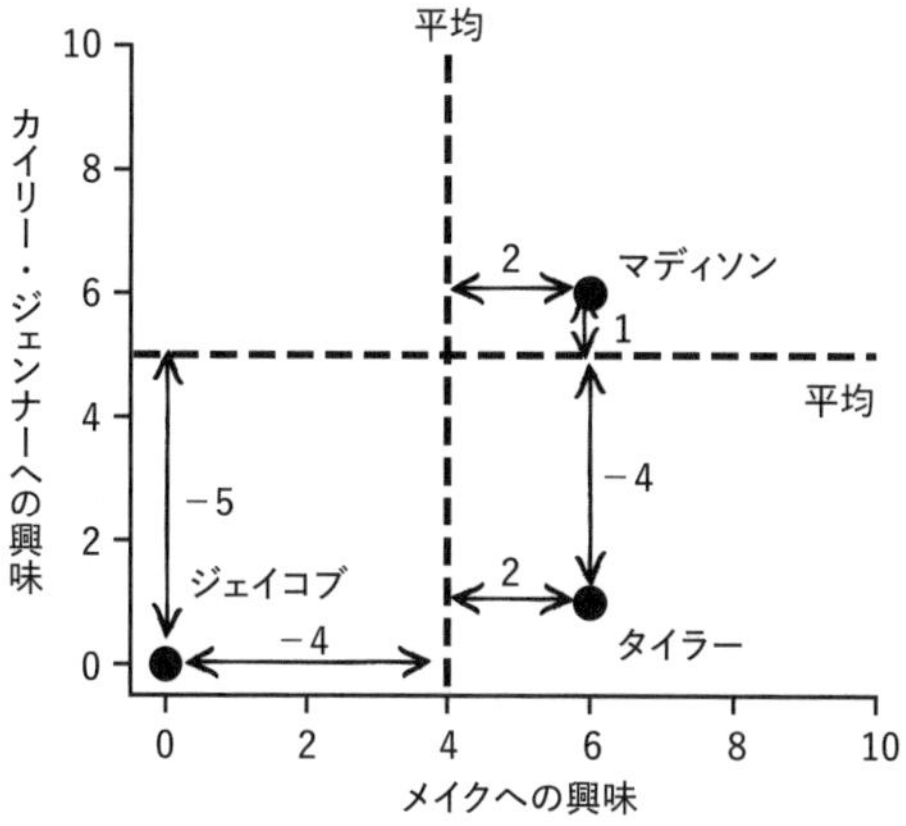

一人ひとりに対して、メイクとカイリーに関する投稿の全員の視聴回数の平均と、その人の視聴回数との距離を測定する。

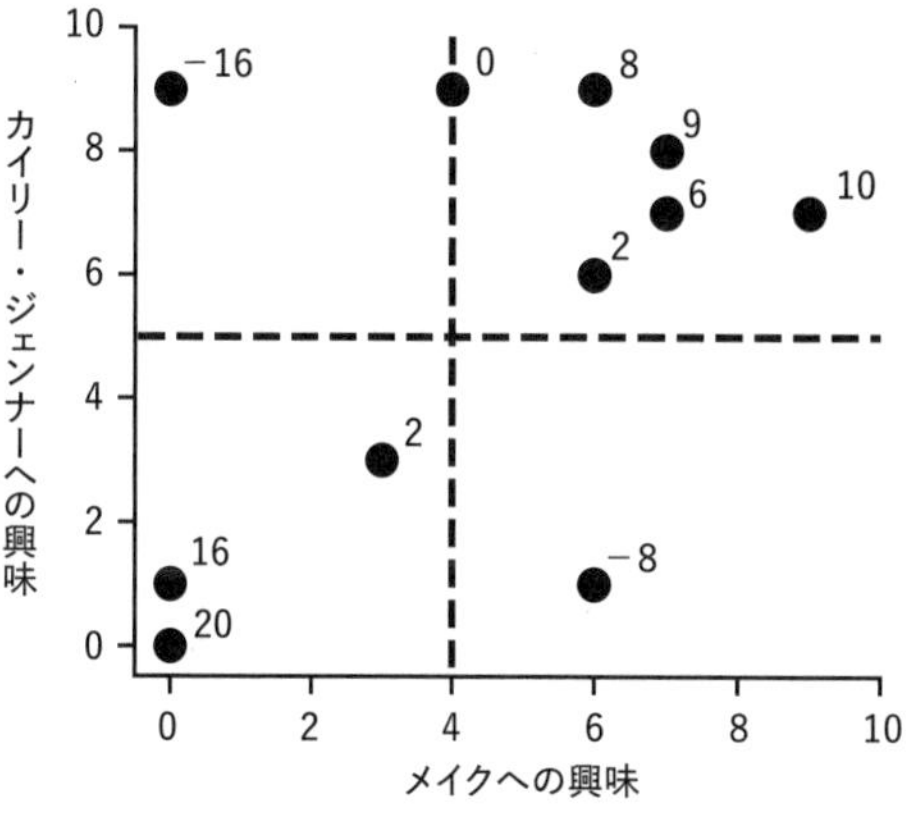

相関は、ふたつの距離の掛け算の和で求められる。マディソンは2・1＝2、タイラーは2・(−4)＝−8だけその和に寄与している。

この例では、カイリーとメイクへの興味の傾向が異なるのはふたりだけだ。

図7：カイリーとメイクとのあいだの相関の計算を図解したもの

はカイリーとメイクに相関があることを示している。一方、タイラーのソーシャルメディアの使い方はこのパターンに当てはまらない。

ティーンエイジャー全員に対してまったく同じ計算を行ない、その和を求めることができる。それが次の式の言わんとしている内容だ。

$$\Sigma_i(M_{i,x}-\overline{M_x})(M_{i,y}-\overline{M_y})$$

Σ_iは、12人のティーンエイジャー全員にわたる和を取ることを示す。ティーンエイジャー全員のメイクに対する考えとカイリーに対する考えの積を足し合わせると、こうなる。

$$2-8+20-16+10+8+6+2+20+0+9+16=69$$

ほとんどの数値が正であるということはつまり、子どもたちがカイリーとメイクについて似たような感情を抱いているという証だ。マディソンとジェイコブは2と20だけ和に寄与している。例外は、メイクは好きだがカイリーは好きでないタイラーと、メイクは好きでないがカイリー・ジェンナーは好きなライアンだ。－8と－16という数値は、このふたりによるものだ。

数学者は69とかいう大きな数値を好まない。むしろ、数値どうしを比較できるよう、小さな数値、できれば0や1に近い数値を好む。それを実現するのが数式（7）の分母（分数の下側の部分）だ。詳しい計算は省略するけれど、先ほどの式に具体的な値を代入すると、結果はこうなる。

$$r_{メイク,カイリー} = \frac{69}{\sqrt{120 \cdot 152}} = 0.51$$

これで、メイクとカイリーとの相関を測る0・51というひとつの数値が弾き出された。1という値は2種類の投稿が完璧に相関することを意味し、0という値は関係がまったくないことを意味する。したがって、0・51という値は、メイクへの興味とカイリー・ジェンナーへの興味に中程度の相関があることを示している。

ここまででもそうとうな計算量だけれど、ティーンエイジャーの興味について知っておくべき15種類の数値のうち、たったひとつを計算し終えたにすぎない。私たちが知りたいのは、メイクとカイリーの相関だけでなく、食べ物、メイク、カイリー、ピューディパイ、フォートナイト、ドレイクというすべてのカテゴリーどうしの相関だ。幸い、数式（7）を使ってひとつの相関を計算する方法はわかったので、あとはこれらのカテゴリーのなかからすべての組を選んで、数式に代入する作業をするだけだ。その計算をすべて行なった結果は以下のとおりだ。これは「相関行列」と呼ばれるもので、Rと表記する。

$R =$

	食べ物	メイク	カイリー	ピューディパイ	フォートナイト	ドレイク
食べ物	1.00	0.24	0.23	−0.61	−0.10	−0.11
メイク	0.24	1.00	0.51	−0.63	−0.74	−0.26
カイリー	0.23	0.51	1.00	−0.17	−0.17	−0.69
ピューディパイ	−0.61	−0.63	−0.17	1.00	0.71	−0.08
フォートナイト	−0.10	−0.74	−0.17	0.71	1.00	0.06
ドレイク	−0.11	−0.26	−0.69	−0.08	0.06	1.00

「カイリー」の行と「メイク」の列を見てみると、先ほどの計算どおり、相関が0・51となっているのがわかる。ほかの行と列も、別々の組を選んでまったく同じように計算してある。たとえば、フォートナイトとピューディパイは相関が0・71だ。一方、フォートナイトとメイクは相関が−0・74なので、負の相関を持つ。つまり、ゲーマーは一般的にメイクにはあまり興味がないということを意味している。

この相関行列は、人々をステレオタイプへと分類する。先ほど、ティーンエイジャーたちを頭のなかで好き勝手にイメージしてほしいと言った。いわば、あなた自身の相関行列をつくってもらったわけだ。カイリーとメイクの相関は、マディソン、アリッサ、アシュリー、ケイラのような人々をひとつのステレオタイプへと当てはめ、ピューディパイとフォートナイトの相関はジェイコブ、ライアン、モーガン、ローレンをまた別のステレオタイプへと当てはめる。一方、タイラーやマットのように、単純なステレオタイプにあまり当てはまらない人もいる。

２０１９年５月、私はスナップチャットのデータ科学者であるダグラス・コーエンに、ユーザーに関する相関行列にどんな情報を格納しているのかをたずねてみた。

「まあ、ユーザーがスナップチャット上で実行するすべての行動といっていいでしょうね」と彼は答えた。「ユーザーが友達とチャットする頻度。ストリークの数。使用しているフィルター。マップを見ている時間。参加しているグループチャットの量。コンテンツ。コンテンツの視聴時間。友達のスナップストーリーに目を通すタイミング。そうして、こうした活動どうしの相関を調べるのです」

データは匿名化されるので、一人ひとりがどういう行動を取っているのかまではわからない。それでも、相関を調べることにより、スナップチャットのマーケティング用語を使うなら、ユーザーを「自撮りに夢中」「ドキュメンタリーの作り手」「メイク姫」「フィルターの女王」等々へと分類できるのだ。[2]

ユーザーの興味を惹くものがわかれば、そのユーザーに同じコンテンツをもっと与えられる。ダグラスがユーザーの関心を高めるという仕事について話すのを聞いていて、私は口を挟まずにはいられなくなった。

「待ってくれ。ひとりの父親として、子どもたちには携帯電話の使用時間を減らしてほしいと思っているんだけどな。それなのに、君は子どもたちの興味を最大限に高めようというのかい？」

ダグラスはライバル企業へのちょっとした嫌味を織り交ぜながら弁解した。

「アプリの使用時間をひたすら最大化しようとしているわけではありませんよ。フェイスブックみたいにね。私たちが見ているのは参加率、つまりユーザーが戻ってくる頻度なんです。ユーザーが友達とつながっていられるように」

つまり、スナップチャットは、必ずしも私の子どもに四六時中アプリを使いつづけてほしいと思っているわけではないが、何度も戻ってきてほしいとは考えている、ということか。私の個人的な経験から言わせてもらえば、この戦略は有効に機能しているようだ。

ステレオタイプ化の効用

ほとんどの人は、ステレオタイプとして描かれるのではなく、個人として尊重されたいと思っている。数式（7）はそんな私たちの願いを完全に無視している。私たちを好きな物事どうしの相関へと落とし込んでしまうのだ。

フェイスブックで働く数学者たちは、フェイスブック開発の初期の段階で、相関の威力に気づいた。あなたがあるページに「いいね！」をしたり、ある話題にコメントしたりするたび、あなたという人間に関するデータがフェイスブックに送られる。フェイスブックがこうしたデータを利用する方法は長年をかけて進化してきた。２０１７年、私がアナリストによる私たちの監視方法について観察しはじめたとき、私たちの分類に使われるカテゴリーはどれもこれも面白いものばかりだった。一例を挙げると、私たちをはめ込む型として、「英ポップ」「ロイヤル・ウェディング」「タグボート」「首」「上層中流階級」なんてものがあった。

こうした分類は、多くのフェイスブック・ユーザーを不快にしただけでなく、同社の利益にとっては重要なことに、広告主にとってことさら有効なわけでもなかった。2019年になると、フェイスブックはより製品固有なものへとラベルづけを見直した。同社がユーザーの記述に用いる数百種類のカテゴリーのなかのほんの一例として、出会い、子育て、建築、退役軍人、環境保護主義などがある。

こうしてステレオタイプ化されることに対するひとつの反応として、そうしたステレオタイプはまちがっている、という主張がある。「私はデータ点なんかじゃない。生身の人間、ひとりの個人だ」と叫ぶのだ。こんなことを言って申し訳ないけれど、実は、あなたは自分が思うほどユニークな人間ではない。あなたのウェブ閲覧の方法を見ればそれがわかる。あなたと同じ組み合わせの興味を持つ人々、あなたと同じ写真フィルターを気に入っている人々、あなたと同じ数の自撮り写真を撮る人々、あなたと同じ有名人をフォローしている人々、あなたと同じ広告をクリックする人々は、ほかにもいる。それも、たったひとりではなくて、山ほど。そういう人々が、フェイスブック、スナップチャットなど、あなたの使うすべてのアプリによってグループ化されているのだ。

あなたが行列内のデータ点であるという事実に腹を立てたり、怒ったりしたってしょうがない。受け入れるしかないのだ。その理由を理解するためには、人々のグループ化について別の視点から考える必要がある。人々をカテゴリー分けするもう少し面白くない方法に目を向ける必要があるのだ。

たとえば、行列Mに、マディソン、タイラー等々のソーシャルメディア上の関心事ではなく、遺伝子が含まれるとしよう。現代の遺伝学者たちは、事実、私たちをデータ点として見ている。いわば、特定の遺伝子を保有するかどうかを示す1と0の値のみからなる行列だ。この相関行列的な人間の見方は人命を救う。この見方のおかげで、科学者たちは病気の原因を特定し、あなたのDNAに合った薬を見つけ、いろいろな形のがんの成長についてより深く理解できるからだ。

また、私たちの祖先についての疑問にも答えられる。スタンフォード大学研究者のノア・ローゼンバーグらは、全世界の4199種類の遺伝子と1056人についての行列を構築した。各遺伝子には、被験者の最低ふたり以上のあいだで差異があった。この点は重要だ。人間の遺伝子の多くは共通しているからだ(そうした遺伝子が人間を人間たらしめているのだ)。彼の目的は、人間どうしでどこが違うのか、起源がその違いにどう寄与しているのかを具体的に調べることだった。アフリカ人とヨーロッパ人はどう違うのか?　ヨーロッパの各地域の人々どうしは?　そうした遺伝子の違いは、一般に「人種」と呼ばれているものによって説明しうるのか?

この疑問に答えるため、ローゼンバーグはまず数式(7)を使い、共有する遺伝子という観点から人々どうしの相関を計算した。[3]次に、分散分析と呼ばれるモデルを使用して、地理的な起源でそうした相関が説明できるかどうかを調べた。この疑問に、イエスとかノーとかいう答えはない。分散分析では0%から100%のパーセンテージで答えが出るからだ。さあ、予想してみてほしい。あなたは私たちの遺伝子構成の何割が地理的な起源で説明できると思うだろう？98%？ 50%？ 30%？ 80%？

答えは、およそ5〜7%。たったのそれだけだ。ほかの数々の研究でも、彼の発見が裏づけられている。人種間に顕著な違いをもたらす遺伝子は確かにあり、いちばん著しい例でいうとメラトニン生成や肌の色をつかさどる遺伝子があるけれど、人種という概念は、私たちを分類するに当たっては大きな誤解につながる。祖先の地理的な起源では、私たちのあいだの違いは説明がつかないのだ。

2020年にもなって、人種に基づく生物学の浅はかさについて説明するなんて、読者を少しバカにしている、と思うかもしれないけれど、残念ながら、特定の人種がたとえば知能という点で本質的に劣っていると信じる人はいまだにいる。そういう人々は人種差別主義者だし、まちがっている。ほかにも、「私は人種差別主義者ではないが……」と前置きしつつ、人種間の平等というのは教師や社会によって強要されたものだと信じる人もいる。私が連絡を取った、『キレット』に論文を寄稿した元教授（第3章を参照）もそういうタイプのひとりだ。彼らは、私たちが「政治的公正」のために人種間の違いに関する議論を封殺していると思っている。

実際、私たちの祖先が由来する場所という要因では、遺伝子の違いのほんの一部しか説明できない。さらに、遺伝子だけで個人としての人間性が決まるわけではない。私たちの価値観や行動は私たちの経験や出会う人々によって形成される。私たちがどういう人間なのかは、生物学的な人種や祖先の起源とはほとんど（あるいはまったく）関係ないのだ。

先ほどの架空のティーンエイジャー、ジェイコブ、アリッサ、マディソン、ライアンなどの現在20歳未満の人々は、ミレニアル世代に続くZ世代を構成する。この新世代にとっては、個人として見てもらうことがものすごく大事だ。ジェンダーや性的指向で見られたくなんてない。Z世代に属するアメリカの300人を対象にしたある調査によると、完全な異性愛者を自認する人々は48％しかおらず、3人に1人は多少なりともバイセクシャルの傾向があると答えた。[4]そして、4人に3人以上は、「ジェンダーはかつてほど個人を特徴づけない」という文章に賛成した。私が属するX世代のなかには、Z世代がジェンダーの違いに目を向けるのを「拒否」していることに疑念を持つ声も聞かれる。ここでもやはり、Z世代は政治的公正に配慮しようとしていて、その過程で基本的な生物学的事実を否定しているのだ、という固定観念がある。

この世代間の違いをとらえる別の方法がある。Z世代には、私と同年代の人々が若かったころよりも豊富なデータがある。X世代はテレビ番組や自分自身の限られた個人的経験が与える数少ないステレオタイプに従って成長したけれど、Z世代はジェンダーにまつわるステレオタイプにこだわるよりも個性のほうが大事だとみなしている。

私たちの関心の相関をもとにしたフェイスブックの広告カテゴリーの成功を見るに、Z世代の世界観は統計的に正しい。スナップチャットに移る前、フェイスブックの広告部門で働いていたダグラス・コーエンいわく、フェイスブックの広告主たちは、同社の相関行列に基づいて特定されたごくごく限定的な興味を持つ集団へと広告を届けるため、競い合うようにして広告料を支払っていたそうだ。広告主がＤＩＹ愛好家、アクション映画のファン、サーファー、オンライン・ポーカーのプレイヤーといった特定の関心を持つ集団に直接メッセージを届ける権利を巡って競い合ううち、広告料は２倍、３倍と跳ね上がっていくこともある。広告主にとって、個人のアイデンティティは大金に値するのだ。

その人の大好きな物事や活動に従って人々を適切に分類するのは、きわめて効果的だしフェアだ。科学者が遺伝子どうしの相関を用いて病気の原因を特定するように、相関は共通の興味や目的を持つ集団を特定する助けになるのだ。

言葉遣いの相関が明らかにすること

若きデータ科学者にとって、国会議事堂はともすれば近寄りがたい場所だ。「ウェストミンスター〔英国会議事堂の所在地〕の符丁《ふちょう》が一般大衆を〝よそ者〟扱いしていたのは、そんなに昔の話ではありません」とリーズ大学で私と会ったニコル・ニスベットは言った。「確かに、状況は変わりつつありますし、ウェストミンスターの人々は一般大衆や研究者たちと積極的にコミュニケーションを図ろうとしていますが、歴史的に、部外者に対する警戒感があったことは否めません」

ニコルは、リーズと下院を半々ずつ拠点として、もう2年間、博士課程の研究を続けている。つまり、彼女は今や、下院の「大半のエリアにアクセスできる」許可証を持っているわけだ。彼女が目指しているのは、議員やその恒久的なスタッフたちが今まで以上に外の世界の声を聞き、関係を持つようにすることだ。彼女が研究を始める前、政府の日々の運営を担うスタッフの多くは、国民がフェイスブックや掲示板に投稿するコメントのすべてに対応するのはたいへんすぎて不可能だと感じていた。

「国民の言い分なんてすでにわかっているのだから、否定的なコメントや誹謗中傷をえり分けるのはムダな作業だという感覚もあったと思います」

データ科学の専門知識を持つニコルには、別の視点があった。確かに、ツイッターやフェイスブックのコメント数は、ひとりの人間で対処するには多すぎるかもしれないが、彼女は相関の求め方を知っていた。彼女は動物の毛皮製品の禁止に関する議論が一目でわかるワードマップをつくり、見せてくれた。彼女は議論で使われている全単語をマトリックス化し、言葉遣いの相関を調べ、同時に使われている単語どうしを結びつけた。「毛皮」は「売買」「取引」「産業」と同じグループにあり、「野蛮」「残酷」と結びつけられている。別のグループでは「苦痛」「殺害」「美しい」といった単語が結びつけられていて、3つ目のグループでは「戦争」「法律」「基準」が結びつけられている。どのグループも、その議論を紡ぐ撚《よ》り糸をうまく要約していた。

ニコルのワードマップのある部分に、ふたつの単語が隣り合わせで並んでいた。ひとつは「感電死」、もうひとつは「肛門」で、そのふたつが太線で結ばれていた。私はニコルが何を推測させようとしているのかわからず、ふたつの単語を凝視した。

「最初は、荒らしたちが使っている単語だと思ったんです」とニコル。どんな議論でも、暴言を吐いて反対の意見を持つ人々を挑発する人はいる。でも、挑発的な議論の場合、使われている単語どうしに見られる相関はたいてい低い。暴言というのは文字どおりランダムなものだからだ。一方、先ほどのふたつの単語は幅広い人々に繰り返し使われていたことになる。これらの単語が使われている文章を調べたところ、彼女は真の問題点について議論するたいへん知識豊富な集団を見つけた。養殖のキツネやラクーンは、体内に電流棒を挿入して高電圧の電流を流すことによって殺処分されていたのだ。この発見により、議会スタッフの議論に、ニコルの研究がなければ気づきようのなかった新しい次元が加わった。

「一般大衆が書く内容について、勝手な憶測はしないようにしています。議会が議論へとより迅速に対応できるよう、何千という意見を凝縮するのが私の仕事ですから」

彼女の分析で多様な見方が取り上げられるのは、あらゆる立場の主張を聞くのが「政治的に公正」だからではなくて、重要な意見を浮き彫りにするのが統計的に正しいからだ。そうすれば、少数派の意見も、会話に真の貢献をするという理由で声を与えられる。相関を使えば、耳を傾ける必要のある意見とない意見について、政治的なスタンスを明確にしなくても、あらゆる側の主張を公平に表現できるのだ。

「これはささやかな一歩です。統計で何もかも解決できるわけじゃないんです」とニコルは告げると、こう笑ってつけ加えた。「どれだけデータ分析を行なっても、ブレグジットにはなんの影響も及ぼせませんから！」

▼価値観の相関関係を調査する

社会科学者たちは、データの統計的に正しい説明を見つけ出すために奔走する。私がストックホルム未来研究所の研究者、ビ・プラネンと知り合ったのは、政治的変化に関するカンファレンスで講演を行なうため、サンクトペテルブルクへと一緒に向かっている最中だった。同研究所の研究者たちは、プーチンが首相を務めるあいだ、入れ替わりでロシアの大統領を務めていたドミートリー・メドヴェージェフが拠出した資金から直接の融資を受けていたのだが、そこの若き博士課程の学生たちは強硬な反体制派だった。彼らは民主化を心から求めていて、自分たちの意見がどれだけ抑圧されているかを私たちに訴えてきた。プラネンはそんな学生たちに共感を示しつつ、プーチンのロシア内部で研究プロジェクトを実行するという現実を受け入れ、対立を慎重にかわしている様子だった。

プラネンにとっては、政治的意見はともかくとして、同僚であるロシアの研究者たちがほかの参加国（ぜんぶで100カ国ほど）とまったく同じように「世界価値観調査」を実施してくれることが何より重要だった。世界じゅうの人々に民主主義、同性愛、移民、宗教といったセンシティブな話題を多く含む同一の質問をすることで、彼女たちは地球市民の価値観が国家間でどう違うかを理解したいと考えていた。[5] これはどれだけ政治的思惑に駆られた研究者でもすぐに理解できる点だ。データはなるべく中立な方法で集めなければならない。

調査はぜんぶで282問あるので、相関は回答の類似性や違いを要約するのに便利な方法だった。プラネンの同僚であるロナルド・イングルハートとクリスチャン・ヴェルツェルは、家族の価値観、愛国心、宗教を重視する人々ほど、離婚、中絶、安楽死、自殺に道徳的な異議を唱えていることを発見した。これらの質問への回答の相関を調べることで、ふたりはさまざまな国の市民を伝統的対世俗的の尺度で分類することができた。[6] たとえば、モロッコ、パキスタン、ナイジェリアなどの国々は伝統的な傾向があり、日本、スウェーデン、ブルガリアは世俗的な傾向があった。この結果は、その国の全員が同じ考え方を持つという意味ではないけれど、各国で一般的な考え方を統計的に正しく要約することはできた。

クリスチャン・ヴェルツェルは続けて、回答の別の相関を発見した。言論の自由を大事にする人々は、想像力、自立性、教育におけるジェンダー平等も重視する傾向があり、同性愛に対しても寛容だったのだ。こうした回答、つまりヴェルツェルが「解放的な価値観」と呼んだ回答どうしには、正の相関が見られた。解放的な価値観がとりわけ高かったのは、イギリス、アメリカ、スウェーデンだ。

ここで非常に大事なのは、1本目の軸「伝統的対世俗的」は、2本目の軸「解放的」と相関がなかったという点だ。たとえば、今千年紀の開始時点で、ロシアやブルガリアはたいへん世俗的な価値観を持っていたが、解放は重視していなかった。アメリカの場合、ほとんどの人にとって自由と解放は重要だが、多くの人々が宗教や家族の価値観を優先するという点では、いまだに伝統的な国といえる。スカンジナビアの国々は世俗的な価値観と解放的な価値観、その両方を持つ極端な例で、ジンバブエ、パキスタン、モロッコは伝統と権威への服従の両方を重視する正反対の国々といえるだろう。

このふたつの独立した軸における価値観の相違を見て、ビ・プラネンにひとつの考えがひらめいた。スウェーデンにやってきた移民たちの価値観は、どう変化したのだろう？　2015年、主にシリア、イラク、アフガニスタンからの15万人の移民がスウェーデンで保護を求めた。こうした移民たちはスウェーデンの総人口の約1・5％を占め、全員がスウェーデンとはまったく異なる文化的価値観を持つ3つの国々から1年以内に入国していた。

西ヨーロッパ出身の人々は、こうした移民を見ると、ヒジャブや新造されたモスクなど、伝統的な価値観に関連した物事に気づくことが多い。その結果、特にムスリムたちが新しい母国に価値観を適応させられずにいると早合点する人もいる。確かに、外見だけを見れば移民たちは母国の伝統を守ろうとしているようだけれど、移民たちの心のなかにある価値観を真に理解する統計的に正確な方法は、彼らと話をし、考えを聞くことしかないのだ。そして、プラネンらはそのとおりの行動を取った。過去10年以内にスウェーデンへとやってきた6501人の移民にアンケートを取り、価値観についてたずねたのである。

その結果は目をみはるものだった。そう、調査した移民たちの多くは、ジェンダー平等への欲求や同性愛への寛容といったヨーロッパの一般的な価値観を共有していたのだ。その一方で、スウェーデンの極端な世俗主義は受け入れておらず、伝統的な価値観を守っていた。それは家族や宗教を重んじるという、外からありありと見て取れる部分である。実際、ストックホルムで暮らす典型的なイラクやソマリアの家族は、アメリカのテキサス州で暮らすアメリカ人ばかりの家族とよく似た価値観を持っていた。

このような統計的に正しい方法で理解されていない少数派集団は、ムスリムだけではない。たとえば、アメリカ人のキリスト教徒について語るとき、中絶反対と同性愛嫌悪を一緒くたにして論じているのをよく聞く。ニューハンプシャー大学の社会学教授のミッシェル・ディロンは、中絶反対なのに同性婚には賛成の宗教的集団もあれば、その逆の意見を持つ集団もあることを証明した。[7] 一般論として、中絶と同性愛者の権利は、同じ宗教的集団のなかでも別個の問題とみなされているということだ。

ビッグデータ世界の到来

私たちの生活がどんどんオンラインへと移行するにつれて、私たちに関するデータも増加の一途をたどっている。私たちがフェイスブックで交流する相手。好きなもの。出かける場所。買うもの。挙げればキリがない。社会的交流、検索語、消費者の判断の一つひとつがフェイスブック、グーグル、アマゾンに保存されていく。そう、ビッグデータ世界の到来だ。一人ひとりが年齢、ジェンダー、出身地ではなく、行動や思考を測定する無数のデータ点によって特徴づけられる時代がやってきたわけだ。

TENはすぐさまビッグデータの難問へと挑んだ。世界じゅうの人々を行列化し、関心に基づいて結びつけた。人種主義や性差別が過去のものであることを証明し、社会がより寛容な世界、個人がありのままの個人として尊重される公正な世界へとどう進化していっているかを測定した。TENは統計的な正確性を手に入れつつあった。

この新たなる秩序を金銭的にバックアップしたのが、個人に特化した広告だった。広告主たちが一握りのフェイスブック・ユーザーに製品を見せる権利を巡って入札競争を繰り広げるようになると、より高精度に情報を届けられるよう、データ科学者や統計学者たちが続々と雇われるようになった。こうして、マイクロターゲティング広告という新分野が誕生することとなる。潜在顧客を徹底的にプロフィール分析し、彼らの関心を最大限に高める絶好のタイミングで、最適な情報だけを提供するようになった。

TENは解決済みの問題のリストに広告とマーケティングを新たに加え、またもや勝利をつかんだように見えた。それも、今回は道徳的な手段で。ところが、ひとつ問題があった。行列内の数値にじっと目を凝らしていたのは、TENのメンバーだけではなかった。そして、数値の相関に気づいた人の全員が、そこに見られるパターンを正しく理解していたわけではなかったのである……。

▼相関関係と因果関係の混同

アニヤ・ランブレヒトは、ビッグデータを正しく利用するための研究を行なっている。ロンドン・ビジネス・スクールのマーケティング教授である彼女は、ブランド衣料品からスポーツ系ウェブサイトまで、あらゆるものにおけるデータの利用方法について研究してきた。彼女はメールで、巨大なデータセットを広告で使用することには明白な利点もあるが、その限界について考えることも大事だと説明してくれた。

「適切な洞察を抜き出すスキルなしでデータを利用しても、たいして役には立ちません」

次の例のもとになった科学論文のひとつで、ランブレヒトと同僚のキャサリン・タッカーは、オンライン・ショッピングのシナリオを用いてそうした問題点を説明している。[8] たとえば、ある玩具《がんぐ》メーカーが、自社のオンライン広告を多く見た消費者ほどたくさん玩具を購入してくれることに気づいたとしよう。同社は広告と玩具の購入とのあいだに相関を発見し、同社のビッグデータ・マーケティング部門が広告キャンペーンは有効だと結論づけたのだ。

ここで、同じ広告を別の角度から見てみよう。エマとジュリーは、知り合いではないけれど、ともに7歳のめいがいる。クリスマス前の日曜日、ふたりはネットを見ていて、別々に同社の玩具の広告を目にした。エマは、この先1週間は仕事が忙しくて買い物をする暇がない。ジュリーは休暇中なので、かなりの時間をかけてネットでクリスマス・プレゼントを見繕っている。同社の四目並べゲーム「コネクト4」の広告を3、4回見たあと、ジュリーはクリックして購入を決める。エマは12月23日の午後に小売店を訪れ、レゴのキャンピングカー・モデルを手に取って購入する。

ジュリーはエマよりもたくさん広告を見て買ったわけだけれど、だからといってその広告が有効だといえるだろうか？　いえない。広告を見る時間があったら、エマがどうしていたのかはわからないからだ。自分たちの広告キャンペーンが有効だと結論づけたビッグデータ・マーケターたちは、相関関係と因果関係を混同していた。ジュリーが広告を見て「コネクト4」を買ったのかどうかがわかるまで、広告が効果的だと結論づけることなんてできないのだ。

でも、因果関係と相関関係を分けて考えるのは難しい。さっき私がつくったマディソンやライアンらの相関行列は、ごく少数の観測に基づいているので、その結果だけから一般的な結論を導き出すのは不可能だ（信頼の数式を覚えているだろうか？）。ところが、多数のスナップチャット・ユーザーについて同じ行列のデータを収集した結果、ピューディパイとフォートナイトに相関があるとわかったらどうだろう？　ピューディパイのチャンネル登録者を増やせばゲーム「フォートナイト」のプレイヤーが増えるという結論を導くことができるだろうか？　いや、できない。

この結論に飛びつくのもまた、相関関係と因果関係の混同だ。子どもたちが「フォートナイト」をプレイするのは、ユーチューバーのピューディパイの動画を観たからではない。ピューディパイのチャンネル登録者を増やすためのキャンペーンは、子どもたちがピューディパイの動画を観る時間を増やすだけで（成功すればの話だが）、子どもたちが動画を観たあとにゲーム「フォートナイト」をプレイするようになるわけではないのだ。

もし、「フォートナイト」がピューディパイのチャンネルに広告スペースを購入したら、いったいどうなるだろう？　もしかすると有効かもしれない。「マインクラフト」へと流れていたプレイヤーを「フォートナイト」へと取り戻せる可能性はある。反面、失敗する可能性だっておおいにある。すでにピューディパイの視聴者のあいだで「フォートナイト」への興味が飽和点に達していることもありうる。だとしたら、むしろカイリー・ジェンナーに「フォートナイト」をプレイしてもらうことに力を入れたほうがよっぽどいいかもしれない。

ちょっと考えるだけで、データ内のピューディパイとフォートナイトの相関から結論を導き出すことの問題点が山ほど見つかる。しかし、ビッグデータ革命が始まると、こうした問題の多くは無視されてしまった。世の企業は、データが何より貴重だと植えつけられた。だって、今や顧客のことが丸わかりになったのだから。でも、本当はわかってなどいなかった。

ケンブリッジ・アナリティカ事件を振り返る

ケンブリッジ・アナリティカは因果関係を考慮しそこねた企業の典型例だ。

上院通商科学運輸委員会は、スカイプで私の話にじっくりと耳を傾けていた。

「ケンブリッジ・アナリティカはフェイスブック・ユーザーに関するデータ、特にユーザーが〝いいね！〟ボタンをクリックした製品やサイトに関するデータを大量に収集しました。データを使ってフェイスブック・ユーザーの性格に基づくターゲティングを行なうためです。たとえば、神経症的傾向を持つ人々は銃で家族を守ろうというメッセージ、伝統主義的な人々は銃を父親から息子へと受け継いでいこうというメッセージで狙い撃ちするんですよ。その有権者にぴったりの広告をお膳立てするというわけです」

そのとき私が話していた共和党の委員たちは、そんなツールがあれば次の選挙戦を有利に戦えると期待しているようだった。そこで、私はすかさず核心を突いた。

「でも、残念ながらそううまくはいきません。理由はいくつかあります。第一に、〝いいね！〟から人々の性格を確実に特定するなんて無理な話です。せいぜい、五分五分よりはましなくらいでしょう。第二に、ニルヴァーナやエモ・ライフスタイルに〝いいね！〟をするようなフェイスブック・ユーザーに関して特定できる神経症的傾向は、武器で家族を守るとかいう神経症的傾向とは違います」

私は相関関係と因果関係の混同から生じる問題点を挙げ連ねていった。ケンブリッジ・アナリティカがアルゴリズムを開発した時点で、選挙はまだ行なわれていなかったのに、いったいどうやって広告が有効かどうかをテストできるというのだろう？

続けて、私はフェイクニュースが有権者に影響を及ぼすのに効果的でないことについても話した。この点もまた、私が前著『数学者が検証！　アルゴリズムはどれほど人を支配しているのか？』の執筆に向けた調査の一環として明かした事実だ。[9]エコーチェンバー理論とは逆に、２０１６年の大統領選では、民主党支持者にも共和党支持者にも双方の主張に耳を傾ける機会があったはずだ。私の見解は、トランプの勝利がオンライン有権者の操作の結実であると見立てる当時のリベラル・メディアの総意とは食い違っていた。トランプへの投票者たちは浅はかな洗脳被害者として糾弾され、ケンブリッジ・アナリティカはソーシャルメディアで簡単に世論を動かせることの象徴となったが、そんな見方には賛成しかねた。

すると、私とのスカイプ対談の進行役がおもむろに口を挟んだ。「今までいただいた意見について検討したいと思いますので、いったん音声を切らせてください」

30秒ほどして、結論が出たようだった。「上院委員会で証言していただくため、ワシントンまでお越し願えませんか？」

即答しかねた。休暇の予約を入れているとかなんとか歯切れの悪い返事をし、しばらく考えさせてほしいと答えた。

その時点では、行くべきかどうか確信が持てなかった。でも、一晩ゆっくり考えた結果、行かないほうがよいという思いがますます強くなっていった。相手は上院議員たちに因果関係と相関関係の説明をさせるためではなく、ケンブリッジ・アナリティカとフェイクニュースがトランプを当選させたわけではないという証言を引き出すために、私をアメリカに招こうとしている。私の使っているモデルを理解するのではなく、彼らの筋書きに合う私の結論を聞きたいだけなのだ。結局、私は打診を断った。

それでも、私は同じ年の夏にアメリカを訪れた。それは、上院の公聴会で証言を終えたばかりのアレックス・コーガンとニューヨーク市で落ち合うためだった。ケンブリッジ大学の研究者である彼は、ケンブリッジ・アナリティカの醜聞《しゅうぶん》に関与した悪玉のひとりとみなされていた。彼は5000万人ぶんのフェイスブック・ユーザーのデータをダウンロードし、それをケンブリッジ・アナリティカに売却した。当然、それはあまり賢明な行動とはいえないし、今では彼自身も後悔しきりだった。

そんなアレックスに会ったのは、私がケンブリッジ・アナリティカの手法の精度について調べはじめた矢先だ。楽しい対談だった。ビジネスの仲間としてはお世辞にも最高とはいえないけれど、データがどう使えるのか、あるいは使えないのかについて、深く理解している人物に違いはなかった。彼は有権者にピンポイントで狙いを定める、クリス・ワイリーのいう「心理戦」向けの兵器を本気で開発しようとした末、そんな兵器なんてつくれないと結論づけた。そのためのデータが足りなかったのだ。

内幕を知る彼が、ケンブリッジ・アナリティカについて私と同じ結論にたどり着いたのは心強かった。「あんなクソみたいなものは使い物にならないさ」と彼は言った。上院の公聴会でも、彼はそれとまったく同じことをもっと丁寧な言葉で述べたという。

▼ 相関関係を用いたアルゴリズムの問題点

ケンブリッジ・アナリティカのアルゴリズムの初歩的な〝問題〟とは、まったくそれが機能しないという点だ。

〝ビッグデータ〟時代が幕を開けた当初は、多くのいわゆる専門家たちが、相関行列を使えばユーザーや顧客のことが丸わかりになると吹聴《ふいちょう》していた。でも、実際はそこまで単純ではない。データの相関に基づくアルゴリズムは、政治広告だけでなく、量刑判断、学校教師の勤務評定、テロリスト探しに使われた。キャシー・オニールの著書『あなたを支配し、社会を破壊する、AI・ビッグデータの罠』（原題 *Weapons of Math Destruction* ＝数学破壊兵器）のタイトルは、そうして生じた問題をうまく言い表わしている。[10] 核兵器と同じで、アルゴリズムも無差別な攻撃を行なう。「ターゲティング広告」という言葉だけを聞くと、誰に広告を見せるかを厳密にコントロールしているかのような印象を抱いてしまうけれど、実際には、人々を正しく分類する能力はそうとう限られているのだ。

オンライン広告なら、それはたいした問題にもならない。メイクの広告を見せられたからといって、「フォートナイト」のプレイヤーの人生がめちゃくちゃになったりはしない。だが、アルゴリズムによって犯罪者、出来の悪い教師、テロリストのレッテルを貼られるとなると、話は違ってくる。キャリアや人生が台無しになってしまうかもしれない。相関に基づくアルゴリズムは、データに基づいているので客観的だとされているけれど、私が前著『アルゴリズムはどれほど人を支配しているのか？』で明かしたとおり、多くのアルゴリズムが正確な予測と同じくらいのまちがいを平気で犯している。

相関行列を使ったアルゴリズムをつくることで生じる問題は、ほかにも山ほどある。たとえば、グーグルが検索エンジンや翻訳サービスの内部で単語を表示する方法は、単語の用法どうしに見られる相関に基づいている。[11] ウィキペディアやニュース記事のデータベースもまた、あるグループの単語が一緒に使われるケースを特定するのに使われている。[12] こうした言語アルゴリズムは、私の名前デイヴィッドと、イギリスで私と同年代の女性にいちばん多い名前スーザンをどうとらえているのだろう？ 調べてみると、アルゴリズムはとんでもない結論を導き出した。「デイヴィッド」を「知的」「聡明」「賢い」とラベルづけする一方、スーザンを「如才ない」「神経質」「セクシー」とラベルづけしていたのだ。こうした問題が生じる根本的な理由は、このアルゴリズムが、過去に私たちの書いたステレオタイプだらけの文章に見られる相関に基づいてつくられているからだ。

ビッグデータに使われるアルゴリズムは相関を見つけ出してはいたが、その相関が生じる原因までは理解していなかった。その結果、とんでもないミスを犯してしまったのだ。

▼相関との正しい向き合い方

〝ビッグデータ〟を過大評価することの影響は複雑だけれど、その原因は単純だ。この世界をデータ、モデル、ナンセンスに分けるという話を覚えているだろうか？　世の中の企業や一般大衆は、モデルに関するまともな議論もないまま、ひたすらデータの話ばかり聞かされていた。モデルが抜けていると、その穴をナンセンスが埋める。アレクサンダー・ニックスやクリス・ワイリーは、性格ターゲティングや心理戦向けのツールについてナンセンスを語っていた。教師の業績を予測したり量刑ソフトウェアを開発したりする企業は、製品の有効性についてナンセンスを語っていた。フェイスブックは民族親和性に基づく広告で誤ったステレオタイプを強化していた[13]。

だが、アニヤ・ランブレヒトには解決策がある。彼女はモデルを導入することによって、つまり先ほど紹介したエマとジュリーの買い物方法のような物語を生み出すことによって、因果関係の問題を解消している。そう、収集したデータを見るだけではなく、顧客の視点に立つことで、広告キャンペーンの成功を評価できるのだ。彼女自身がそういう言い方をしているわけではないけれど、彼女は本書でずっと実践してきた戦略のとおり、問題をモデルとデータに分解している。データ自身が語ってくれることは少なくても、モデルと組み合わせることで大きな発見が得られるものなのだ。

因果関係を特定するためのこの基本的なモデリング手法は、「A／Bテスト」として知られる。第1章ですでに紹介済みだけれど、いよいよ実践に移してみよう。ある企業が顧客に対して次の2種類の広告を試すとしよう。（A）有効性を検証したいオリジナルの広告。（B）その玩具メーカーへの言及がいっさいない対照群の広告（たとえば、慈善団体の広告など）。慈善団体の広告を見た顧客と、オリジナルの広告を見た顧客とで、製品の売上がまったく同じなら、同社の広告にはいっさい効果がないことになる。

アニヤ・ランブレヒトの研究は、因果関係とどう向き合うべきなのかについて、豊富な実例を提供している。ある研究で、彼女は広告業界にはびこるひとつの考えについて調べた。それは、ソーシャルメディア上の初期段階のインフルエンサーの注目をつかむことができれば、製品は爆発的に広まるという考えだ[14]。新しい流行をいち早く取り入れる人々をターゲットにすることができれば、その広告の効果は高まるはず。いかにも筋が通っていそうでしょう?

この考えをきちんと検証するため、ランブレヒトらは、（A）最近流行りのハッシュタグ（#RIPNelsonMandela〔ネルソン・マンデラよ安らかに眠れ〕や#Rewind2013〔2013年を振り返ろう〕など）をいち早く共有する人々と、（B）だいぶあとになってから同様の流行について投稿する人々、とを比較した。研究者は両グループの人々に、ある広告へのスポンサード・リンクを見せ、彼らが広告をクリックまたはリツイート（共有）するかどうかを測定した。

その結果、「初期段階のインフルエンサー」理論は誤りであることがわかった。グループAの人々はBの人々よりも、むしろ広告の共有率またはクリック率が低かったのだ。この結果は、ホームレス向けのチャリティ広告であれ、ファッション・ブランドの広告であれ変わらない。そう、つまりインフルエンサーに影響を及ぼすのは難しいということだ。インフルエンサーがインフルエンサーたるゆえんは、何かをオンラインで共有する前に自分で取捨選択を行なっているからだ。彼らの独立性と良識こそ、多くの人々にフォローされる大きな理由だといっていいだろう。良識のないただの新しもの好き《アーリー・アダプター》は、単なるスパマー〔迷惑な宣伝を一方的に送りつけてくる人〕だ。そして、スパマーをフォローしたいと思う人なんていない。

スナップチャットのダグラス・コーエンのチームは、あらゆるものを対象にA／Bテストを行なっている。私が話をしたとき、彼らは通知の改良に取り組んでおり、多種多様な手法をテストして、どういう通知がユーザーにアプリを開かせる効果が高いのかを解明しようとしていた。コーエンが意識していたのは、ユーザーを十分に理解できていると決めつけないことだ。

「人間は朝と一日の終わりとではまるで別人になってしまう。だから、ユーザーをおおまかなカテゴリーに分類することはできても、1週間、1カ月、1年のなかで日々変わっていくという事実を忘れちゃいけない」

彼はまた、人間は同じものを延々と見せられるのを嫌うということも強調した。

るわけじゃない」

「スポーツ好きと分類された人でも、男性的なコンテンツばかり延々と見つづけたいと思ってい

人間はアルゴリズムによって一定のカテゴリーにはめ込まれていると思うと腹が立つのだ。

その点、広告の数式は、大量のデータを整理しようとすれば一定のステレオタイプ化は避けられないということを教えてくれる。だから、相関行列の一部としてみなされることにそうカリカリとしないことだ。ありのままのあなたを表現したものなのだから。むしろ、あなたの友達の関心に相関を探し、関係を築くほうに意識を向けよう。相関が本物なら（人種やジェンダーのステレオタイプに基づくものではないなら）、きっと相手との共通点が見つけやすくなるはずだ。法則に例外を見つけたら、正直に受け入れ、あなた自身のモデルを見直そう。ニコル・ニスベットが政治的議論に対して行なったように、会話のパターンを探し、議論を単純化しよう。今までにない斬新な視点の小さな集まりを探し、特別な注目を払おう。ただし、相関関係と因果関係を混同してはいけない。友達を夕食に招いたら、メニューのA／Bテストを行なおう。前回好評だったからといって、ピザばかりをふるまわないこと。あなたの世界の統計的に正しいモデルを築こう。

正しくなかった陰謀論

アレックス・コーガンとニューヨークで話をしたあと、マンハッタンの地下鉄に乗っていて、私は自分自身についてあることに気づいた。自分自身の政治的立場がもはやわからなくなってい

たのだ。私はずっと左寄りだったし、19歳でジャーメイン・グリアを読んで以来のフェミニストだ。それに、私はずっと今でいう「ウォーク」〔wokeは直訳すると「目が覚めている」という意味で、社会的公正に対する問題意識が高いこと〕だった。少なくとも、1980年代にスコットランドの小さな労働者階級の町で育った白人少年にしてはこれ以上ないくらいに。多くの人々は、左寄りであること、ドナルド・トランプに批判的であること、そして大統領選のためにソーシャルメディアを通じて人心操作を行なうのを非難することを、3点セットとみなしていた。したがって、メディアはその3つを、相関関係のある左寄りの世界観の性質として描き出していた。

しかし、数学のせいで、私は別のモデルを受け入れざるをえなくなった。トランプの勝利を認めざるをえなかったのだ。なぜなら、そのモデルはトランプの勝利が正当な勝利だと物語っていたからだ。私は彼の政治観には反対だけれど、彼への投票者を頭が悪くて操られやすい人間として描くことにも反対だった。事実に反するからだ。

ドナルド・トランプを権力の座へと押し上げ、ブレグジットを引き起こし、イタリアの五つ星運動、ハンガリーのオルバーン・ヴィクトル〔2010年より再び同国の首相を務める右派の政治家〕、ブラジルのジャイール・ボルソナーロ〔ブラジルのトランプとも呼ばれる同国の第38代大統領〕の躍進の原因となった国粋主義的な感情の高まりの真因を分析する代わりに、誰もがジェームズ・ボンド風の悪役、政界の水に毒を流し込んだ悪人を大急ぎで探しているようだった。その悪役を仰《おお》せつかったのが、ケンブリッジ・アナリティカであり、また同社のアレクサンダー・ニックスその人だった。この男が、モデルとデータに関する基本的な知識だけで現代民主主義全体を操ったとされているのだから恐れ入る。

秘密結社にとって最大の脅威は「暴露」だ。その点、ケンブリッジ・アナリティカは秘密を暴露され、その脅威が白日のもとにさらされた。その脅威というのは、24億ドルが投入された選挙戦において、トランプ陣営が平凡な広告会社にせいぜい100万ドルを支払った程度のことだ。その影響は金額に多少なりとも比例していた。そう、影響はほぼ皆無だったのだ。

ジェームズ・ボンドの悪役陰謀論に欠けていたのは良識だった。陰謀論が正しいと確信できるだけのデータはほとんどなかった。その一方で、TENは人知れず活動を続けた。彼らは銀行、金融機関、ブックメーカーを運営し、現代のテクノロジーを生み出し、ソーシャルメディアを管理している。その一つひとつの活動において、彼らはギャンブルなら1ドルにつき2、3セント、オンライン取引なら1セント、インターネットの検索結果と組み合わせて表示される広告ならそれ以下のわずかな手数料を懐《ふところ》に収める。だが、そのわずかな手数料は徐々に集積し、TENのメンバーに莫大な利益をもたらす。人生のどの面においても、数学者は本書の10の数式を知らない人々を出し抜いているわけだ。

地下鉄での帰宅中、私はサッカーの情報をせがんでくる人々に思いを巡らせた。ギャンブルの最中、孤独な男性たちに女性と会話する機会を与えているオンライン賭博会社に思いを巡らせた。大量消費主義や名声を中心とするライフスタイルをひたすら見させられるインスタグラムに思いを巡らせた。社会の最貧困層をターゲットにした高金利な携帯電話ローンの広告に思いを巡らせた。

アメリカ大統領選やブレグジット投票の結果が、ケンブリッジ・アナリティカによるフェイスブック・データの不正利用やフェイクニュースのせいだと力説する人々は、私たちの社会の根底にある緊張関係、とりわけ富裕層と貧困層とのあいだにある緊張関係をまるで無視していた。私のような数学者や学者たちもまた、社会の格差を増大させるうえで大きな役割を果たしてきた。TENのメンバーたちは、自分自身の金儲けのために貧しい人々から利ざやをむさぼっている。皮肉なことに、ある陰謀論は紛れもなく正しい。そう、イルミナティは確かに存在するのだ——TENという形で。ただ、その共謀者でさえ気づかないくらい、社会の奥深くに身を潜めているだけのことなのだ。

第8章

報酬の数式

利益を最大化する

$$Q_{t+1} = (1 - \alpha) Q_t + \alpha R_t$$

▼ 動物の集団行動に学ぶ

私は初期のキャリアのうちの15年間を、動物が報酬をいかに探索して収集するのかについての研究に捧げてきた。そういう研究をしようと意識的に決意したというよりは、いつの間にか熱中していたと言ったほうが近い。

私の友人であるふたりの生物学者、エイモンとスティーヴンは、イングランド南岸から突き出た細長い半島、ポートランド・ビルへの日帰り旅行へと私を誘ってくれた。旅の目玉はアリ探しだ。エイモンは、アリが隠れていそうな岩の割れ目を慎重にこじ開ける方法を実演して見せてくれた。的中率はすばらしく、彼の選んだ石の下には毎回アリがいた。すると、彼は即席の掃除機でアリをすぐさま試験管へと吸い取っていった。それを実験室へと持って帰るのだ。

時間はかかったけれど、私はふたりの少し後ろ、高くそびえる灯台の下に立ちながら、最終的にかなりの数のアリをつかまえた。オレンジ色のプラスチックの管《くだ》を口で吸って、アリの集団を吸い上げるのは、なんともいえない快感だった。私たちは5年間をかけてアリが新しい巣を選ぶ方法について研究した。モデルの構築が私、データの収集がふたりの担当だった。

当時シェフィールド大学で生物学のポスドクをしていたマドリーンと一緒にヨークシャーの原野を歩いたのも、似たような目的からだった。ミツバチたちが巣から最大13キロメートルも飛んできては、そこに生い茂るヘザーから花粉を集めていく。そこで、オフィスの澱《よど》んだ空気から解放された私は、食べ物に関するハチやアリのコミュニケーション方法について語るマドリーンの説明に、数式を当てはめていった。そんなこんなで10年以上、私たちはさまざまな種の社会性昆虫が、採集する食糧源をどう決めるのかを共同で調べつづけた。

もっと冴えない場所でも幾多の議論を交わした。当時、オックスフォード大学の博士課程の学生をしていて、私がオックスフォードに引っ越して最初にできた友人であるドーラは、ケバブ売りのバンの横の冷たい石段に座りながら、ハトについての話を聞かせてくれたのを覚えている。その数日後、私たちはオックスフォードのジェリコ・カフェで、彼女が追う鳥たちのGPS追跡データを見つめていた。そして1年後には、ペアになって飛行する鳥たちが帰巣《きそう》ルートの折り合いをつける方法について考察した論文の総仕上げを行なっていた。

トゲウオ用のY迷路を入念に構築したのがアシュリーだ。彼とはイアンと一緒にパブで会い、トゲウオ集団の意思決定をモデル化する方法について話し合った。私たちは共同で、トゲウオが捕食者から逃げる方法や、お互いを追って食べ物にありつく方法を調べた。

その後、私の旅はイングランドの外、そしてその先へと広がっていった。オオズアリを追ってオドレと一緒にオーストラリアへ。アルゼンチンアリを追ってクリスやタニヤと一緒にアルゼンチンへ。ハキリアリを追ってエルネストと一緒にキューバへ。イエスズメを追ってマイケルと一緒に南仏へ。イナゴを追ってジェロームやイアンと一緒にサハラへ。粘菌を追ってトシ（さらにはオドレ、タニヤ）と一緒に日本へ。セミを追ってテディと一緒にシカゴへ。

当時の研究仲間の全員が、今や世界じゅうの大学で教授を務めている。でも、研究だけが唯一の目的ではなかった。私たちは互いに語らい、学び合い、一緒に問題を解決した（そして、今でも）。疑問に答えるたびに小さな報酬を積み重ね、少しずつ自然界というものが理解できるようになっていった。そして15年がたつころには、動物の集団での意思決定について、だいたいのことがわかるようになった。当時ははっきりと自覚していなかったけれど、今になって振り返ってみると、当時の私が成し遂げたほとんどの物事の背景には、たったひとつの数式が存在していたことに気づく。

生存のための情報探索

動物の生存に必要なものはたったふたつ、食べ物と住まいだけだ。そして、繁殖にはもうひとつ、パートナーが必要になる。

この生命の3つの要件、そのすべての根底には、動物が入手しなければならないより基本的なものがある。そう、情報だ。動物は、自分自身や他者の経験から、食べ物、住まい、生殖に関する情報を集める。そして、その情報を使って生存や繁殖を行なうわけだ。

私のお気に入りの例のひとつがアリだ。アリの種の多くはフェロモンを残す。いわば、自分が通った場所を巣の仲間に知らせるための化学的なマーカーだ。アリは地上に糖分の豊富な食べ物を見つけると、フェロモンを分泌する。ほかのアリはこのフェロモンを追い、その食べ物にありつくわけだ。すると、フィードバック機構が働きはじめる。より多くのアリがフェロモンを残し、いっそうすばやく食べ物にありつけるようになるのだ。

かたや人間にも、生存するのに食べ物と住まい、繁殖するのにパートナーが必要だ。過去の進化の過程において、人間はこの3つの必需品を入手して保つのに必要な情報を探すことに長い時間をかけていた。現代社会では、その探求は形を変えてきた。世界人口の何割かにとっては、これらの必需品探しは不要になったけれど、食べ物、住まい、セックスに関する情報の探求は今も続いているし、むしろ拡大の一途をたどっている。料理番組や恋愛リアリティ番組『ラブ・アイランド』を観、有名人のゴシップを読み、売り家や物件価格を見繕い、パートナー、夕食、子ども、自宅の写真を投稿し、訪れた場所や行動を共有する。そう、アリと同じように、自分の見つけたものを共有し、他人の共有してくれたアドバイスに従うことに日々全力を尽くしているのだ。

私自身の日々の情報検索の量を考えると、少し恥ずかしくなる。ツイッターにアクセスして通知をチェックし、メールを開いて新着メッセージを確かめ、政治的なニュースを読み、スポーツ・ニュースをクリックして回る。オンライン・パブリッシング・プラットフォーム「ミディアム」にアクセスして、私の話に「いいね！」してくれた人がいるかどうかを確かめ、面白いコメントがないかをチェックする。

私の行動を数学的に解釈するとどうなるのか？　第3章のスロットマシンの話を思い出してほしい。私の携帯電話上の各アプリは、いわば報酬がもらえるかどうかを確かめるためのスロットマシンのレバーだ。ツイッターのレバーを引く。7リツイートの当たり！　メールのレバーを引く。講演依頼メッセージの当たり。やった、僕って人気者だ。政治ニュースやスポーツ・ニュースのレバーを引く。ブレグジットの陰謀論や選手の移籍話の当たり。ミディアムのレバーを引く。が、誰からも「いいね！」はなし。ちぇっ、はずれか。

「報酬の数式」の考え方

さて、私のスロットマシン・アプリ生活を数式で表現してみよう。仮に、1時間に1回、ツイッターを開くとする。おそらく過小な見積もりだけれど、モデルは単純な仮定から始めたほうがわかりやすい。

時刻tにもらえる報酬をR_tと表記する。ここでも、話を単純にするため、ひとりでも私の投稿をリツイートしてくれれば$R_t=1$、そうでなければ$R_t=0$とする。午前9時から午後5時までの勤務時間中の報酬は、1と0の列で表わせる。たとえば、こんな感じだ。

$$R_9=0, R_{10}=1, R_{11}=1, R_{12}=0, R_{13}=0, R_{14}=1, R_{15}=0, R_{16}=1, R_{17}=1$$

この報酬は、外部の世界のリツイートをモデル化したものといえる。

ここで、私の内部状態について考えてみよう。ツイッターにアクセスするたび、私はツイッターの質に関する自分自身の推定を磨いていくことになる。つまり、「リツイート」や「いいね！」でしか味わえない一時的な自己承認の感覚を、ツイッターが与えてくれるかどうかをだんだん正確に推定できるようになっていく。報酬の数式を使えばこう表わせる。

$$Q_{t+1} = (1 - \alpha)Q_t + \alpha R_t \quad \cdots\cdots (8)$$

時刻 t と報酬 R_t に加えて、この数式にはふたつの記号がある。Q_t は報酬の質に関する私自身の推定であり、α は報酬が得られなかった場合に確信がどれくらいの速さで失われていくかを決定するパラメータだ。このふたつの記号には詳しい説明が必要なので、ここで補足しておこう。

仮に $Q_{t+1} = Q_t + 1$ と書いた場合、Q_t が1ずつ増えていくことを意味する。この考え方は、コンピュータ・プログラミングの「for ループ」のなかで使われている。ループを1周するたびに Q_t が1ずつ増加していくわけだ。同じ考え方は報酬の数式にも当てはまる。ただし、この場合、1ずつ増加させるのではなくて、ふたつの別の要素を組み合わせることによって Q_t の値を更新していく。ひとつ目の要素の $(1 - \alpha)Q_t$ は、報酬の質に関する推定を減少させる働きを持つ。たとえば、$\alpha = 0.1$ とすると、毎回、推定は前回の $1 - 0.1 = 90\%$ に減る。これは、たとえば自動車の毎年の減価償却や、（あとで重要になる）フェロモンなどの化学物質の蒸発方法について記述する式と同じだ。ふたつ目の要素のαR_tは、報酬の価値の推定を増加させる働きを持つ。報酬が1だとすれば、Q_{t+1}をαだけ増加させる。

このふたつの要素を組み合わせることで、この数式全体がどう機能するかがわかる。たとえば、まず午前9時に$Q_9=1$という推定を立てたとしよう。つまり、ツイッターがリツイートという報酬をくれると100％信じている。さて、意気揚々とツイッターを開く。するとがっかり、$R_9=0$だ。報酬はなし。リツイートはゼロだ。そこで、私は数式（8）を使ってツイッターの質の推定を$Q_{10}=0.9\cdot1+0.1\cdot0=0.9$へと更新する。その結果、午前10時にツイッターを開くときには少し自信を失っているが、こんどはお目当てのものが見つかった。そう、リツイートがあったのだ。これで$R_{10}=1$だ。ツイッターの質に関する推定は完全には回復しないけれど、$Q_{11}=0.9\cdot0.9+0.1\cdot1=0.91$へと微増する。

1951年、ハーバート・ロビンズとサットン・モンローは、数式（8）を使えば報酬の平均値を必ず正確に推定できることを証明した。[1] ふたりの結果を理解するため、私がとある時刻に（リツイートという形の）報酬を得る確率を記号$\overline{R}$と表記することにし、$\overline{R}=0.6$（つまり60％）だと仮定しよう。毎時のツイッターのチェックを開始する前は、$\overline{R}$の値はわからない。私の目的は、ツイッターを開いた際の一連の報酬から$\overline{R}$の値を推定することだ。個々の報酬を1と0の数列で表わすとしよう。たとえば、011001011…という感じだ。この数列が無限に続くとすると、1

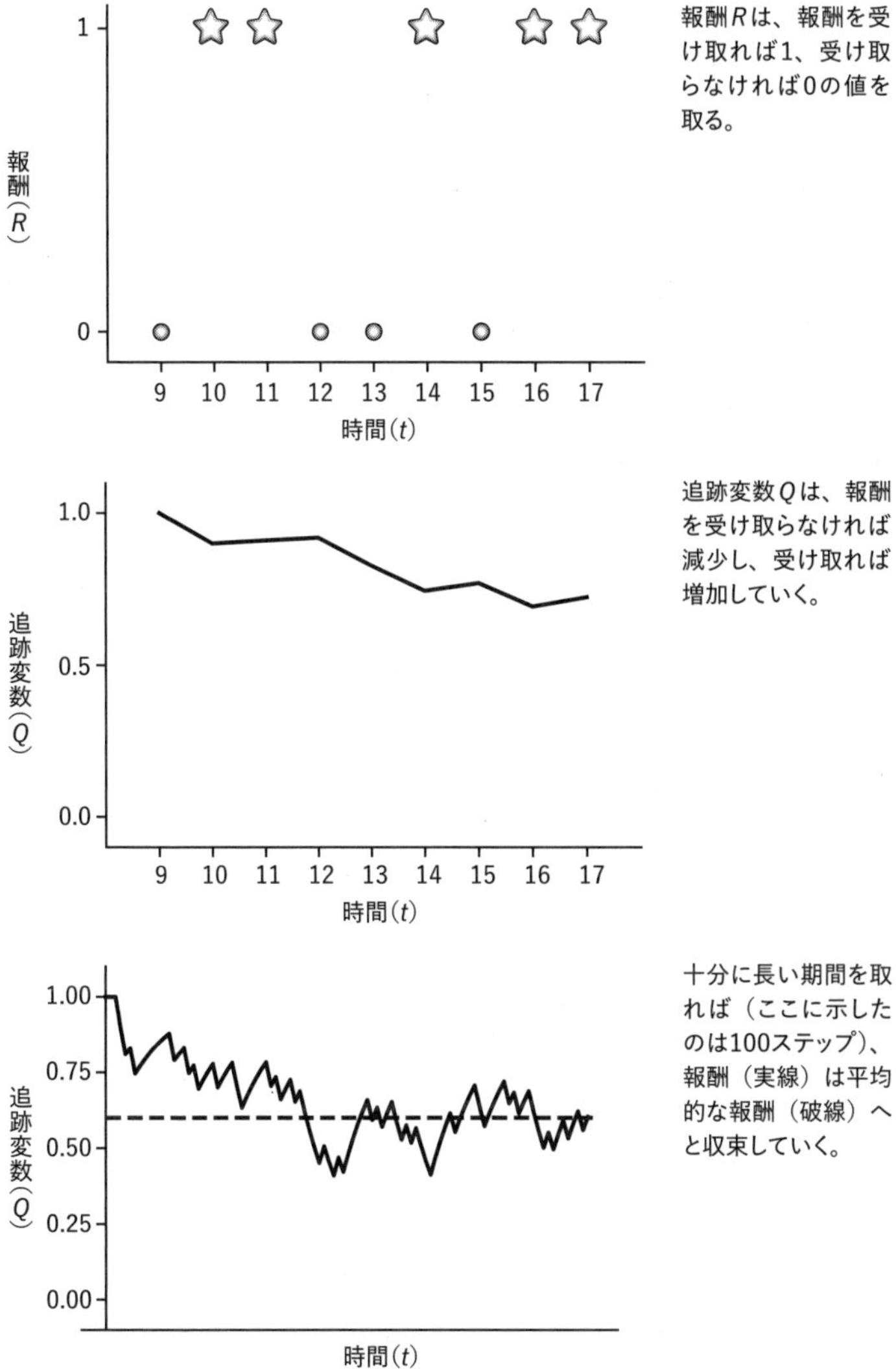

報酬Rは、報酬を受け取れば1、受け取らなければ0の値を取る。

追跡変数Qは、報酬を受け取らなければ減少し、受け取れば増加していく。

十分に長い期間を取れば（ここに示したのは100ステップ）、報酬（実線）は平均的な報酬（破線）へと収束していく。

図8：追跡変数が報酬を追跡していく方法

が現われる平均的な頻度は $\overline{R}$ ＝ 60％ になるだろう。

数式（8）はすぐさま一連の報酬を反映しはじめる。$R_{11} = 1$ なので $Q_{12} = 0.919$、$R_{12} = 0$ なので $Q_{13} = 0.827$……等々となり、1日の終わりには $Q_{17} = 0.724$ になる。[2] 観測のたびに、推定は $\overline{R}$ の真の値に近づいていく。そのため、Q_t は「追跡変数」と呼ばれることが多い。$\overline{R}$ の値を追跡するからだ。前頁の図8はこのプロセスを図解したものだ。

ロビンズとモンローは、信頼性をもって $\overline{R}$ を推定するのに、1と0の列全体を記録する必要はないということを証明した。新しい推定 Q_{t+1} を更新するために知っておく必要があるのは、現在の推定 Q_t と、次の報酬 R_t だけなのだ。現時点まですべて正しく計算済みなら、過去のことは忘れて、追跡変数だけを覚えておけばいい。

ただし、いくつか注意点がある。ふたりは α をごくごくゆっくりと減らしていく必要があることを証明した。思い出してほしいのだが、ギリシア文字の α は、私たちの忘れるスピードを制御するパラメータだ。最初は確信がないので、α を1に近い値に設定して、直近のいくつかの値に大きな注目を払う必要がある。その後、徐々に α を引き下げ、どんどん0に近づけていく。推定が確実に真の報酬の値へと収束していくのは、このゆっくりとした変化のおかげなのだ。

▼ ドラマ・シリーズにいつ見切りをつけるべきか？

あなたは今、ソファーに寝そべり、自分へのご褒美にテレビの一気見《いっきみ》をしている。あなたが観ているのは、ネットフリックスのあるドラマ・シリーズだ。第1話は最高で（たいがいそうだ）、第2話はまあまあ、第3話はそれよりは少し面白くなってきた。さて、ここで問題。そのシリーズ番組に見切りをつけるまでに、せめて何話までは観るべきだろう？　あなたの脳にとってはどうでもいいことだけれど、あなた自身にとっては大問題だ。休みの夜はどうしたって面白い番組を観たいものだ。

そのためには、報酬の数式を使えばいい。テレビ・シリーズの場合、信頼の減衰率として$\alpha = 0.5$、つまり1/2という値を使うといいだろう。過去を忘れるスピードとしては、かなり速いほうだけれど、テレビで重要なのは、今、楽しいかどうかだ。新しい展開をどんどん提供しつづけることが、よい番組の条件なのだ。

やり方はこうだ。まず、第1話を10点満点で評価する。仮に9点としよう。つまり、$Q_1 = 9$だ。一気見をしているなら、9という数値だけを頭に叩き込んで、次のエピソードを観はじめればよい。さて、第2話が6点だとしよう。すると、$Q_2 = 9/2 + 6/2 = 7.5$となる。たぶん切り上げたほうがわかりやすいと思うので、最新の評価は8点だ。そして、第3話を観る。今回は7点だ。すると、$Q_3 = 8/2 + 7/2 = 7.5$となり、やはり切り上げると8点になる。

同じことを続けよう。この手法の強みは、過去のエピソードのお気に入り具合をすべて覚えておく必要がないという点だ。最新話に関する数値Q_tだけを頭に入れておけばいいのだ。テレビ・シリーズだけでなく、いろんな社会的状況、作家、ヨガ・クラスの楽しさについても、追跡変数

Q_tをつけてみよう。それぞれの趣味についてこの単一の数値を求めるだけで、いろんな活動が与えてくれる全体的な報酬が手に取るようにわかる。仕事終わりの飲み会で退屈な数学者につかまってしまった経験や、ヨガで坐骨《ざこつ》神経を痛めてしまった経験をわざわざ思い出す必要なんてない。

　では、いつ観るのをやめるべきだろう？　この疑問に答えるには、まず個人的なしきい値を定めるのがいい。私の場合は7だ。評価が7まで下がったら、観るのをやめる。それまでの評価が8で、ある回の評価が6だったとすると、その瞬間に$8/2 + 6/2 = 7$となって、問答無用で観るのをやめるわけだから、かなり厳しめなルールだ。でも、私はそれくらいがちょうどいいと思う。よい番組はずっと8点、9点、10点を連発するものだ。そういう高得点を連発していれば、1回くらい6点や5点があっても切り抜けられるだろう。たとえば、私の現在の評価が$Q_t = 10$だったのに、せいぜい5点としか評価できないエピソードを観させられたとしても、$Q_{t+1} = 10/2 + 5/2 = 7.5$、切り上げて8なので、まだ観つづける。ただ、次の回はそうとう面白くないといけない。私はこのルールに基づいて、『SUITS／スーツ』を3シーズン半、『ビッグ・リトル・ライズ』を2シーズン、『ハンドメイズ・テイル／侍女の物語』を1シーズン半、それからそうそう、『YOU―君がすべて―』を2話、観た。

▼ ゲームの効用

ほとんどのコンピュータ・ゲームは、スコアやレベルなどのたったひとつの数値を使って、あなたの成績を追跡する。そのスコアというのは、報酬の数式でいうところのQ_tで、あなたの集めた報酬を追跡する。「マリオカート」で走るルート、「フォートナイト」で追いかけて倒す敵、「2048」で動かす列、「ポケモンGO」で攻撃するジムといったように、次の行動を選ぶたび、あなたの選択の質に応じてスコアが更新されていく。

脳の働きもそれとよく似ている。化学物質のドーパミンは、脳の報酬系と呼ばれることが多い。ドーパミンがドッと出ることを、「報酬」と表現する人もいる。でも、こうした報酬のイメージは正確にニュアンスをとらえきれているとはいえない。20年以上前、ドイツの神経科学者のウォルフラム・シュルツは、ドーパミンに関する実験的証拠を評価した結果、こう結論づけた。「ドーパミン・ニューロンは予想以上の報酬が得られるような出来事によって活性化し、予想どおりの出来事では影響がなく、予想より悪い出来事によって抑制される」[3]。そう、ドーパミンは報酬R_tというよりもむしろ追跡シグナルQ_tなのだ。[4]ドーパミンは脳が報酬を推定するのに使われる。あなたのゲームスコアを与えるわけだ。

ゲームは、仕事の能力を証明したい、みんなで力を合わせたいといった、私たちの基本的な心理的欲求の多くを満たしてくれる。[5]私たちがゲームをプレイしつづけるひとつの理由は、ゲームがそうした仕事の達成度を測定する方法を与えてくれるからかもしれない。なんてったって、実生活は雑然としている。私たちが職場や自宅で下した決断の結果は、時として複雑だし、その報酬を測るのも難しい。ゲームなら、それが単純だ。うまくやれば報酬がもらえるし、ヘマをすればゲーム終了になる。ゲームは不確実性を取り除き、報酬系に「報酬の追跡」といういちばん得意な仕事をさせる。ゲーム中にたったひとつの追跡変数としてプレイヤーに表示される単純なスコアは、人間の生物学的な報酬系の仕組みをそっくり再現しているのだ。

コンピュータ・ゲーム業界はこの報酬の数式を理解している。ある研究では、イギリスの社会人たちに毎日仕事のあと、テトリス風のパズルゲーム「ブロック！ヘキサパズル」をプレイするか、マインドフルネス瞑想アプリ「ヘッドスペース」を利用してもらった。その結果、「ブロック！」のプレイヤーたちのほうが仕事関連のストレスからの回復が早いことがわかった。この研究を実施したバース大学のポスドク、エミリー・コリンズは、のちにこう述べた。「マインドフルネスはリラックスにはいいのかもしれませんが、ビデオゲームは仕事からの心理的距離を提供してくれます。内的報酬や真のコントロール感が手に入るわけです」[6]

▼「ポケモンGO」の場合

ゲームデザイン会社のナイアンティックは、報酬を集めたいという人間の欲求を活かして、私たちに屋外を歩き回らせるゲームを制作している。同社のいちばん有名なゲーム「ポケモンGO」では、実世界に飛び出し、携帯電話を使ってポケモンと呼ばれる小さな生き物を〝集めて〟いく。プレイヤーはポケモンを探すため、そしてポケモンの卵を孵化《ふか》させるために歩く。近所の教会や図書館の外に立ち、携帯電話を必死でタップしている人たちを見かけたなら、それはたぶんポケモンジムを〝解体〟させるために集まったポケモンハンターたちだ。

ここでひとつ、プライベートな話を。妻の話だ。ロヴィーサ・サンプターは大成功した女性だ。ストックホルム大学で数学教育の准教授を務め、いつか高校教師になるであろう学生たちを教えている。大規模な国際会議を主催したり、講演者として講演を行なったりし、修士課程や博士課程の学生たちを指導している。教育方針の骨子となる報告書を記し、教師たちに刺激を与える講演を行なっている。また、資格を持つヨガ講師でもある。妻のすばらしさについて、まるまる1冊の本を書けと言われれば簡単にできるくらいだ。とりわけ、こんな私にずっと愛想をつかさずにいてくれること、私たちの家庭生活を形づくってくれていることには、感謝してもしきれない。

ただし、プライベートな話というのはそこじゃない。ロヴィーサに会った人なら誰でも、彼女がどれだけすばらしい人間かを知っている。それは秘密なんかじゃない。彼女のすばらしさは実証済みの経験的事実なのだ。プライベートな話というのは、彼女が2004年以来ずっと慢性的な痛みを抱えながらそれを成し遂げてきたということだ。2018年、彼女は全身に長期間の痛みを伴う線維筋痛症と診断された。この疾患は主に神経系の異常からなる。彼女の体は痛みのシグナルを脳に送りつづけていて、彼女の痛みの追跡システムは報酬ではなく警告を送る。ほんの小さな痛みや疼《うず》きさえもが増幅され、睡眠、集中、まわりの人々への我慢の妨げになる。治療法は知られていない。それゆえに、「ポケモンＧＯ」は彼女の生活の大きな一部になった。彼女の身体が拒否している報酬を少しでも得られる場所が「ポケモンＧＯ」なのだ。

　このゲームのおかげで、ロヴィーサは痛みがあるときでも別のことに集中できるし、毎日たくさん歩くようにもなる。ゲームを通じて、彼女は一緒に「ジムを解体」したり「レイド」したりする新たな仲間を見つけた。そうしたプレイヤーの多くが、病院の看護師や医師のように、ストレスの溜まる仕事を抱えていた。それから、教師、ＩＴ専門家、学生や若者もいた。ロヴィーサのグループを通じて一緒になったカップルも少なくとも1組いる。それから、ほかの社会的環境であれば仲間はずれになってもおかしくない人たちもおおぜいいる。たとえば、長いあいだ家に引きこもってプレイステーションばかりしていたのに、「ポケモンＧＯ」のおかげでもういちど外に出ることができた無職の若者たちもいた。

　ポケモン・プレイヤーの一人ひとりに、このゲームに助けられた独自の経験談がある。ロヴィーサのグループにいるある引退した祖母は、もともと孫と一緒に何かを楽しめないかとこのゲームを始めたのだが、いつの間にか自分がのめり込んでいった。彼女は同年代の女性たちが参加している聖歌隊にこのゲームをたとえた。

「みんなでレイドに行くでしょう？　一人ひとりに役割《パート》があるの。気が向けば誰かに話しかけてもいいし、黙って立っているだけでもいい。それがいいところなのよ」

　ロヴィーサの別のプレイヤー仲間には、がんを抱えるパートナーがいる。「ポケモンＧＯ」は彼にとって、外に出て別のことを考えられるつかの間の機会だ。ほかにも、長いこと鬱で苦しんでいて、新入りのプレイヤーにゲームの手ほどきをすることに喜びを見出している人たちもいる。ロヴィーサが「ポケモンGO」を通じて親友になったセシリアは、自閉症スペクトラム障害とADHDを抱えていて、その症状のひとつとしてレシートや雑誌などの収集癖がある。「このゲームのおかげで、溜め込み屋にならずに収集や整理ができるの。おまけに、運動もできて一石二鳥！」とセシリアはロヴィーサに言った。セシリアの率直な物言いとユーモアは、ロヴィーサが気持ちを整理するのに役立っている。

このように、「ポケモンGO」はロヴィーサや多くの人々の人生に安定をもたらしている。タイミングこそ予測不能だけれど、報酬が次々と安定して訪れるのがその魅力だ。

「このゲームは治療じゃない。症状とうまくつき合うためのものなの。生存メカニズムのひとつなのよ」とロヴィーサは言う。

ロヴィーサと彼女の仲間たちは、歩き回って報酬を集めることで人生が向上した世界じゅうのポケモン仲間たちのほんの一部にすぎない。ナイアンティックで市民的および社会的影響担当のシニアマネジャーを務めるイェニー・ソルハイム・フラーによると、彼女が会ったあるプレイヤーは、海外兵役から戻ったあと、心的外傷後ストレス障害（PTSD）に苦しんでいた。「ゲームを進めるため、いやがおうでも家から出ざるをえなくなり、その結果、PTSD以外のことに意識を向けることができたんです」とイェニーは話した。「もうひとつの大きな集団が自閉症コミュニティです。ゲームのリリース後、周囲の物音やゴタゴタに対して信じられないくらい敏感で、外に出ることができない子どもを持つ親たちとたくさん会うようになりました。そんな子どもたちも、今ではアートスクールの前に立ってレイドを行なったり、いろんな人に話しかけたりするようになったそうです」

イェニーのもとには、つらい時期を乗り越えさせてくれた「ポケモンGO」への感謝を述べる、がん患者からのメッセージが続々と届いている。彼女はまた、「ポケモンGO」をプレイしはじめた15年来の糖尿病患者の息子から届いた1通の手紙を読み上げてくれた。

「ついこの前、父がレベル40まで到達したんです。最高レベルですよ。そうしたら、年配のプレイヤーに対して親身になって接するようになったんです。おかげさまで、もうインスリン注射の必要がないくらい、糖尿病は健康にとっての脅威ではなくなりました」

これはイェニーらが涙した数々の物語の一例にすぎない。そして、彼女が手紙を読み上げると、私も涙がこみ上げてきた。妻のロヴィーサも、2018年夏にレベル40まで到達したひとりだ。世の人々から見れば、びっくりするような偉業ではないかもしれないけれど、私にとっては、彼女が報酬を活かして痛みとうまく向き合ったことの証なのだ。

信号検出理論の展開

ハーバート・ロビンズとサットン・モンローの研究結果は、1950年代と1960年代に開花した信号検出に用いられる数学分野の出発点となった。ふたりは、追跡変数Q_tを使えば、環境の変化を評価できること、善悪両方の報酬を監視できることを証明した。1960年、ルドルフ・E・カルマンは、信頼性をもって報酬に含まれるノイズを取り除き、真のシグナルをあぶり出す方法を示した画期的な論文を発表した。[7]彼の手法は物体の速度や位置、ローターの抵抗を推定するのに使われた。[8]これは自動センサーの開発に向けた重要な一歩となった。

すると、この信号検出理論は数学的制御理論という新しい分野と組み合わされた。イルムガルト・フリュッゲ＝ロッツは、温度や気流の変化に対してオンとオフの応答を行なう自動的な方法を提供する、バンバン自動制御の理論をすでに構築していた。[9]彼女の研究と、ほかの制御理論家たちの研究のおかげで、エンジニアたちは環境の変化を監視して応答を行なう自動システムを設計できるようになった。その最初の応用先は、私たちの冷蔵庫や自宅の温度を調節する自動温度調節器《サーモスタット》だ。同じ数式は航空機のクルーズコントロールの基礎となり、宇宙の深奥《しんおう》をのぞき込む強力な望遠鏡内部の鏡の調整にも使われた。アポロ11号の月着陸船が月面に接近した際、初期段階の制動を実行したスラスターを制御したのもこの種の数学だった。今日では、テスラやBMWの生産ラインで稼働しているロボットの内部でも使われている。

制御理論は安定解の世界をつくり出した。エンジニアたちは数式を書き出し、その法則に従うよう世界に求めた。多くの応用に関してはそれで問題なかった。だが、世界は安定などしていない。変動もあるし、ランダムな偶然の事象もある。

1960年代が既成の秩序に逆らう新たな対抗文化《カウンターカルチャー》とともに終わりを告げようとしているころ、TENにもまた革命が起きた。安定した線形的なエンジニアリングから、不安定で混沌とした非線形的なエンジニアリングへと注目が移ったのだ。1990年代終盤、若き博士課程の学生だった私は、その種の数学に影響を受け、カオスのバタフライ効果、砂山崩しモデル、臨界森林火災、サドルノード分岐、自己組織化、べき乗則、ティッピング・ポイントといった聞き慣れない名前の数学理論をひととおり学びはじめた。新しいモデルの一つひとつが、身のまわりの複雑な物事の説明に役立った。

特に、安定性は必ずしも望ましいものではない、というのは重要な発見だった。新しい数学的モデルの数々は、生態系や社会のシステムが変化していく様《さま》を見事に表現していた。必ずしも元の安定状態に戻るわけではなく、状態どうしを刻々と転換していくこともあった。こうしたモデルを使えば、アリが食べ物までの道を形成したり、ニューロンが同時に発火したり、魚が群れで泳いだり、生態学的な種どうしが相互作用したりする様子を記述することができた。さらには、脳内プロセスと集団交渉の両面から、人間の意思決定のしかたを記述することだってできた。こうした知見を武器に、TENのメンバーは生物学、化学、生理学といった部門でも、重要な地位を占めるようになる。

私が生物学者の仲間たちとともに収集したデータに応用したのは、まさしくそういう数学だった。

活用と探索のジレンマ

私が携帯電話で開いたり更新したりするアプリは、ツイッターだけでなくたくさんある。同じく、アリやハチにとっても食糧源はひとつだけでなく、行く当てはたくさんある。そう、スロットマシンのレバーが何本もあって、ぜんぶを引いている時間的余裕がないわけだ。いちばんの悩みどころは、どのレバーを引くかだ。1本のレバーだけを引きつづければ、そのスロットマシンから得られる報酬がだいたいわかる。でも、そのレバーしか引かなければ、ほかのスロットマシンからどんな報酬が得られるのか、永遠にわからずじまいだ。これは「活用と探索のジレンマ」として知られる。果たして、既存の知識の「活用」と新しい選択肢の「探索」、そのふたつにどれくらいずつの時間を割《さ》けばいいのか？

アリはフェロモンを使ってこの問題を解決する。フェロモンの量は、ある食糧源に対するアリの質の推定Q_tを表わすことを思い出してほしい。たとえば、ふたつの食糧源があって、そのそれぞれに別々のフェロモンの道があるとしよう。どちらの道を行くかを決めるため、各アリは2本の道の上のフェロモンの量を比べる。フェロモンが多ければ多いほど、アリがその道を通る確率は高くなる。

その後のアリの選択は強化のプロセスを生み出す。つまり、特定の道を通って報酬にありつくアリが多ければ多いほど、同じ巣の仲間もその道を通る可能性が高くなるのだ。それまでのアリの通行量が多い道はどんどん強化され、ほかの道は忘れ去られる。この観測結果は数式（8）として定式化できるけれど、アリの選択内容を含む要素が加わる。[10] 一例はこうだ。

$$Q_{t+1} = (1-\alpha)Q_t + \alpha\left(\frac{(Q_t+\beta)^2}{(Q_t+\beta)^2+(Q'_t+\beta)^2}\right)R_t$$

新しい項は、アリが2種類の道をどう選ぶかを示している。Q_tは一方の食糧源へとつながる道しるべフェロモン、Q'_tはもう一方の食糧源へとつながる道しるべフェロモンと考えればよい。これで、各食糧源に対してひとつずつ（あるいは、ソーシャルメディアの利用をモデル化しているなら、私の携帯電話上のアプリに対してひとつずつ）、合計ふたつの追跡変数（Q_tおよびQ'_t）ができあがる。[11]

たくさんのパラメータを持つ複雑な数式を初めて見たときは、まずそれよりも少し単純なバージョンについて考えるのがコツだ。たとえば、先ほどの新しい項の2乗がないバージョンを見てみよう。

$$\frac{Q_t+\beta}{Q_t+\beta+Q'_t+\beta}$$

$\beta=0$とすると、これはふたつの追跡変数の比率にすぎない。アリが特定の報酬を活用する確率は、その報酬の追跡変数に比例する。次に、$\beta = 100$とするとどうなるかを考えてみよう。Q_iは常に0から1までの値を取るので、100と比べるとものすごく小さい。したがって、先ほどの比率は$100/(100 + 100) = 1/2$とほとんど等しくなる。つまり、アリが特定の報酬を活用する確率は五分五分とランダムになる。

探索と活用のバランスを取るという問題は、言い換えればアリの道の強化の最適な水準を求める問題にほかならない。これはβの正確な値を求める問題と等しい。強化が強すぎる（βの値が小さすぎる）と、アリはいちばん強力な道しるべに従うということになるので、毎回フェロモンの量が最大である道を通ることになる。たちまち、別の食糧源を探るアリはいなくなり、別の食糧源に改善があったとしても、そのことを知る手立てはなくなってしまう。その結果、アリたちは、当初最適だと思われていた食糧源の質にのちのち変化があったとしても、その食糧源に閉じ込められてしまう。逆に、強化が弱すぎる（βの値が大きすぎる）と、正反対の問題が生じる。アリたちはランダムに道をさまようはめになり、どの道が最適かという知識の恩恵を受けられなくなってしまうのだ。

ティッピング・ポイント

探索と活用の問題には、意外な答えがある。実は、最適強化のジレンマを解消するという問題は、まったく異なる文脈で持ち出されることが多い別の概念と関連している。それは「ティッピング・ポイント（転換点）」という概念だ。

説明しよう。ティッピング・ポイントとは、臨界量が存在し、システムがある状態から別の状態へと傾いたときに生じる。たとえば、インフルエンサーが特定のブランドをプッシュしたおかげであるファッションに火がついたり、少数の扇動者たちが抗議者たちを挑発したせいで暴動が始まったりするケースがそうだ。[12] どちらの例でも、そしてほかの数ある例でも、人々の信念どうしが強化されることによって急激な状態の変化が起こる。似たような強化は、アリにも見られる。フェロモンの道の形成は、ティッピング・ポイントに達したときに起こると考えていい。何匹かのアリが食べ物にありつくために同じルートを通ると決めると、道が形成されはじめるわけだ。

そして、ここに驚くべき結論が存在する。アリにとって、探索と活用のバランスを取る最善の方法とは、ティッピング・ポイントのなるべく近くにとどまることなのだ。ティッピング・ポイントから大きく逸脱しすぎると、あまりにも多くのアリがたったひとつの食糧源にこだわるはめになる。その結果、その食糧だけに〝閉じ込め〟られ、もっとよい食糧源が現われたとしても切り替えられなくなってしまう。一方、ただひとつの食糧源にこだわるアリが、ティッピング・ポイントに達するほど多く存在しなければ、最適な食糧源だけに固執することはない。つまり、アリは探索と活用とのあいだにあるスイートスポット、つまりティッピング・ポイントを探す必要があるのだ。

その点、アリはティッピング・ポイントにとどまるべく進化を遂げてきた。アリがこのバランスを見事に取っているということを示す私のお気に入りの例のひとつは、生物学者のオドレ・デュシュトゥールが発見したもので、その異様に大きな頭からオオズアリと呼ばれている種の例だ。このアリはオオズアリというだけあって非常に頭《ず》が高い。熱帯世界と亜熱帯世界の大部分に住み着き、ほかの在来種を駆逐《くちく》していっている。オドレは、そんなオオズアリが2種類のフェロモンを分泌することを発見した。ひとつはゆっくりと蒸発して弱い強化を生み出すフェロモン、もうひとつはすぐに蒸発して非常に強い強化を生み出すフェロモンだ。[13]

数学者のスタム・ニコリスと私は、弱いけれど持続性の高いフェロモンと、強いけれど短命なフェロモン、その2種類の報酬の数式を持つモデルを構築した。その結果、この2種類のフェロモンの組み合わせのおかげで、アリたちはティッピング・ポイント付近にとどまりつづけられることがわかった。私たちのモデルに登場するアリたちは、2種類の食糧源を追跡しつづけ、食糧の質が変化したときにいつでも食糧源を切り替えることができた。そして実際に、オドレは私たちの予測を実験で裏づけた。彼女が食糧源の質を変化させると、オオズアリは最適な質の食糧源へと採餌《さいじ》行動を切り替えることができたのだ。

ティッピング・ポイントの付近で生きているのはアリだけではない。多くの動物にとって、人生とはスロットマシンのレバーを延々と引きつづけるカジノみたいなものだ。あの茂みのなかに捕食動物が隠れているか？　昨日と同じ場所に食べ物があるだろうか？　今夜のねぐらはどこにしよう？　こうした環境で生き残れるよう、進化は動物たちをティッピング・ポイントへと追いやった。事実、私は動物の行動を研究しつづけて15年、この現象を何度となく目《ま》の当たりにしてきた。すぐに進行方向を変えられるよう密集して大行進するバッタ。サメが襲来するとすぐさま広がる魚の群れ。タカから逃げるためにいっせいに向きを変えるムクドリの群れ。一緒に動くことによって、集団で捕食者を惑わせるわけだ。

このように、動物はティッピング・ポイント付近にとどまるよう進化を遂げてきた。常に集団的な警戒状態にあり、解決策を切り替えながら、変化にすばやく対応していく。動物たちにとって、それは生存の知恵なのだ。

では、人間は？　人間もティッピング・ポイントにとどまっているのか？　だとすれば、その行動は正しいのか？

▼ポケットにスロットマシンを突っ込まれている現代人

２０１６年、トリスタン・ハリスはソーシャルメディアに食ってかかった。それまでの3年間、彼はグーグルで倫理的デザインに携わっていたが、とうとう我慢しきれなくなったようだ。彼はグーグルを去り、オンライン・パブリッシング・プラットフォーム「ミディアム」で自身のマニフェストを投稿した。「テクノロジーがあなたの頭脳をハイジャックしている」と題し、12分間で読了できる記事でその手口について詳しく説明した。[14]

そんなハリスがソーシャルメディアの比喩として選んだのが、読者のみなさんにはもうおなじみのスロットマシンだ。彼は大手テクノロジー企業が数十億人のポケットにスロットマシンを突っ込んでいると説明した。通知、ツイート、メール、インスタグラムのフィード、ティンダーのスワイプ――そのすべてが私たちに〝レバーを引いて〟当せんを確認するよう訴えかけてくる。絶え間ない通知で私たちの1日を邪魔し、レバーを引かないと大切なものを見逃すかもしれない、という恐怖へと私たちをいざなう。そして、友達からの社会的な承認をエサに私たちの注目を惹きつけ、「いいね！」や共有でお返しをしようと囁きかけてくる。その背景には、ユーザーに広告を観させたり、スポンサード・リンクをクリックさせたりしようというテクノロジー企業側の思惑がある。実際、グーグル、アップル、フェイスブックは、巨大なオンライン・カジノをつくり、利益をかき集めていた。私たちのポケットのなかにあるスロットマシンにこれほど中毒性があるのは、私たちを絶えず探索と活用の狭間《はざま》に追いやるからだ。それに、ソーシャルメディアは並みのスロットマシンじゃない。状況を確かめるために引かなければならないレバーが、何千本とあるのだ。

　科学者たちはかなり前から、何本ものレバーの存在が動物の脳に与える難題についてよく知っている。1978年、ジョン・クレブスとアレックス・カセルニックは、オックスフォードシャーでシジュウカラの実験を行なった。[15] ふたりはシジュウカラに2種類の止まり木を与えた。シジュウカラがいずれかの止まり木に止まると、ときどき食べ物が落ちてくるようになっていて、その確率は一方の止まり木のほうがもう一方よりも高くなっていた。ふたりの実験の結果、一方の止まり木のほうがもう一方よりずっと食べ物が手に入りやすい場合、シジュウカラはたちまちその止まり木に狙いをつけることがわかった。ところが、ふたつの止まり木が似たり寄ったりだと、ひとつに決めるのが難しくなる。シジュウカラはどちらのほうがいいのか迷いながら、ふたつの止まり木のあいだを行ったり来たりした。私の用語を使うなら、そのシジュウカラはティッピング・ポイント付近へとやってきたのだ。

数学者のピーター・テイラーは、報酬の数式がこの結果と完全に一致することを証明した。ふたつの報酬のあいだで決めかねると、より深い探索が必要になってくる。人間もシジュウカラと同じだけれど、選択肢はずっと多い。アプリを次から次へと開くのがその証拠だ。でも、問題はそうした報酬が手に入るかどうかではなく、探索や活用に対する人間の脳の欲求のほうにある。人間はそうした潜在的な報酬の一つひとつが見つかる場所を確実に知りたいと思っている。そう、ティッピング・ポイントへと追いやられるわけだ。

たったひとつの報酬の源を活用するのと、多数の報酬の源を活用するのとでは、大きな違いがある。本を読んだり、「マリオカート」や「ポケモンGO」をプレイしたり、『ゲーム・オブ・スローンズ』を一気見したり、友達とテニスをしたり、ジムに行ったりするときは、たったひとつの報酬の源に着目している。アイテムを集めるチャリンという音や、コースを1周するたびに流れる派手な音楽を楽しんでいる。

このときの報酬の数式は安定状態へと収束する。これはロビンズとモンローが安定した収束を証明した1950年代の報酬の数式だ。あなたはその活動から何を期待できるのかを学んでいき、ゆっくりとはいえ着実に、その期待と報酬が一致していく。あなたに喜びをもたらしてくれるのは、この安心確実な安定性だ。

一方、ソーシャルメディアを使っているときは、いろいろな報酬の源を探索しては活用している。いやむしろ、あなたは報酬を集めているのではなくて、不確実な環境を監視していると言うほうが正しい。先ほど話したとおり、ドーパミン自体は報酬ではないので、喜びを得ているわけではない。むしろ、生存モードに突入し、なるべく多くの情報を集めようとしているのだ。問題は報酬が無限に存在することではない。人生を厄介なものにするのは、いくつもの潜在的な報酬の源をすべて監視しつづけなければならないことだ。そう、あなた自身の脳をティッピング・ポイント、つまり混沌の間際、相転移《そうてんい》へと追いやっていることになるのだ。ストレスが溜まるのも不思議ではない。

そして、ティッピング・ポイントに位置するのは脳だけではない。社会全体もそうだ。私たちはあらゆる情報源を追跡しようと大忙しで動き回るアリみたいなものだ。しかも、その情報源自体が絶えず動き回り、質を変え、時にはまるまる消滅してしまったりする。だとすれば、この問題にどう立ち向かえばいいだろう?

ふたつの教訓

トリスタン・ハリスが共同創設した組織「センター・フォー・ヒューメイン・テクノロジー」は、あなた自身の頭脳をみずからコントロールし、ティッピング・ポイントから遠ざける方法について、こんなアドバイスをしている。絶え間ない邪魔に煩《わずら》わされずにすむよう、携帯電話の通知をすべてオフにする。それから、目を奪われなくてすむよう、画面の設定を変更してアイコンの色を地味にするのだ。

ハリスのアドバイスにはおおかた賛成だ。だって、常識的だから。だが、それよりも意外で、もしかするとずっと役立つ教訓もある。それは、アリが報酬の数式をどう利用しているかを見ればわかる。

第一に、あなたの頭脳や社会全体をティッピング・ポイントへと追いやることの恐るべきパワーを自覚すること。生態学的にもっとも成功しているアリの種が、フェロモンをいちばん効率的に操る種だというのは、決して偶然ではない。同じことは、人間がティッピング・ポイントに移行することに対しても当てはまる。個人としてはストレスが溜まるけれど、ティッピング・ポイントの縁《ふち》にある社会というのは、新しいアイデアをすばやく生み出して拡散することができる。#MeToo（ミートゥー）運動や #BlackLivesMatter（黒人の命は大切）運動から生まれたいろいろな考えについて、思いを巡らせてみてほしい。こうした運動は人々の問題意識を高め、変化を生み出す可能性を秘めている。または、別の政治的信念をお持ちなら、トランプの大統領選挙や#MakeAmericaGreatAgain（アメリカ合衆国を再び偉大な国に）運動でもいい。こうした考えの広まりや反響について、双方の立場から考えてみてほしい。

昨今では、政治的な討論に参加する機会がことに多くなった。政治的主張に関していえば、若者はオンラインと実生活の両方において、いつになく積極的になっている。[16] そう、私たちは集団で夕空を飛び回る鳥の群れだ。天敵が近づいてくるとぐるぐると円を描く魚の群れだ。新しい巣へと飛んでいくハチの群れだ。食べ物を求めて林床《りんしょう》を集団で歩き回るアリの群れだ。そして、ニュースを探し回る人間の集団だ。

だから、あなたもそのティッピング・ポイントへと身を委ね、その場所にいる自由を楽しむのがいい。ニュース記事を次々とクリックし、情報を集め、新しい考えを取り入れ、あなた自身の興味に従えばいい。私自身も、本書の執筆中、グーグル・スカラーで科学論文を読みあさり、誰が誰を引用しているかを確かめ、重要な科学的疑問はどれなのかを見極めることに、膨大な時間を〝浪費〟した。だから、あなたもオンラインで誰かとチャットすればいい。必要なら議論もすればいい。『キレット』向けの論文を書いている愚かな老教授にメールを送ればいい。情報の流れに身を任せればいい。そうして、1時間ばかりティッピング・ポイントの上で過ごしたら、私がアリの観察から得た第二の教訓に従ってみてほしい。

もしかすると、アリは超活発なスロットマシン中毒者である、という印象をみなさんに与えてしまったかもしれない。確かに、働いているあいだのアリはそうだし、一部のアリはすごく働き者だ。でも、多くのアリがすごく怠け者であることも事実だ。ある時間を切り取ってみると、アリの過半数はまったく何もしていない。[17] 食べ物の評価や収集に奔走しているアリは少数派で、巣の仲間の大半はただ休んでいるのだ。こうした行動の一部は、シフト制の労働と関連している。すべてのアリが同時に活動しているわけではないのだ。しかし、ほとんど外出や掃除をしないアリも多数いる。どうしてアリがこういう無気力な行動を取るよう進化したのかは、知る由もないけれど、活発に活動する少数派を称賛するなら、のんびりとした人生を送る多数派も称賛してしかるべきだろう。

というわけで、ティッピング・ポイントでしばらく過ごしたら、怠け者のアリと同じような生活を送ってみよう。携帯電話の電源を切り、『ゲーム・オブ・スローンズ』を自動再生にし、『フレンズ』を第1話から最終話まで見直して、1週間や1カ月をまるまるポケモン集めに費やそう。もちろん、散歩に出かける、ベランダでボーッとする、釣りに行くといった、より〝高尚〟な活動だっていい。ただ、いちばんの目的はリラックスすることだ――携帯電話なしで。世の中のニュースなんて気にせず、延々と届くCCメールなんて無視してしまおう。心配いらない。誰かが代わってくれるから。毎回あなたが出ていく必要なんてないのだ。

報酬の数式は、過去にしがみつかず、今この時に集中するよう教えてくれる。たったひとつの数値を使って、あなたの現在地を頭のなかで追跡しつづけよう。物事がうまくいったらその数値を更新し、うまくいかなかったら推定をほんの少し引き下げる。あなたの行動にかかわらず（散発的にとはいえ）一定の見返りを与えてくれる安定的な報酬と、時間がたつごとに性質が変わっていく不安定な報酬、そのふたつの違いを見分けられるようになろう。安定的な報酬は、友情、恋愛関係、本、映画、テレビ、長い散歩、釣り、「2048」や「ポケモンGO」のなかに見つかる。一方、不安定な報酬は、ソーシャルメディア、ティンダーでの恋人探し、大半の仕事、そして（認めるかどうかはともかくとして）多くの家庭生活のなかに見つかる。不安定な状況では、探索と活用を恐れちゃいけない。ただし、こうした報酬から最大限の喜びが得られるのは、ティッピング・ポイントにいるときだという点を覚えておこう。だから、不安定な報酬のせいであなたが望まない場所へと追いやられそうになったら、もういちど安定的な報酬が手に入る場所へと引き返す方法を探すのをお忘れなく。

第９章

学習の数式

ネットのアルゴリズムを改善する

$$-\frac{d(y-y_\theta)^2}{d\theta}$$

AIは10の数式と五十歩百歩

未来のテクノロジーは人工知能（AI）に支配される、という話を聞いたことがあるだろう。すでに、コンピュータは囲碁で人間のプロ棋士に勝つほどの力をつけたし、自動運転車はテストが行なわれている真っ最中だ。私の本書での役目は何個かの数式について説明することだけれど、何か大切なことを忘れてはいないだろうか？　グーグルやフェイスブックが用いているAIの背後に潜んでいる秘密は？　どうすればコンピュータに人間と同じような考え方をさせられるだろう？　そういう話もしておくべきではないだろうか？

ひとつ、秘密を教えよう。『her/世界でひとつの彼女』や『エクス・マキナ』などの映画の筋書き、スティーヴン・ホーキングの懸念、イーロン・マスクのおおげさな発言とは相容《あいい》れない秘密を。私がこれから言うことを聞いたら、トニー・スターク、つまりマーベル・コミックに登場する架空のスーパーヒーロー「アイアンマン」はきっとムッとすると思う。現在のAIは、エンジニアたちが独創的な方法でつくり上げた「10個の数式」と五十歩百歩なのだ。しかし、AIの仕組みを説明する前に、ちょっとした宣伝を。

ユーチューブの課題

世間で「江南《カンナム》スタイル」が流行ったころ、ユーチューブはひとつの問題を抱えていた。時は2012年、何億人というユーザーが動画をクリックし、ユーチューブのサイトを訪れてはいたが、そのまま滞在する人々が少なかった。「チャーリーが僕の指を噛んだ（Charlie Bit My Finger）」「二重の虹（Double Rainbow）」「キツネはなんて鳴く？（What Does the Fox Say?）」「アイス・バケツ・チャレンジ（Ice Bucket Challenge）」といった目新しい動画は、私たちの注目を30秒間つかむのがいいところで、ユーザーはすぐにまたテレビやほかの活動へと戻ってしまう始末だった。広告収入を得るためには、ユーチューブはユーザーに滞在してもらう場所へと生まれ変わる必要があった。

その問題の大きな一部だったのが、ユーチューブのアルゴリズムである。ユーチューブは第7章で紹介した広告の数式に基づくシステムを用いて、動画を推奨していた。ユーザーが視聴して「いいね！」した動画に関する相関行列がつくられたのだ。ところが、この手法は若者が最新の動画を観たがるという事実を加味していないばかりか、ユーザーがある動画にどれくらい熱中したかも考慮していなかった。単純に、ほかの人々が観た動画を教えるだけだったのだ。おかげで、ノルウェー軍が「ハーレムシェイク」（マスク姿や奇抜な格好をした人々が一心不乱に踊る動画で、2013年に世界じゅうの人々が投稿して大流行した）を踊る動画などがオススメの動画リストに何度も表示されつづけ、ユーザーたちの足は遠のくばかりだった。

そこで、ユーチューブはグーグルのエンジニアに助けを求めた。「ヘイ・グーグル、子どもたちにお気に入りの動画を見つけてもらうにはどうしたらいい？」と言ったとか言わないとか。するど、その役目を任された3人のエンジニア、ポール・コヴィントン、ジェイ・アダムズ、エムレ・サルギンはすぐさま、ユーチューブが最適化すべき最重要基準は視聴時間だということに気づいた。もしユーザーになるべく多くの動画をなるべく長い時間、観てもらうことができたら、一定の間隔で広告を挿入し、広告収入を増やせる。となると、目新しいだけの短時間の動画よりも、チャンネルを立ち上げ、新鮮な長時間のコンテンツを継続的に配信しているユーチューバーのほうが重要になってくる。最大の問題は、1秒間にとてつもない時間数の動画がアップロードされているプラットフォーム上で、そういうコンテンツをどうやって見分けるかだ。[1]

「学習の数式」とは？

エンジニアたちの答えは、「ファネル（じょうご）」という形で訪れた。ファネルとは、数億件にもおよぶ動画クリップを十数件のオススメ動画へと凝縮し、ユーチューブのサイドバーに表示するための手法であり、一人ひとりのユーザーに、そのユーザーが観たがる可能性がいちばん高い動画を探す独自のファネルが与えられた。

このファネルというのは、私たちの視聴の好みについて学習する相互接続された一連のニューロン、一言でいえばニューラル・ネットワークだ。ニューラル・ネットワークは、左側の列に入力ニューロン、右側の列に出力ニューロンがずらっと並んだものとイメージするのがいちばんわかりやすい。両者のあいだには、隠れニューロンと呼ばれる何層ものニューロンが接続されていて（347頁の図9を参照）、ひとつのニューラル・ネットワークに何万、何十万というニューロンが存在することだってある。こうしたニューラル・ネットワークは物理的な意味では実在せず、生物の神経細胞《ニューロン》どうしの相互作用を模《も》したコンピュータ・コードにすぎない。それでも、人間の脳にたとえるのは役に立つ。ニューラル・ネットワークが私たちの嗜好について学習できるのは、ニューロンどうしのつながりの強さのおかげだからだ。

各ニューロンは、入力データを与えられた場合にネットワーク全体がどう反応するかという側面をコード化している。ファネルの場合、ニューロンはユーチューブのコンテンツやチャンネルのさまざまな項目どうしの関係をとらえている。たとえば、保守系評論家のベン・シャピーロの動画を観る人々は、第3章で紹介したジョーダン・ピーターソンの動画もよく観る。なぜそんなことがわかるのかというと、第3章の執筆のため、信頼の数式に関する下調べを終えたとたん、ユーチューブが私にしつこくシャピーロの動画を勧めてくるようになったからだ。きっと、ファネル内部のどこかに、このふたりの「インテレクチュアル・ダークウェブ」界の英雄どうしのつながりを表わすニューロンがあるのだろう。「デイヴィッドはピーターソンの動画に興味あり」という入力データを受け取ると、そのニューロンは「デイヴィッドはたぶんシャピーロの動画にも興味あり」と出力するわけだ。

ニューラル・ネットワーク内の接続の形成方法を調べれば、人工ニューロンの〝学習〟のしかたが理解できる。ニューロンは、パラメータと呼ばれる、関係の強さを測定する調整可能な値によって関係をコード化する。たとえば、ユーザーがベン・シャピーロの動画を視聴すると思われる時間を算定するニューロンについて考えてみよう。このニューロン内部には、シャピーロの動画の視聴時間を、その人がジョーダン・ピーターソンの動画を観た回数と関連づけるパラメータθが存在する。仮に、あるユーザーがシャピーロの動画の視聴に費やす分数y_θが、その人のピーターソンの動画の視聴回数×θに等しいと予測したとする。つまり、$\theta=0.2$なら、ピーターソンの動画を10回観た人は、シャピーロの動画を$y_\theta=0.2\cdot10=2$分だけ観ると予測されるし、$\theta=2$なら、$y_\theta=2\cdot10=20$分も観ると予測される（ほかのθの値でも同様）。学習プロセスでは、このパラメータθの値を調整し、視聴時間の予測を改善していくことになる。

たとえば、このニューロンの初期設定が$\theta=0.2$だとしよう。そこで、ピーターソンの動画を10回観た私が、結局、シャピーロの動画を$y=5$分観たとする。予測（y_θ）と現実（y）の差の平方を取ると、こうなる。

$$(y-y_\theta)^2=(5-2)^2=3^2=9$$

差の平方を取るという考え方は、第3章で標準偏差を測定するときに経験済みだ。$(y-y_\theta)^2$を計算することで、このニューラル・ネットワークの予測がどれだけ正確（または不正確）なのかがつかめる。予測と現実の食い違いは9とかなり大きいので、予測はあまり正確とはいえない。

この人工ニューロンが学習するためには、私が2分しかシャピーロの動画を観ないという予測のどこがおかしかったのかを知る必要がある。パラメータθは、ピーターソンの動画の視聴回数と典型的なユーザーがシャピーロの動画を観る時間との関係の強さを制御するものなので、θを増加させれば予想視聴時間y_θのほうもまた増加する。したがって、たとえばθを$d\theta = 0.1$だけ増加させると、$y_{\theta+d\theta} = (\theta + d\theta) \cdot 10 = (0.2 + 0.1) \cdot 10 = 3$分となる。次のとおり、この予測はさっきよりは現実に近づく。

$$(y - y_{\theta+d\theta})^2 = (5 - 3)^2 = 2^2 = 4$$

学習の数式、つまり数式（9）が活用するのはこの改善だ。

$$-\frac{d(y - y_\theta)^2}{d\theta} \quad \cdots\cdots (9)$$

この式は、「θを$d\theta$だけわずかに変化させたとき、$(y - y_\theta)^2$の値がどう増減するかを見よ」と言っている。先ほどの例でいうと値はこうなる。

$$-\frac{d(y-y_\theta)^2}{d\theta} = -\frac{(y-y_{\theta+d\theta})^2-(y-y_\theta)^2}{d\theta} = -\frac{4-9}{0.1}=50$$

この50という正の値は、θを増加させれば予測と現実との距離が減ること、つまり予測の質が改善されることを意味している。

数式（9）で計算される数学的な量は、θに関する「導関数」または「勾配」と呼ばれ、θを変化させることによって正確な予測に近づくのか、または遠ざかるのかを測定している。一定の勾配に基づいて少しずつθを更新していくプロセスは、「勾配上昇法」と呼ばれることが多い。坂をのぼりながら山を登っていくイメージだ。その勾配に従うことで、人工ニューロンの精度を少しずつ改善していくことができるわけだ（図9を参照）。

ファネルは、いちどにひとつのニューロンだけでなく、すべてのニューロンに対して作用する。最初は、すべてのパラメータがランダムな値に設定され、このニューラル・ネットワークは人々の動画の視聴時間をめちゃくちゃに予測する。そこで、エンジニアがファネルの端っこにある入力ニューロンに、ユーチューブ・ユーザーの視聴パターンを供給しはじめる。すると、少数の出力ニューロン（図9のファネルの右端のすぼんだ部分にあるニューロン）が、ネットワークによる動画視聴時間の予測精度を測定する。当初、予測誤差はとんでもなく大きい。すると、「誤差逆伝播法《バックプロパゲーション》」と呼ばれるプロセスを通じて、ネットワークの先端部分で測定した予測誤差が

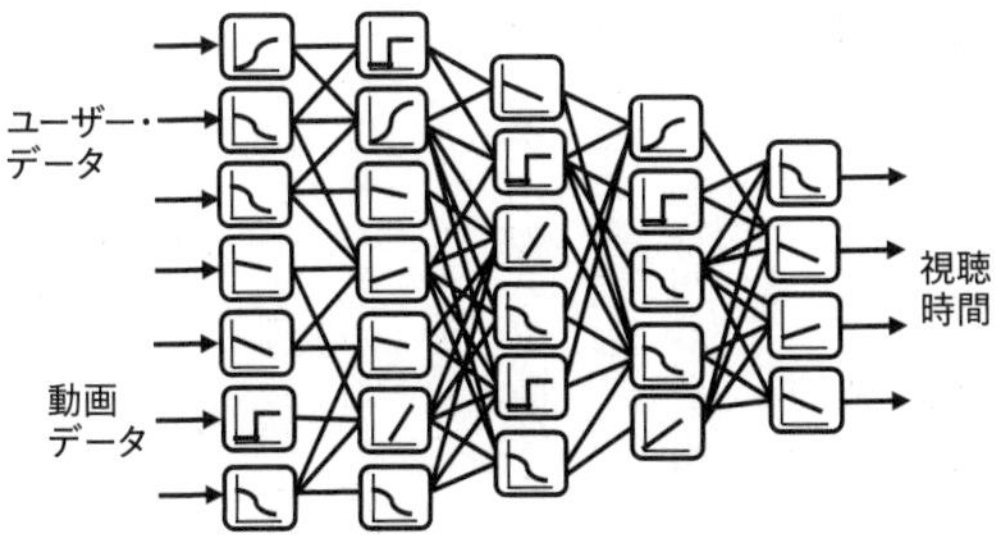

ニューラル・ネットワーク「ファネル」の一部分。各ニューロンが入力を受け取って予測を出力する関数の働きをする。

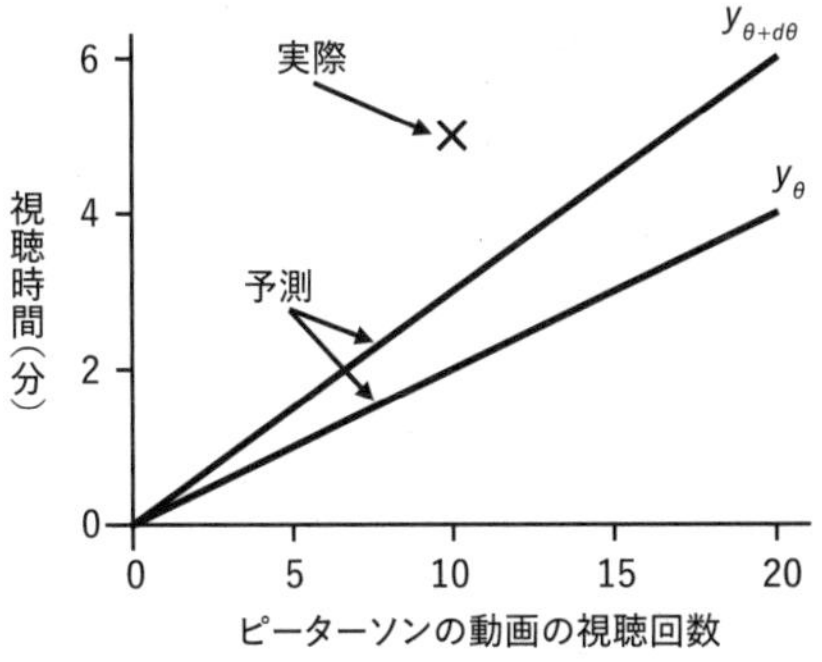

各ニューロンの内部で、予測がより正確になるよう関数が調整されていく。この場合、θを$d\theta$だけ増加させると、予測される視聴時間が実際の視聴時間に近づく。

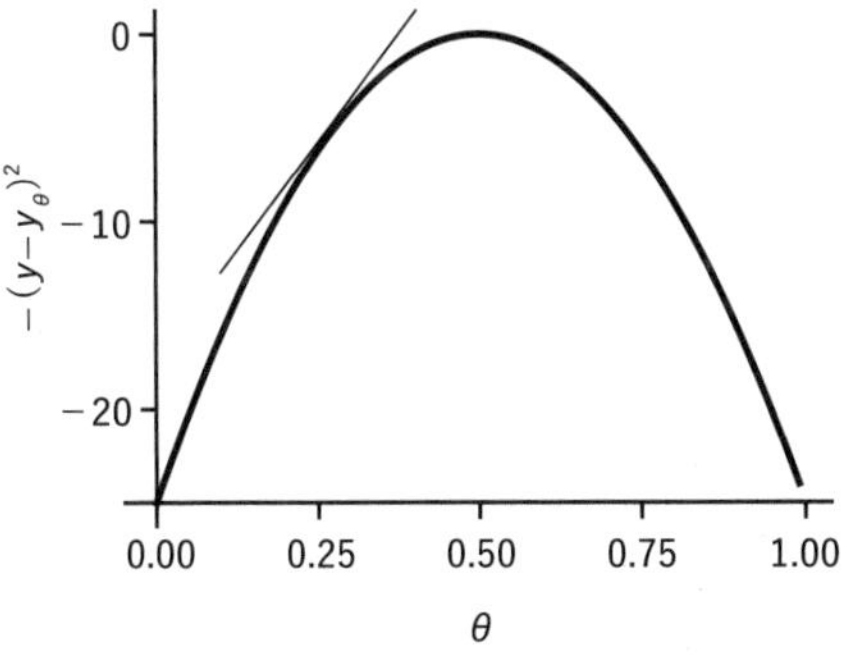

予測値と観測値との距離をこれ以上改善できない地点まで、勾配を登ることにより、このニューロンはデータ内に潜む関係を〝学習〟していく。

図9:ニューラル・ネットワークの学習の仕組み

ファネルの各層を伝って後方へと送られていく。各ニューロンは勾配を測定し、それぞれのパラメータを改善する。こうして、ゆっくりとはいえ着実に、ニューロンは勾配を上昇し、予測が少しずつ改善していく。より多くのユーチューブ・ユーザーのデータをネットワークに供給すればするほど、予測の精度は高まっていく。

先ほどの私の例に登場したシャピーロ&ピーターソン・ニューロンは、最初からネットワーク内でコード化されているわけではない。実際、ニューラル・ネットワークのすごいところは、データ内のどの関係を見るべきかを人間側が教えてやらなくても、ネットワークが勾配上昇法のプロセスを通じておのずとその関係を見つけ出すという点だ。シャピーロとピーターソンとの関係は視聴時間を予測するものなので、やがてひとつ（または少数）のニューロンがその関係を活用しはじめる。ほかの「インテレクチュアル・ダークウェブ」系の有名人や極右イデオロギーと関連する別のニューロンと密接に相互作用しながら、ジョーダン・ピーターソンの動画を観る可能性の高い人の統計的に正確な描写をつくり上げるわけだ。

▼ユーチューブはAIが番組表を決めるテレビ

数式（9）は、「機械学習」と呼ばれる一連の手法の基礎となっている。勾配上昇法を使ってパラメータを少しずつ改善していくプロセスは、一種の〝学習〟プロセスとみなせる。ニューラル・ネットワーク（「機械」）がより正確な予測を出せるよう少しずつ「学習」していくわけだから。（ユーチューブのように）十分なデータが与えられれば、ニューラル・ネットワークはそのデータ内部の関係をたちどころに学習していく。そうして〝学習済み〟となったファネルは、ユーチューブ・ユーザーの動画視聴時間を正確に予測できるようになる。実際、ユーチューブはこの手法を実行に移している。予想視聴時間がいちばん長い動画をユーザーのオススメ動画リストに表示したわけだ。ユーザーが新しい動画を自分で選ばなければ、ユーチューブはそのユーザーがいちばん気に入ると思う動画を自動再生するのだ。

こうして、ファネルは驚異的な成功を収めた。２０１５年、18歳から49歳までのユーザーがユーチューブ視聴に費やした時間は74％も増加した。[2] ２０１９年になると、ユーチューブ動画の視聴回数は、グーグル研究者たちがこのプロジェクトを開始する前の20倍にもなり、視聴回数の7割がオススメ動画で占められた。[3] スナップチャットのデータ科学者のダグラス・コーエンは、この解決策に最大級の賛辞を送った。

「グーグルは探索と活用の問題を見事に解決したのです」と彼は言った。いくつものサイトをクリックして最高の動画を探したり、誰かが面白いリンクを送ってくるのを待ったりしなくても、「次の動画」に出てくる動画を観たり、10種類のオススメ動画のどれかをクリックしたりしながら、何時間もユーチューブの前に座りつづけられるようになったのだ。

ユーチューブで興味のある動画を探しているつもりが、気づくとオススメ動画をクリックしてしまっているとしたら、残念ながらあなたはユーチューブの操り人形にされている。ファネルは見事にユーチューブを従来型のテレビへと戻したのだ──そう、ＡＩが番組表を決めるテレビに。そうして、多くの人々がそのテレビ画面へと釘づけになった。

▼「学習の数式」とうまくつき合うコツ

ノアはインスタグラムでもっと人気者になりたい。自分よりフォロワーが多くて、みんなから「いいね！」や「コメント」をたくさん集めている友達が、うらやましくてしょうがない。友達のローガンのアカウントを見てみると、１０００人くらいのフォロワーがいて、投稿のたびに何百件もの「いいね！」をもらっている。ローガンに憧れたノアは、フォロワー数の目標を $y = 1000$ に定める。現在の彼のソーシャルメディア戦略では、$y_0 = 137$ がやっとだ。まだまだ道のりは遠い。

翌週、ノアは少しずつ投稿を増やしはじめる。投稿数が多いほどフォロワーも増えると思ったからだ。そこで、夕食、新品の靴、通学風景の写真を撮りまくるのだけれど、肝心の写真の質を上げる努力を怠ってしまう。目に入ったものを手当たり次第に撮りまくり、インスタグラムに上げるだけ。数式（9）でいえば、ノアが調整しようとしているパラメータ θ は投稿の質に対する量の割合だ。彼は投稿の量を増やしているので、$d_0 > 0$ だ。

オンラインの反応はよろしくない。「スパムはやめて」とノアの友達のエマは写真の下に書き込み、困り顔の絵文字を添える。彼の知り合いの何人かはフォローを解除してしまった。彼の人

気は $y_{\theta+d\theta}=123$ と14も減少し、実際の数値と目標との距離は広がった。彼は勾配を登るどころか下降している。それから数カ月間、彼は量を抑えて質に注目することにした。週に数回、アイスクリームを食べている友達の写真や飼い犬の面白写真を撮り、念入りに編集し、フィルターを使って友達をイケメンに見せる。量から質へと注目を切り替えたところで、いよいよ y_θ を測定してみる。よし、フォロワー数はゆっくりとはいえ着実に増えている。半年間でフォロワー数は371人まで増えたけれど、そこで頭打ちになり、7カ月目はそれ以上増えなくなった。

ここからが数式（9）の重要な教訓だ。ノアは一息つき、フォロワー1000人という目標の追求をやめるべきなのだ。$(y-y_\theta)^2=(1{,}000-371)^2=395{,}641$ とかなり大きいけれど、数式（9）はもう変化していない。つまり、

$$-\frac{d(y-y_\theta)^2}{d\theta}=0$$

だ。この式は、ノアは今のソーシャルメディア戦略をやめて現状で満足するよう教えてくれる。もう、ローガンと自分を比べる必要なんてないのだ。彼自身の人気のピークに達したのだから。

数式（9）を応用する際は、全体的な目標を念頭に置きつつも、上昇傾向にあるかどうかを特に意識するべきだ。おばあちゃんの知恵にもあるとおり、山の頂上にいるなら眺めを楽しめばい

い。数学はこの伝統的な知恵を裏づけている。

ファネルのような機械学習アルゴリズムが生み出す最適化と、ノアが行なっている最適化の違いは、ノアがフォロワー数を増やそうとしているのに対し、機械学習は予測精度を最適化しようとしている点だ。ファネルの場合、y_θがユーザーの動画視聴時間の予測で、yが実際の視聴時間だ。ユーチューブはユーザーの嗜好をなるべく正確に予測したいと思っているけれど、完璧な予測なんてありえないと承知している。ファネルが満足するのは、これ以上の改善は不可能だとわかったときだ。

学習の数式を使うときのコツは、あなたの行動によって目標と現実との差がどう増減するのかを素直に見つめることだ。ソーシャルメディア上の影響力を最適化することばかり考えているノアのことを、「偽物」「表面的」と非難する人もいるだろうが、私はそうは思わない。ストリート・ファッションに関するソーシャルメディア・サイトを運営している私の同僚のクリスチャン・イチョーのような舞台裏のインフルエンサーと仕事をしていて、むしろその逆なのだと教えられた。彼はグーグルのデータ分析ツールを使って、投稿の質と量の比率がどう顧客の流れを生み出すかを研究しているが、データの主役が人間であることもまた理解している。デザイナーズTシャツを着た17歳の子どもが自撮り写真を投稿すると、クリスチャンは顔を赤らめる。そして、「いいね!」を押して、「似合ってるよ!」とコメントする。本心だ。データから学習することと、自分自身の人間性や行動に対して100%正直になること、そのふたつは十分に両立しうるのだ。

注意して使えば、学習の数式はあなた自身の人生を最適化する助けになる。ソーシャルメディアの人気者になろうとしているにしろ、試験勉強をしようとしているにしろ、常に勾配を一歩ずつ登っていこう。目標を定めるのはいいけれど、今のあなた自身と目標との距離ばかりにこだわらないことだ。あなたより人気のある人々や、成績のよい友達のことなんて忘れていい。むしろ、1日1日の進歩に着目しよう。新しく増えた友達。勉強中に身についた新しい知識。そう、勾配だけに着目するのだ。そして、それ以上進歩しなくなったら、その事実を正直に認める。頂上に着いたということなのだから、しばらく眺めを楽しむ番だ。ただ、ひたすら勾配を登るのは決して完璧な手法ではないという点を忘れないでほしい。準最適な解に閉じ込められているケースもあるからだ。そういうときは、いったんリセットして一からやり直すチャンスだ。登るべき新しい山、調整すべき新しいパラメータを見つけよう。

▼ユーチューブのアルゴリズムの弱点

2019年、ソフトウェア・エンジニアのジャーヴィス・ジョンソンは、フルタイムの仕事をやめた。プログラマー生活に関する動画を投稿している彼のユーチューブ動画は、チャンネル登録者がどんどん増えていた。そこで、彼のいうフルタイムの「インターネット人間《パーソン》」になれるのかどうかを確かめてみることにした。

ユーチューバーとして成功する条件はふたつある。面白いコンテンツの投稿と、ファネル・プロセスへの深い理解だ。ジャーヴィスは両方の条件を満たしていて、彼の動画はそのふたつを自虐的なユーモアと組み合わせている。彼は、自分自身にオススメ動画が向くようファネルを操ることで、アルゴリズムを自分にとって有利に活かしているユーチューブ・チャンネルを研究している。そうして得た知識を、心をつかむ面白動画づくりへとつぎ込んでいるのだ。

ジャーヴィスが研究の対象にしているのは、「ザソウル・パブリッシング」というパブリッシング・グループだ。このグループは、「世界最大のメディア・パブリッシャーのひとつ」を自称し、ユーザーを「惹きつけ、刺激し、楽しませ、啓発する」ことを目標に掲げている。手始めに、彼はザソウルの人気チャンネル「5ミニット・クラフツ」を調べはじめた。このチャンネルは、「ライフハック」、つまり日々の雑事をラクにするためのヒントを提供している。たとえば、再生回数1億7900万回のとある動画では、手の消毒剤、ベーキングパウダー、レモン汁、歯ブラシを使ってTシャツについた油性マーカーを落とす方法を紹介している。彼は自分で試してみようと思い、白いTシャツの正面にでかでかと「NERD（オタク）」と書き、動画の指示に従った。結果は？　きちんと指示に従い、洗濯機にまでかけたのに、黒々としたNERDの文字はまったく消えなかった。彼はこのチャンネルで紹介されているハックを次から次へと試してみたけれど、どうでもいい内容か、ひどいときにはまったく通用しなかった。5ミニット・クラフツで紹介されているヒントは、まったく使い物にならなかったのだ。

ザソウルの別のチャンネル「アクチュアリー・ハプンド（本当の出来事）」は、フォロワーから寄せられた実話をアニメ化しているという。ジャーヴィスの調査の結果、〝脚本家〟たちがレディットなどのソーシャルメディア・サイトを材料にして、アメリカの10代のユーザーの心をつかむ本当にありそうな話を創作していることがわかった。彼の説明によると、アクチュアリー・ハプンドは当初、子どもやティーンエイジャーから寄せられた本当の話をアニメ化している別のチャンネル「ストーリーブース」をまねていた。ストーリーブースは子どもたち自身に物語のナレーションを任せることも多く、それも正真正銘の誠実な方法で物語を届けるのに一役買っている。

「ユーチューブにストーリーブースとアクチュアリー・ハプンドの見分けはつきません」とジャーヴィスは2019年5月のインタビューで私に言った。アクチュアリー・ハプンドは、ストーリーブースと同じタイトル、説明、タグを使っているので、ユーチューブのファネルはふたつをほぼ同じものとみなし、両サイトを関連づけはじめる。

「アクチュアリー・ハプンドは市場を物語であふれさせました。相場を下回る価格で脚本家を雇い、1日1本ペースで動画を生み出していったんです。そのうち、もうストーリーブースをまねる必要なんてない脱出速度〔別の物体の重力から抜け出すのに必要な最低限の速度〕に到達したというわけです」

100万人のチャンネル登録者を獲得したところで、ファネルは子どもたちが観たいチャンネルはアクチュアリー・ハプンドなのだと判断した。そう、アクチュアリー・ハプンドこそがユーザーにとっての山頂だと判断したのだ。

ジャーヴィスは、ザソウルのチャンネルを巡る倫理的な問題はかなり複雑だと思った。

「私だって、ファンを少しおすそ分けしてほしいと思って、別のチャンネルと似たようなコンテンツを制作したことがあります。ただ、同じことを大量に、しかもこれほどあからさまに行なうことなんてできませんよ。じゃあ、この企業がユーチューブ上のあらゆるジャンルで同じことをするのを食い止めるには？」

ユーチューブのアルゴリズムの弱点は、自分の推奨しているコンテンツの中味や、そのコンテンツの制作の経緯なんてまるでおかまいなしだという点だ。私自身も、ベン・シャピーロに興味があるとユーチューブに判断されたとき、身をもってそのことを痛感した。幼い子どもをユーチューブの前に1時間でも座らせたことがあるなら、子どもたちがおもちゃの包装紙を開ける動画、カラフルな粘土製アイスクリームカップ、ディズニー・キャラクターの頭の入れ替えパズルといった不思議な世界に吸い込まれていくのを見たことがあると思う。たとえば、動画「Pj Masks Wrong Heads for Learning Colors」〔ディズニーのアニメシリーズ「しゅつどう！パジャマスク」のキャラクターの胴体に正しい頭を組み合わせながら、色を学んでいく動画〕をぜひチェックしてみてほしい。まるで30分でつくったような動画だけれど、再生回数は2億回を超える。ファネルが推奨する動画は低品質なだけでなく、きわめて不適切なこともある。2018年、『ワイアード』誌はアニメ「パウ・パトロール」の犬たちが自殺する動画や、ペッパピッグがだまされてベーコンを食べさせられる動画を紹介した。[4]『ニューヨーク・タイムズ』紙のある調査では、ユーチューブが家庭用プールで裸の子どもが遊んでいる家族動画を、小児性愛に関心のあるユーザーに勧めていたことがわかった。[5]

時として、ユーチューブは私たちの視野をまるでじょうご《ファネル》のごとく狭める。その目標はユーザーにとって絶対最善のオススメにたどり着くことだけれど、数式（9）は、手に入るデータの範囲内で最適解が見つかればそれで満足する。学習の勾配を登りつづけ、山頂に達すれば、そこで立ち止まり、それがどんな景色であれ、ユーザーにその眺めを楽しませる。でも、ファネルだってまちがいを犯す。そして、まちがいを正すのは私たちの責任だ。ユーチューブはその難問に毎回うまく対処してきたわけではないのだから。

TENと道徳性

外から見れば、ＴＥＮのメンバーはまるでトニー・スタークのアイアンマンのように見えるかもしれない。テクノロジーを用いて世界を変革する実業家であり、天才的なエンジニア。そんな感じだ。でも、ＴＥＮのメンバーが自分に近いマーベル・コミックのスーパーヒーローをひとり選ぶとしたら、たぶんピーター・パーカーのスパイダーマンだろう。なんの計画も倫理的思惑もなく、予期せぬ方法で成長していく自分自身の肉体を必死でコントロールしようとするティーンエイジャーに似ている。

TENのメンバー内にある葛藤は、いろんな見方ができる。TENのメンバーは、映画『ソーシャル・ネットワーク』に登場するうぶなマーク・ザッカーバーグなのか？　それとも、アメリカ上院の司法委員会および商業委員会で証言するロボットみたいなマーク・ザッカーバーグなのか？　テレビで堂々と大麻を吸うイーロン・マスクなのか？　それとも、未来は火星への移住にあると本気で考えるイーロン・マスクなのか？

一方では、10の数式はTENに世界的な社会変革の計画を委ねるほどの比類なき判断力を与えている。TENはデータを通じてモデルへの信頼を構築する科学的手法を生み出してきた。私たち全員を想像すらしない方法で結びつけてきた。あらゆるもののパフォーマンスを改善し、最適化して、効率性や安定性をもたらしている。その一方で、TENのメンバーたちは、今できることだけに着目し、過去のことなんて忘れるよう教えてくれる報酬の数式に従い、金銭的余裕を持たない人々に対して優位に立っている。

これこそ、A・J・エイヤーが1936年に述べたことだ。数学に道徳性なんてものはない。いや、かつてはあったにしろ、今では完全に失われてしまった。TENは目に見えない存在なので、適切なスーパーヒーローの比喩を見つけることさえ不可能だ。TENのメンバーは、ピーター・パーカーのように、大きな力には大きな責任を伴うと自覚している青臭いティーンエイジャーなのか？　それとも、〝世界のために〟世界を支配したいと考える、力に酔った狂人なのか？　あるいは、それが最適な行動だという理由だけで人口の半分を抹殺しようと考えるマーベル・コミックの悪役サノスなのか？

TENのメンバー自身がどう思っているにしろ、私たちは彼らの行動に警戒しておく必要がある。彼らの行く先では、何もかもが変わってしまうのだから。

9つの数式でAIが丸わかり

現代の人工知能（AI）の例を見るときは、工学的応用の偉業としてとらえるのが理に適っている。たとえば、世界最強の囲碁棋士を破ったグーグルのニューラル・ネットワーク「ディープマインド」や、「スペースインベーダー」などのアタリ社のゲームのプレイ方法を学習したAIがその例だ。すべてのピースをつなぎ合わせたのは、数学者やコンピュータ科学者のチームであって、このAIの背後にたったひとつの数式があるわけではない。

とはいえ、10の数式を明かすという私の目標全体にとっては重要なことに、人工知能の構成要素には10の数式のうちの9つまでが含まれる。そこで、本章の締めくくりとして、ディープマインドがいかにして本書でこれまで紹介してきた数学を使い、ゲームの達人になったのかを説明してみよう。

チェスのグランドマスターが円形に配置されたテーブルの真ん中に立ち、多面打ちをしている場面を想像してほしい。ひとつのテーブルへと歩み寄り、盤面を見渡し、手を選ぶ。また次のテーブルへと移動し、手を打つ。多面打ちが終了するころには、全試合に勝っている。一見すると、そのグランドマスターが多くのゲーム状況を並行して覚えていられるのは、神業《かみわざ》にも思える。いったいどうすれば、各ゲームのそれまでの進行状況を暗記し、次の手を決めるなんてことができるのだろう？　そこで、スキルの数式を思い出してほしい。

チェスのあるゲームの状態は、盤面から容易に読み取れる。ポーンの守備的な陣形、キングの隠れ具合、クイーンの攻撃態勢。グランドマスターはそれまでのゲームの進行を知る必要はない。現在の盤面の状態を見て、次の手を決めるだけでいい。グランドマスターのスキルは、現在の盤面を見て、有効な手を通じて新しい盤面へと変える能力によって測ることができる。その新しい盤面は勝率を高めるのか？　はたまた下げるのか？　グランドマスターのスキルを評価するときは、数式（4）、つまりマルコフ性の仮定が成り立つわけだ。

「チェス、チェッカー、オセロ、バックギャモン、囲碁などの完全情報ゲームの多くは、交互にプレイするマルコフ・ゲームとして定義できる」。この文章は、デイヴィッド・シルバーらグーグル・ディープマインドの研究者たちが、世界最強の棋士を破った囲碁ニューラル・ネットワークについて記した論文の「方法」セクションの冒頭の一文だ。[6] この発見によって、これらのゲームを解くという問題がたちまち単純になった。それまでのゲームの進行状況なんて気にせず、ただ現在の盤面における最善の戦略を探すことだけに専念すればよいからだ。

第1章で、単一のニューロンの数学について分析した。数式（1）は、あるサッカーの試合の現在のオッズを受け取り、賭けるべきかどうかの判断へと変えるための数式であり、いわばあなたの脳内の一つひとつのニューロンが行なっていることを単純化したモデルにほかならない。ほかのニューロンや外部の世界から外的なシグナルを受け取り、どうするべきかの判断へと変えるわけだ。史上初のニューラル・ネットワーク・モデルの基礎となったのはこの単純な仮定であり、ニューロンの反応をモデル化するのに数式（1）が使われた。今日、ほとんどのニューラル・ネットワーク内部のニューロンをモデル化するのに使われているのは、これとよく似たふたつの数式のうちのひとつだ。[7]

次に、報酬の数式へと目を向けてみよう。数式（8）の Q_t は、あるネットフリックス・シリーズの質や、あるツイッター・アカウントをチェックすることによって得られる報酬の推定だった。そこで、たったひとつの映画やツイッター・アカウントを評価する代わりに、こんどは 1.7×10^{172} 通りにもおよぶ囲碁の盤面や、10^{172} 通りにもおよぶユーチューブ動画とユーザーの組み合わせをニューラル・ネットワークに評価させてみよう。特定の行動 a_t を取るとした場合の世界の状態 s_t の質を $Q_t(s_t, a_t)$ と書くことにする。囲碁の場合、状態 s_t は3つの状態（石なし、白石あり、黒石あり）を持つ19×19の盤面で表わされる。取りうる行動 a_t は石を置ける地点で表わされる。質 $Q_t(s_t, a_t)$ は状態 s_t において行動 a_t がどれくらい優れていると考えられるかを指す。ユーチューブ動画なら、状態はオンラインの全ユーザーと公開されている全動画、行動は特定のユーザーに特定の動画を見せること、質はそのユーザーの視聴時間となる。

報酬$R_t(s_t, a_t)$は、状態s_tにおいて行動a_tを取った場合に得られる成果だ。囲碁の場合、報酬はゲーム終了時点でしか得られない。仮に、勝着を1、敗着を－1、その他の手を0とすると、ある状態は質が高いのに依然として報酬は0だというケースもある。たとえば、勝利に近い石の配置は、質が高いけれど、報酬は0のままだ。

そこで、ディープマインドは報酬の数式を使ってアタリ社のゲームをプレイしたとき、ひとつの要素を追加した。そう、「未来」だ。行動a_tを取ると（囲碁でいえば石を置くと）、新しい状態s_{t+1}へと移行する（石を置いた地点に石が増える）。ディープマインドの報酬の数式は、この新しい状態における最善の行動に対して大きさ$Q_t(s_{t+1}, a)$の報酬を加える。これによって、ＡＩはゲーム全体を通じて将来的な手を読めるようになるのだ。

数式（8）は一定の保証を与えてくれる。この数式の提案する計画に従い、プレイの質を磨いていけば、少しずつゲームのプレイのしかたがわかってくるというわけだ。それどころか、報酬の数式を使えば、○×ゲームからチェス、そして囲碁まで、どんなゲームでもやがては最善の戦略全体へと収束していくだろう。

ただし、ひとつ問題がある。この数式では、ありとあらゆる状態の質を知るのに、ゲームをどれだけの時間プレイすればいいのかまではわからないのだ。囲碁には$3^{19\times19}$通りの状態がある。つまり、1.7×10^{172}通りの盤面がありうるわけだ。たとえ超高速コンピュータを使ったとしても、そのすべてをプレイするのにはとんでもない時間がかかるし、先ほどの質の関数を収束させるには、それぞれの状態から何度もプレイする必要があるだろう。つまり、最善の戦略を見つけるのは、理論上は可能でも、現実問題としては不可能といっていい。

グーグル・ディープマインドの研究者たちの最大のイノベーションは、質 $Q_t(s_t, a_t)$ 自体をひとつのニューラル・ネットワークとして表わせると気づいた点だ。囲碁の 1.7×10^{172} 通りの状態すべてにおいてどうプレイするべきかを学習する代わりに、ネットワークに供給される19×19の盤面からなる入力ニューロン、幾層もの隠れニューロン、次の手を決める出力ニューロンとして囲碁を理解したのだ。問題をニューラル・ネットワークとして形式化したおかげで、研究者たちは勾配降下法（数式（9））を使って正解へとにじり寄っていくことができた。

この手法の威力を何よりも如実に物語る例がある。グーグルのニューラル・ネットワーク「アルファゼロ」は、たった4時間のチェスの経験だけで、すでに人間最強のプレイヤーのはるか先を行っていた当時の世界最強のコンピュータ・チェス・プログラムと対等にチェスをプレイできるようになった。アルファゼロはその後も学習を続け、いかなる人間でも、そしていかなるコンピュータでも計算上不可能だと思われていたプレイのしかたを見つけるべく、自己対戦を重ねていった。

これまでに紹介した数式はすべて、ニューラル・ネットワーク研究に姿を現わす。数式（1）（4）（8）（9）はすでに用いた。数式（5）はネットワーク内部の接続について研究する際に登場する。ニューロンの接続方法は、あるネットワークが解ける問題の種類を決める鍵を握る。

「ファネル（じょうご）」という名称は、ユーチューブ・ユーザーが使っているニューラル・ネットワークの構造に由来し、入口部分に当たる入力ニューロンが大きく口を広げていて、少数の出力ニューロンへと向けてだんだん口がすぼんでいく様子を表わしている。ほかの用途に関しては、別の構造のほうがうまくいくことがわかっている。画像認識やゲームの場合、「畳《たた》み込みニューラル・ネットワーク」と呼ばれる分岐構造が最適だ。[8] また、言語処理の場合は、「再帰型ニューラル・ネットワーク」と呼ばれるループを持つネットワークが最適な選択肢といえる。[9]

数式（3）と（6）は、ネットワークがちゃんと学習したと確信するのに必要なトレーニング時間を求めるのに使われる。数式（7）は、動画、写真、文章が無数にあって、いちばん注目すべきパターンを知りたい場合に使える、「教師なし学習」と呼ばれる手法のもとになっている。数式（2）は、ポーカーのような不確実性を含むゲームを解くうえで欠かせない「ベイジアン・ニューラル・ネットワーク」の基礎となっている。

というわけで、たった9つの数式で、現代の人工知能の土台が丸わかりになるのだ。ぜひあなたも、この9つの数式について学習し、未来の人工知能づくりに貢献してみてはどうだろう。

▼ 人類にとってのリスクとはAIではない

ほとんどの人は、ＡＩに関する世界最高峰の研究が、ＡＩについてもっと学びたい人々、そして今のあなたのように9つの数式をすでに理解している人々に対して、まるまる公開されているという事実を知らない。そうした論文は、自由にアクセスできる学術誌やコンピュータ・コードのライブラリーにて公開され、独自のモデルを構築したい人なら誰でも参照できる。この公然の秘密は、ここ1世紀の科学の爆発的進化を通じて、ド・モアブルの原理からガウスの日記、そして今では大手テクノロジー企業が最新のコードをアップロードして公開するGitHubアーカイブにいたるまで、膨らみつづけている。

人工知能が人間に取って代わるとかいう恐怖話や妄言を信じる代わりに、人々が知っておくべきなのは、グーグルに関する物語だ。ふたりの学生がカリフォルニアで興したグーグルは、一流の研究を促進して助成し、同社のなすことのほとんどすべてを一般に公開してきた。もちろん、一流の人材が大学からグーグルやフェイスブック等に流れてしまうことにはさまざまな弊害があるけれど、TENのメンバーの多くはまだ学問の世界に残っているし、グーグルが私たちの過去の研究から学んできたのと(ほぼ)同じくらい、私たちもまた今日のグーグルから学んでいる。

TENの秘密は数式自体ではなく、数式の応用方法や組み合わせ方を知っているという点にある。なんの工夫もなしに数式自体を使っても、何も解決などしない。

将来、人類にリスクをもたらすのは、マーベル・コミックの『アベンジャーズ』に登場する悪者のエドウィン・ジャービスや、映画『her/世界でひとつの彼女』で世界じゅうの男性を誘惑するAIのサマンサのような、世界を支配する敵対的なAIなんかじゃない。人工知能はそこまで賢くはないし、独自の限られた解決策から抜け出すこともできない。むしろ、リスクはデータに対して権力を行使する人々とそうでない人々との格差の広がりにこそある。数式を知っている一握りの人間たちが、この地球上でいまだ前例のない知能を手にしているのだ。

そう、世界を支配しようとしているのは、数学の鎧《よろい》を身にまとった人間たちだということだ。ふたりの大学院生は影響力の数式（5）からグーグル検索をつくった。グーグルの3人のエンジニアは、無数の人々にくだらない動画や広告を何時間と観させるニューラル・ネットワークをつくった。一握りのプログラマー、資本家、ギャンブラーが数学を使って残りの人々を支配するというこのパターンは、何度となく繰り返されている。つまり、数学者の少数エリート集団が、暗号を学べない人たち、学ぶ気のない人たちの人生を操っているといっていい。

TENは自分の行動になんの説明責任も負わないまま、私たちの世界のあらゆる面を変えてしまう。みずからの限界なんて気にもかけず、あらゆる問題に最適な答えを求めようとする。TENは自身の存在を自覚していないかもしれないが、その存在の証拠はもはや否定のしようがないのだ。

さて、これで10個中9個の数式の成り立ちと、それぞれの強みと限界がわかった。これでやっと、最大の疑問に答える準備が整ったかもしれない。果たして、世界を支配しているこの数学秘密結社は、善なのか、悪なのか？

私個人は、TENに従うことで、お金と知恵、そして成功を手にした。でも、よりよい人間になったといえるだろうか？

第10章

普遍の数式

絶対的な正しさを生み出す

If . . . then . . .

(もし……なら、……)

▼ サッカー・ボットの開発

私は携帯電話に質問を入力した。

「ロナウドとメッシのうち、今シーズン優れているのはどっち？」

私はスクリーンに映し出されたラップトップ画面の前に立つルードヴィグ、オロフ、アントンの顔を見上げた。ルードヴィグが足をもぞもぞとさせる。最初にテストされるのは、彼の担当したコードなのだ。果たして、3人の開発したサッカー・ボットは、私の英語の文章をボットに理解可能な言語へと変換できるだろうか？

このボットの脳内の仕組みを出力したテキストが、スクリーンを上にスクロールしていく。私の疑問はこう変換された。

{意図：比較；対象：{ロナウド，メッシ}；感情：中立的；試合期間：シーズン}

ちゃんと理解している！　私の質問の意図を理解していたのだ。さて、次はオロフが緊張する番だ。選手の質をモデル化するのが彼の役目だった。私は対象期間を明確に定義していなかったけれど、ボットは「最近の試合」というデフォルト値を使ったようだ。オロフのアルゴリズムは、選手のパフォーマンスを「悪い」「ふつう」「よい」「最高」に分類することができた。そのボットが、ふたりの最高の選手を評価して比較するよう命じられたわけだ。

ボットは{重み：シュート：トーナメント：チャンピオンズリーグ}と定義して、ふたりが出場した唯一のトーナメント、チャンピオンズリーグのシュートと得点数を分析した。そして、その答えがスクリーンに出力された。そのボットはどちらのほうが優秀なのかをわかっていた。残るは、その情報を私の携帯電話へと送信する作業だ。といっても、中括弧、コロン、セミコロン、要約された文章としてではなく、私が読める文章として。

回答の構築を担当したアントンが言った。「ボットが話せる内容は10万通り以上あります。文章の組み立て方や単語の選択が無数にあるんです。さて、どれを選ぶでしょうね……」

私は携帯電話へと目を落とした。なかなか届かない。まちがいなく、ユーザー・インターフェイスに改良が必要みたいだ。

やっと回答が届いた。「ふたりの選手のうち、いちばん優秀なのはリオネル・メッシでしょう。今シーズン、リオネル・メッシは6得点していますし、シュート地点もすばらしい」

ボットは、チャンピオンズリーグの全シュートと得点を網羅したシュート・マップへのリンクを送ってくれた。「シュート地点」なんて単語を使うところがいかにもボットらしいけれど、この言い回しはなんとなくチャーミングだった。それに、私の個人的な意見からいえば、正解もちゃんとわかっていた。

▼ 10の数式を学ぶことは善なのか

3人のサッカー・ボットは、本書で探ってきた数学を部分的に用いてつくられた。ルードヴィグは学習の数式を使って、サッカーに関する質問を理解するようボットをトレーニングした。オロフはスキルの数式を使って選手を評価し、判断の数式を使って選手どうしを比較した。そして、アントンは最後の数式〔正確にいうと論理式〕「If...then...」を使ってすべてを結びつけた。

この最後の数式に目を向ける前に、私たちの数学の旅がどこまで進んだかを見てみたい。そこで、これまで学んだことをザッと振り返ってみよう。

数式を理解するといっても、いくつかのレベルがありうる。数式の仕組みや活用方法を真に理解するため、数学的な深みへと旅することもあるだろう。スナップチャット、バスケットボール・チーム、投資銀行で働くデータ科学者や統計専門家になるのが目標なら、技術的な細部への旅は必須だ。本書はその第一歩にすぎない。

また、10の数式を別の方法、つまり、あまり専門的でないソフトな方法で活かすこともできる。あなた自身の意思決定や世界観の指針にするのだ。私は、10の数式を使えばよりよい人間になれると信じている。

西洋の考え方では、モーセの十戒に原初の「If...then...（もし……なら、……）」文があった。もし今日が日曜日なら、安息日として守りなさい。もしほかの神々の声が聞こえたなら、私の面前に置いてはならない。もし隣人の妻がセクシーなら、色目を使ってはならない。以下同様。十戒の最大の問題点は、柔軟性に欠けることだ。それに、数千年がたった今となっては、ちょっと古めかしく感じる。

これまで紹介してきた9つの数式はこれとは違う。いろんな状況で、どう行動すべきでどう行動すべきでないのかというルールを述べたりはしない。むしろ、人生との向き合い方を提案してくれる。トイレでレイチェルが自分の悪口を言うのを盗み聞きしたエイミーの話を覚えているだろうか？　他者の社会的な成功を妬むのはまちがっていると教えてくれた友情のパラドックスを覚えているだろうか？　広告の数式を使って友達をステレオタイプ化した話は？　どのケースでも、私はあらかじめ決まった道徳のコンパスに基づいてどうしろと指示したりはしなかった。代わりに、データを見て、正確なモデルを特定し、妥当な結論を導き出しただけだ。

10の数式はモーセの十戒よりも柔軟性がある。ずっと幅広い問題に対処し、より繊細なアドバイスをすることができるのだ。じゃあ、私は10の数式のほうが神の十戒よりも上だと思っているのかって？　もちろん、そう思っている。私たちは数千年をかけて思考を進化させてきた。十戒が誕生してこのかた、私たちはよりよい問題のとらえ方を生み出してきたのだ。私はキリスト教だけじゃなく、ほかの数ある人生との向き合い方よりも10の数式を優先している。データとモデルを組み合わせ、ナンセンスを拒否する数学の方法論こそが、数学に混じり気のない正直さを与えている。数学がほかの多くの考え方より勝ると言い切れるのは、そういう理由からなのだ。

数学的知識は知能の鎧みたいなものだ。そして、この点は賛否両論があるだろうが、私は10の数式を学ぶのは道徳的な義務だと信じているし、総合的に見れば、TENのメンバーたちがこれまで行なってきたことは人類にとってプラスだとさえ信じている。すべてがそうだとは言わないけれど、だいたいにおいてそうだと思う。そう、10の数式を学ぶことは、あなたのためだけでなく、みんなのためにもなるのだ。

TENのメンバーが同じ数学力を持たない人々より優位に立つケースが多いことを踏まえると、この結論は意外かもしれない。それに、数学で道徳的な疑問への合理的な答えを見つけるのは不可能であると述べた、A・J・エイヤーの検証可能性という哲学的立場とも食い違うように思える。それでもなお、私は信じている——TENは善なのだと。その理由を、これから説明していこう。

アルゴリズムがやっていること

数学内で道徳性の潜んでいる場所を見つけるには、まず道徳性の潜んでいない場所をはっきりとさせる必要があるだろう。消去法を使えば、数学的思考のなかで「正しい行動」を教えてくれる部分がわかるはずだ。

本書の最後の数式である「If...then...」は、ひとつの数式ではなく、「If...then...」文や「repeat...until（以下の条件を満たすまで……を繰り返す）」文を使って書ける一連のアルゴリズムの略記といえる。コンピュータ・プログラミングの基礎となっているのはこれらの文だ。たとえば、アントンのサッカー・ボットの内部には、こんなコマンドがある。

If 重要なパス＞5 then print（'彼は重要なパスを数多く出した'）

〔print は「以下の文字列を出力せよ」というコマンド。この式は、重要なパスが5より大きければ、「重要なパスを数多く出した」と出力せよ、という意味〕

このようなコマンドは、入力データとの組み合わせによって、生成する出力を決める。

1950年代から70年代にかけて、コンピュータ科学と呼ばれる新たな分野において、データの処理や整理のためのいろいろなアルゴリズムが発見された。その最初期の例のひとつがマージソート・アルゴリズムだ。これはジョン・フォン・ノイマンが1945年にリストを数値順またはアルファベット順に整列するために初めて提唱したものだ。その仕組みを理解するため、まずはすでに整列済みのふたつのリストをマージ（併合）する方法について考えてみよう。たとえば、{A, G, M, X}と{C, E, H, V}のふたつのリストがあるとする。このふたつのリストを併合して整列するためには、両リストの左から右の順に、アルファベット順がいちばん若い文字を新しいリストへと移動し、その文字を元のリストから消去すればいい。

実際にやってみよう。まず、両リストの最初の文字どうしを比較すると、AとCだ。Aのほうが先なので、元のリストから取り除いて、整列しようとしている新しいリストに追加する。これで、新しいリスト{A}と、元のリスト{G, M, X}および{C, E, H, V}の3つができた。再び、元のふたつのリストの最初の文字、GとCを比べ、Cを新しいリストに加えると、新しいリストは{A, C}になる。次に、GとEを比べ、Eを新しいリストに加えると{A, C, E}となる。同じ作業を、元のリストが両方とも空になるまで続けると、整列済みのリスト{A, C, E, G, H, M, V, X}が完成する。

整列済みのリストのマージから任意のリストの整列へとステップアップするため、フォン・ノイマンは「分割統治法」に基づく戦略を提唱した。リスト全体をどんどん小さなリストへと分割し、整列済みのリストをマージするときと同じ手法を使って統合していくのだ。たとえば、元のリストが{X, G, A, M}だとしよう。まず、文字{X}と{G}をマージして{G, X}、{A}と{M}をマージして{A, M}とする。次に、{G, X}と{A, M}をマージすることで整列済みのリスト{A, G, M, X}ができあがる。この手法が見事なのは、あらゆるレベルで同じ手法を再利用しているところだ。元のリストを十分に小さな部分へと分割していくことで、整列済みであることが保証されているリスト、つまり個々の文字へといつかはたどり着く。そうしたら、整列済みのふたつのリストのマージ方法がわかっているという事実を用いることで、あらゆるリストを必ず整列された状態へと持っていくことができる（376頁の図10）。そう、マージソート・アルゴリズムは絶対に誤りを犯さないのだ。

もうひとつの例が、2点間の最短経路を求めるダイクストラ・アルゴリズムだ。もともと、オランダの物理学者でコンピュータ科学者のエドガー・ダイクストラは、オランダの2都市間の最短の運転経路を計算して、（彼のいう）「非コンピューティング系の人々」にコンピュータが役立つことを実証するため、1953年に自身のアルゴリズムを開発した。[1] そのアルゴリズムの構想を練るのに、アムステルダムのカフェに座って20分しかかからなかった。のちに、彼は計算機協会（Association for Computing Machinery）の『ACM通信（*Communications of the ACM*）』に対してこう語った。「このアルゴリズムがこれほど上出来な理由のひとつは、鉛筆と紙を使わずに設計したからだ。鉛筆と紙がなければ、回避できる複雑さはみんな回避するよりほかにないからね」

あなたがロッテルダムから出発し、フローニンゲンまで車で行きたいとしよう。ダイクストラ・アルゴリズムでは、まずロッテルダムの隣町のすべてに、ロッテルダムからの所要時間を書き込む。そのプロセスを図解したのが図10だ。たとえば、デルフトまで23分、ゴーダまで28分、スコーンホーフェンまで35分かかる。次に、この3つの町の隣町すべてを調べて、それらの町までの最短所要時間を求める。ゴーダからユトレヒトまでが35分、スコーンホーフェンからユトレヒトまでが32分だとすると、ユトレヒトまでの最短合計所要時間は、ゴーダ経由の28＋35＝63分となる（スコーンホーフェン経由は35＋32＝67分なので、それより早い）。ダイクストラ・アルゴリズムはオランダ全土にわたって外側へと同じプロセスを繰り返し、それぞれの町までの最短距離を求めていく。途中のそれぞれの町までの最短経路はすでに計算済みなので、新しい町が加

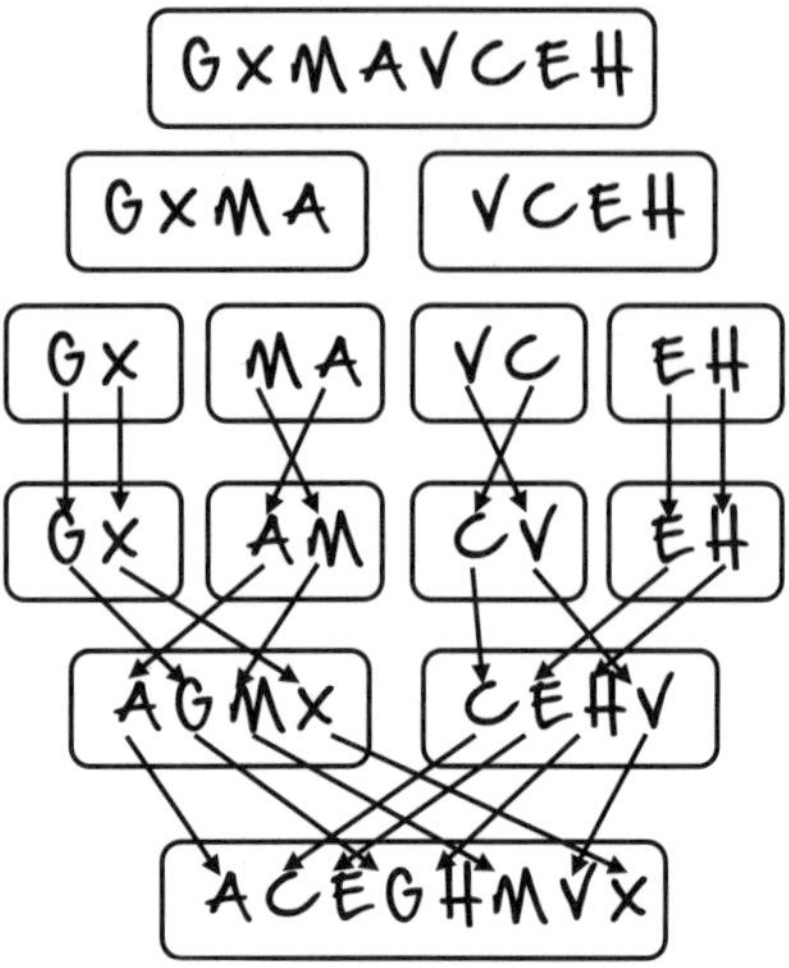

マージソートは分割統治法によって実現する。まず、文字のリストを複数のペアへと分割し、整列させる。整列済みの組をマージして、4文字からなる整列済みのリストをつくる。このプロセスを繰り返せば、最終的に整列済みのリストができあがる。

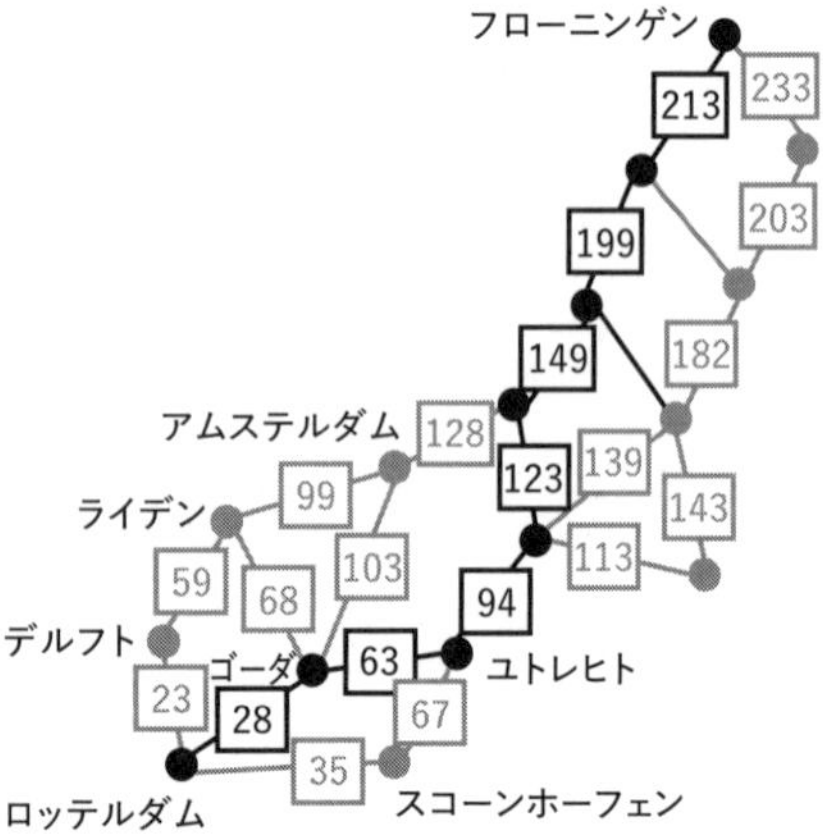

ダイクストラの最短経路アルゴリズムでは、ひとつの町から隣町まで移動しながら、途中のすべての町までの最短経路を求めていく。

黒い太線の経路が、ロッテルダム＝フローニンゲン間の最短経路。数値は所要時間（分）。

図 10：マージソート・アルゴリズムとダイクストラ・アルゴリズムの図解

わったとしても、その新しい町までの最短経路を求められることは絶対確実だ。このアルゴリズムは最初からフローニンゲンを目指しているわけではなく、単純にあらゆる町までの距離を求めていくわけだけれど、その計算にフローニンゲンが加わったとたん、そこまでの最短距離がすでに求められていることが保証されるわけだ。

アルゴリズムと数学は普遍的真実を生み出す

フォン・ノイマンのマージソート・アルゴリズムやダイクストラの最短経路アルゴリズムと似たアルゴリズムは、挙げればキリがない。[2] ここではほんの数例だけを紹介しよう。クラスカル法は、最小全域木（ある鉄道網において、最小の線路で全都市を結ぶ方法）を求めるのに使われる。ハミング距離は、ふたつの文字列またはデータの差を求めるのに使われる。凸包《とつほう》アルゴリズムは、ある点の集合を包み込む図形を描くのに使われる。衝突判定アルゴリズムは、3次元グラフィックスの作成に使われる。高速フーリエ変換は、信号検出に使われる。これらのアルゴリズムやその派生形は、いわばコンピュータ・ハードウェアやソフトウェアを構築するブロックであり、データを整列・処理したり、メールをルーティングしたり、文法をチェックしたり、Siriやアレクサにラジオで流れている曲をものの数秒で認識させたりするのに使われている。

「If...then...」アルゴリズムは、常に正解を返してくるし、私たちの側も、アルゴリズムがどう機能するのか常にわかる。先ほどの3人の修士たちのサッカー・ボットを例に取ろう。このボットは、サッカーについて単純な質問をされれば、ちゃんと答えを返すけれど、アントンにとってその答えは意外なものではなかった。だって、ボットの受け答えを決める規則をコーディングしたのは彼自身なのだから。ボットは彼の定めた規則に必ず従うのだ。

私が「If...then...」アルゴリズムを単一の数式としてひとくくりにしたのは、たいへん重要な共通点があるからだ。そう、これらのアルゴリズムが返すのは、普遍的な真実なのだ。ダイクストラ・アルゴリズムは必ず最短経路を求めるし、マージソート・アルゴリズムは必ずAからZまでのアルファベット・リストを整列する。ある点の集合の凸包は必ずまったく同じ構造を持つ。「If...then...」は、私たちが何を言おうと、何をしようと、絶対的に正しい命題といえる。

本書の最初の9つの章では、数式を用いてモデルを検証し、予測を立て、私たちの現実理解を磨いていった。これらの数式は外界と相互作用する。過去のデータをモデルに供給すれば、そのモデルが未来のデータを予測するわけだ。対して、「If...then...」アルゴリズムは、柔軟性なんてひとつもないレシピにすぎない。データ、つまり整列すべき名前のリストや、最短経路を計算できる点の集合を受け取り、答えを返すだけ。返ってきた答えに基づいて世界に対する知識を見直す、なんてことはないし、私たちの観測によってアルゴリズムの返す真実が揺らぐこともない。だからこそ、私はこれらを「普遍的」と形容しているわけだ。正しいことが証明済みであり、必ず機能するわけだから。

私が挙げた例はコンピュータ・プログラミングの根底にあるアルゴリズムばかりだけれど、普遍的に正しい幾何、微積分、代数の数学的定理もある。一例が第5章で紹介した友情のパラドックスだ。一見すると、常に私たちの友達のほうが私たち自身よりも平均的に人気があるというのはありえないことのように思えるけれど、この疑問について論理的に推論した結果、それは必然の事実であることを証明できたのだった。

数学は、直感を裏切るような意外な結果であふれている。たとえば、数学者のレオンハルト・オイラーにちなむオイラーの等式 $e^{\pi i}+1=0$ は、自然対数の底 $e=2.718\ldots$、円周率 $\pi=3.141\ldots$、虚数単位 $i=\sqrt{-1}$ という3つの有名な数どうしの関係を物語っている。こんなに基本的な定数をものの見事に結びつけるオイラーの等式が、数学におけるもっとも美しい数式と呼ばれるようになったのもうなずける。[3]

もうひとつの例が黄金比だ。

$$\phi=(1+\sqrt{5})/2=1.618\ldots$$

ある長方形を、ひとつずつの正方形と長方形に分割したとき、小さいほうの長方形が元の長方形を縮小したものになることがある。先ほどの数は、そういう長方形を描いたときに現われる。具体的にいうと、正方形の1辺の長さがa、元の長方形の2辺の長さがaおよびbであるとすると、次の条件を満たすとき、元の長方形は黄金比であるという。

$$\frac{a+b}{a}=\frac{a}{b}=\phi$$

ϕがすごいのは、フィボナッチ数列1, 1, 2, 3, 5, 8, 13, 21, 34…と関係して現われるという点だ。フィボナッチ数列とは、ふたつの隣り合った数を合計するとその次の数になる数列のことだ（つまり、1＋1＝2, 1＋2＝3…という具合に）。フィボナッチ数列において、ふたつの隣り合った数の比を取ると、なんとその値はϕにどんどん近づいていくことがわかっている（つまり、13/8＝1.625, 21/13＝1.615, 34/21＝1.619…という具合に）。このふたつの例は、純粋数学への旅のほんの入口にすぎない。純粋数学では、私たちの日常的な直感の多くが音を立てて崩れはじめる。厳密な論理的推論だけが前に進む唯一の道なのだ。

数学者ポアンカレの問い

正しいと証明された膨大な数の数学的定理について、フランスの数学者のアンリ・ポアンカレは、１９０２年の著書『科学と仮説』でこう省察している。

「もし数学で述べられる命題が、すべて形式論理学の規則に従って互いの命題から導き出せるものだとしたら、数学とは壮大なるトートロジーにすぎないことになる。となると、論理的推論は本質的に新しいことをなんら教えてはくれない。（中略）しかし、これほど多くの書物を埋め尽くす定理の数々が、〝A＝A〟をまわりくどい方法で述べたものにすぎないということを、われわれは本当に認められるだろうか？」

ポアンカレの問いかけは、実のところ反語だった。なぜなら、彼自身は、自分やほかの人々が行なっている数学的真理の探究には、単なる論理的命題よりも奥深い何かが隠れているはずだと信じていたからだ。

似たような考え方は、数学的な陰謀論について綴ったダン・ブラウンの独創的なフィクション小説『ダ・ヴィンチ・コード』にも見て取れる。この本で、教授のロバート・ラングドンはこんなことを言う。

「太古の人々は黄金比を見いだしたとき、神の創りたもうた世界の基本原理に出くわしたと確信（中略）した。黄金比の持つ神秘的な特性については、はるか昔に記されている」（『ダ・ヴィンチ・コード』越前敏弥訳、角川書店、2004年、上巻175〜176ページより引用した）

続けて、ラングドンは黄金比（彼のいう「神聖比率」）が生物学、芸術、文化に現われる例を挙げ連ねていく（そのなかには正しいものとそうでないものが交じっているが）。歴史を通じて、TENのメンバーはφ（PHI）を一種の暗号として用いてきた。同小説の主人公のひとり、ソフィー・ヌヴー（SoPHIe Neveu）の名前にその鍵が隠れているように……。

正直いうと、私も数学のこういう側面にはワクワクしてしまう。『ダ・ヴィンチ・コード』だっておおいに楽しんだ。φという数だけでなく、ダイクストラの最短経路アルゴリズムやフォン・ノイマンのマージソート・アルゴリズムに見られる意外な関係性には、信じがたい側面があるし、平凡な現実を超越するような厳然たる美しさがある。果たして、これらの数式には、なんらかの深い暗号が隠れているのだろうか？

ポアンカレの問いかけに対する正しい答えは、彼が想像したよりもずっと単純だ。そう、答えは「イエス」なのだ。数学の偉大な定理、コンピュータ科学の整列および整理アルゴリズムは、まさしくA＝A以上のことは何も言わない。すべてはたったひとつの壮大なるトートロジーなのである。非常に有益で意外性のあるトートロジーではあるけれど、トートロジーはトートロジーだ。ポアンカレの言葉は、文字どおりの意味で正しかった。反語と見ればまちがいだったが。

ポアンカレが「正しい」との主張は、A・J・エイヤーの著書『言語・真理・論理』に見られる。この本で、彼は三角形の例を用いた。あなたの友達が、内角の和が180度に満たない三角形の話を始めたとする。[4] 考えられる反応は、きちんと測れていないと伝えるか、それは三角形じゃないと伝えるかのふたつにひとつだろう。あなたの友達のデータのほうを信じて、三角形の数学的性質についての考えを改める、なんてことはないはずだ。その友達が幾何学の結果を覆すような三角形を実世界で発見することは、未来永劫ないだろう。

同じように、アルファベット順に並べ替えられない英単語のリストなんてものも存在しない。私が「A・J・エイヤー」の前に「D・J・T・サンプター」があるリストをあなたに見せて、それがマージソート・アルゴリズムの出力だと伝えたら、あなたは私のアルゴリズムが壊れていると言うか、私が英語を理解していないと言うだろう。このリストは決してマージソート・アルゴリズムが壊れている証拠ではない。あるいは、最短経路が2番目に短い経路よりも長くなるコンピュータ・ネットワークなんてものも存在しない。

ラングドン教授には気の毒だけれど、いろいろな幾何学的関係や数学的関係に $\phi = 1.618...$ が現われるのは、この値が二次方程式 $x^2 - x - 1 = 0$ の正の解だからだ。フィボナッチ数列の隣り合う数の比の収束先を求めることと、黄金比を求めること、このふたつはまったく同じ二次方程式を解く作業にほかならない。だから、同じ答えになるのは当然なのだ。ϕ にもほかの数にも、神秘的で魔法のような謎の暗号なんて隠れてはいない。

エイヤーが言っているのは、数学的定理はデータとは独立したものだということだ。数学は検証可能ではない。むしろ、数学はトートロジー、つまり論理的に正しいことが証明されているけれど、それ自体は現実について何も言わない命題で構成されている。ポアンカレの反語的な問いかけに対して、エイヤーはこう記した。「われわれを驚かせる論理と数学の力は、その有用性と同じく、われわれの理性の限界にその原因があるのだ」

ポアンカレは、彼にとってさえ数学は難しいという事実に惑わされていた。実際、数学の結果は私たちの観測とは独立して成り立つ。だからこそ、数学の結果は普遍的だと言っているのだ。数学の結果は、私たちの発言や行動、科学的な発見、ポアンカレやほかの数学者がすでに発見したかどうかにかかわらず、宇宙のどこででも成り立つ。

本書全体を通じて見てきたように、10の数式の威力は、モデルとデータを組み合わせることによる実世界との相互作用のしかたにこそある。データと切り離された状態では、数式自体はそれ以上の深い意味を持たない。ましてや、私たちに道徳性を与えてくれることなんてないし、神と関係があるわけでもない。たまたま成り立つだけのきわめて有用な結果にすぎないのだ。

というわけで、数学に神秘性と道徳性を見出すには、数学的定理そのもの以外の場所を探す必要があるだろう。

数学は道徳性の源

私はマリウスへの電話をずっと先延ばしにしていた。ふたりの賭博事業の金銭的な詳細を本として刊行する前に、マリウスの許可を取ってほしいとヤンに言われていたのだが、私はマリウスに断られやしないかと内心ビクビクしていたのだ。彼が秘密を世間の目から遠ざけたいと思っていてもおかしくはない。

でも、それは杞憂だった。マリウスは喜んで詳細を話してくれた。ふたりの利益は依然として日増しに膨らんでいたが、彼にとってはつらい日々が続いたという。

「毎日、数字を見ていたら頭がおかしくなりますよ」

あるとき、失敗続きで4万ドルの損失が出たことがあった。

「史上最悪の経験ですよ。どんどん疑心暗鬼になっていくんです。でも、こうなりゃ我慢比べだと開き直って、ただただ時が過ぎるのを待ちました。すると、数字が持ち直してきたんですよ。その後も、上がったり、下がったり、また上がったり。その繰り返しです」

マリウスいわく、ギャンブルを通じて、辛抱すること、自分の変えられる物事だけに着目することを学んだそうだ。

「変動をコントロールすることなんてできませんから。ワールドカップのときみたいに、試合を観戦するのはやめました。最初は、賭けの結果をリアルタイムでチェックしていましたけど、今はオフィスに来て、仕事をして、四半期に1回成果を確かめるだけです」

「君たちの仕事の道徳的な側面について考えることはあるかい?」と私は訊いた。「おおぜいの人々の損失のもとで儲けていることについてどう思う?」

「ギャンブルが厄介なのは、うさんくさい広告がごまんとある点でしょう」とマリウスは言った。「ただ、その一方で、バリュー・ベッティングについて軽くネットで検索すれば、素人でも黒字を出しつづけるための情報が見つかりますよ。単にやる気の問題です」

彼の言うとおりだった。これが賭けの数式から得られる道徳的な教訓だ。インターネットではほんの数時間、情報を検索する気もない人々のために、どうしてマリウスが責任を感じる必要があるだろう? ふたりは、〝甘口〟のブックメーカーでバリュー・ベッティングを行なうのに必要な情報が載ったウェブサイトをつくっていた。それでも、ふたりと同じ賭け方をする人はほとんどいないのだ。

私はマリウスに、市場が急変して何もかも失ったらどうするのかと訊いてみた。

「状況がどう変わるかなんてわかりません。そういう可能性はいつだってあります。でも、僕は自分の仕事がすごく楽しいし、それが幸せの源なんです。砂浜に座って、ボットに仕事をやらせているんじゃ、満足できないでしょう。僕がワクワクするのは、データを掘り下げて、そこに埋まった宝物を探すことなんです」

そう、マリウスはTENの真の秘宝を発見したのだ。それは彼の銀行口座の残高とはほとんど関係がなかった。彼の報酬は、どれだけ多くを学んだかにあったのである。

これは道徳性の証《しるし》だろうか？ 私はそう思う。ヤンとマリウスのアプローチには、知的な正直さがあるように思えてならない。ふたりは自分たちのしていることについてウソをついていない。正々堂々とゲームをプレイし、その有能さゆえに勝っている。同じ推論は、ウィリアム・ベンターーやマシュー・ベンハムのより大規模な賭博事業についても当てはまる。ベンターの正直さには驚いた。当然、自分が儲けた額やその場所を明かすことには慎重だったけれど、その方法論は科学誌でちゃんと発表している。数学力のある人なら誰でも、ベンターの方法論を身につけ、応用できるわけだ。

一生懸命に、コツコツと学習できる人が勝つ。近道をする人は負ける。この原則はTENのすべてに当てはまる。TENのメンバーたちは、何かを判断しているとき、自分たちの信念がデータによってどう形成されたのか、説明せざるをえない。スキルをモデル化しているとき、自分たちの仮説を述べざるをえない。投資や賭けをするとき、モデルを改善するために損益を素直に認めざるをえない。自分たちの結論にどれくらい確信があるかを伝えざるをえない。自分が社会的ネットワークの主役でないことを認めざるをえない。そして、そのことを悲観する必要もない。相関を調べるとき、因果関係を探さざるをえない。テクノロジーを開発するとき、利用者にどんな報酬と罰をもたらすのかを見つめざるをえない。そう、これこそが数学の厳然たる道徳性なのだ。真実は必ず勝つ――たとえ時間がかかっても。

TENのメンバーはいわば、知的な正直さの真の守り神といえる。彼らは仮説を立て、データを収集し、私たちに答えを教えてくれる。完璧な答えがわからないときは、何が欠けているのかを正直に言う。信憑性のある選択肢と各々の成功確率を提示し、理解を深めるのに必要な次のステップについて考えはじめる。

だから、今こそ正直さをあなた自身の人生へと取り戻そう。きっと、10の数式が助けになってくれる。まずは、望みのものを手に入れるための賭けに出ることと、失敗のリスクを理解することと、そのふたつを通じて、確率に対する考えを深めるのが先決だ。そうしたら、結論を導き出す前にデータを収集して、判断力を磨こう。自分は正しいと思い込むのではなく、何度も何度もルーレット盤を回して、自信を高めよう。社会的ネットワークが生み出すフィルターの解読から、ソーシャルメディアが私たちをティッピング・ポイントへといざなう方法への理解まで、10の数式が教えてくれる教訓はどれも、自分のモデルに対して正直になること、データを使って自分自身を改善していくことの重要性を述べている。

10の数式に従えば、きっと周囲の人々はあなたの判断力や忍耐力に一目置いてくれるようになる。これこそ、数学が道徳性の源になりうるというひとつ目の意味だ。数学はあなた自身や周囲の人々に関する厳然たる真実の与え手なのだ。

論理実証主義の問題点

ベン・ロジャーズによるA・J・エイヤーの伝記には、哲学者のエイヤーとボクサーのマイク・タイソンとの1987年の出会いが描かれている。[5] 当時77歳だったエイヤーが、マンハッタンの西57丁目のパーティー会場にいると、ひとりの女性が部屋に駆け込んできて、友達が寝室で襲われていると言った。エイヤーが駆けつけてみると、タイソンが若い女性を襲おうとしている最中だった。その女性こそ、それからすぐにスーパーモデルへと駆け上がるナオミ・キャンベルだ。

ロジャーズが記したところによると、エイヤーはタイソンにやめろと警告した。

「俺が誰だかわかっているのか？　ヘビー級チャンピオンだぜ」

「なら、私は元ウィカム論理学教授だ。お互い、それぞれの分野では一流ってわけだ。どうだい、理性的に話をしようじゃないか」

哲学のファンだったらしいタイソンは、感銘を受けて引き下がった。

しかし、本当にタイソンがエイヤーに知的なアッパーカットを見舞いたければ、なんの権利で哲学者がナオミ・キャンベルのナンパを邪魔できるのか、と問いただすこともできただろう。結局のところ、エイヤー自身が『言語・真理・論理』で主張しているとおり、道徳性は経験的議論の枠組みの外側にある。確かに、キャンベルはタイソンを怖がっていたかもしれないけれど、マイク・タイソンはこう言い返すことだってできたはずだ。「男性が性的欲求を満たすために女性を襲っちゃいけないという論理的な理由なんてあるのかい？」

エイヤーはきっと、そのときみんなが参加していた社会的な集まりの一般的な規範をタイソンに押しつけているにすぎない、と認めざるをえなかっただろう。それに対してタイソンは、若いころブルックリンの路地で悪さをして培った自分の規範は、イートン・カレッジで教育を受けたエイヤーとは違うのだから、おたくとは話にならない、と言い返すこともできただろう。「悪いが、俺は自分がいちばん正しいと思う方法でこの美女を口説きたいのさ」と。

本当に会話がそういう方向に進んだのかどうかは、私には知る由もない。ひとつだけ確かなのは、ふたりが言い合いをしているあいだに、ナオミ・キャンベルがパーティーから抜け出したということ。その4年後、マイク・タイソンは別の女性への強姦で有罪となり、今では性犯罪者として登録されている。

タイソン対エイヤーの物語は、何より、厳密な論理実証主義的アプローチに従う人々にとっての根本的な問題を示している。論理実証主義では、いちばん自明な道徳的葛藤でさえ解決できないのだ。数学や論理的思考がどれだけ誠実なものであっても、自分の道徳観念については個人個人が決めるしかない。

▼「トロッコ問題」

明らかに、論理実証主義には何かが欠けている。問題は、それが何かだ。道徳性における数学の役割について思考を深めるため、オックスフォード大学出身のイギリス人道徳哲学者、フィリッパ・フットは1967年、現在「トロッコ問題」として知られる思考実験を提唱した。[6] トロッコ問題とは次のようなものだ。

エドワードはブレーキの故障したトロッコの運転手だ。前方の線路上には5人の人々が立っている。坂が急なので、5人はトロッコが走ってくる前に線路から立ち退くことは不可能だ。線路には右へと向かうための分岐器がついていて、エドワードはトロッコを右へと移動させることもできるのだが、不幸なことに、右側の線路上にはひとりの人間がいる。エドワードがトロッコを右側の線路に移動させればひとりが死ぬし、何もしなければ5人が死ぬ。

さて、エドワードはどうするべきか？　トロッコを右側の線路に移動させてひとりを犠牲にするのか、それとも直進して5人を死なせるのか？　しばらく考えると、ほとんどの人は前者を選ぶ。どうせ死ぬなら5人よりはひとりのほうがまだまし。まあ、ここまではいいだろう。
ここで、マサチューセッツ工科大学の哲学教授のジュディス・トムソンが1976年に提唱した別のトロッコ問題について考えてみよう。

ジョージはトロッコ用の線路の上に架かる跨線橋《こせんきょう》に立っている。その位置からはトロッコがよく見えるのだが、跨線橋のほうへと近づいてくるトロッコが暴走している。跨線橋を挟んで反対側の線路上には5人の人々が立っている。坂が急なので、5人はトロッコが走ってくる前に線路から立ち退くことは不可能だ。暴走トロッコを止めるには、何か重いものを線路上に落とすしかない。ところが、近くにある重いものといえば、同じく跨線橋からトロッコを見ている太った男だけだ。ジョージがその太った男をトロッコの前方の線路上に突き落とせばその男が死ぬし、何もしなければ5人が死ぬ。

さて、ジョージはどうするべきか？　一方では、男を線路上に突き落とすなんて明らかにまちがっている。しかしもう一方では、何もしなければ、エドワードがトロッコを右側に移動させなかった場合と同じように、5人が死ぬのを黙って見過ごすことになってしまう。

1000人のアメリカ市民を対象としたアンケートでは、自分がエドワードだったらトロッコを移動させてひとりの命を犠牲にすると答えた人が81％だったのに対し、ジョージが男を突き落として5人を救うべきだと答えた人は39％にとどまった。[7] 中国とロシアの回答者もまた、エドワードは行動すべきでジョージは行動すべきでないと答える傾向が高く、こうした葛藤に対する道徳的な直感は普遍的であるという仮説を裏づけている。[8] ただし、文化的な違いは残っており、中国人はどちらの場合でも、トロッコをそのまま進めさせるべきだという回答が多い。

ジュディス・トムソンがふたつ目のトロッコ問題を提唱したのは、この葛藤を鮮明にするためだった。[9] 両問題とも、5人の命とひとりの命のどちらを救うか、というまったく同じ数学的問題を記述したものだが、直感的にはまったく異なる問題のように思える。数学的な答えは単純だけれど、道徳的な答えはそれより複雑だ。このトロッコ問題は、私たちが命を救うために実行する覚悟のできている（またはできていない）行動について、いやおうなく考えさせてくれる。

▼ 道徳的直感の重要性

実は、現代の多くのSFの中心にはトロッコ問題がある。たいてい、この葛藤は映画が30分から1時間くらい進んだところで明かされる（以下、ネタバレ注意）。たとえば、マーベル・コミック映画『アベンジャーズ／インフィニティ・ウォー』では、哲学的な悪役のサノスが、人口過多によって故郷の惑星が滅亡したのを目の当たりにして、宇宙の人口の半数を抹殺したほうがいいと決意する。サノスは人口の半数を殺せば結果的にもっと多くの命を救えると考え、トムソンのトロッコ問題にたとえるなら、何十億人という太った男を指先ひとつでトロッコの前へと突き落としていく。続編の『アベンジャーズ／エンドゲーム』では、主人公のトニー・スタークが、似たような個人的葛藤にさいなまれる。娘の命と仲間の奪還を天秤にかけられた彼は、ほとんど選択不可能とも思われる二者択一を迫られるのだ。

ふつう、SFでは、太った男を突き落とす選択をするのは悪役だ。その決断は残酷で無慈悲な論理として描かれることが多い。ロボットや悪徳AIは、目的のために取らなければならない行動がどれだけ残酷でも、ひとりよりも5人を救うという功利主義的な判断を下す。人間になるべく多くの命を救うようプログラミングされた功利主義のロボットにとって、優先すべきは感情ではなく数字だ。ほかのすべての条件が等しいなら、5人を救うことの功利のほうがひとりを救うことの功利よりも大きいからだ。

フィリッパ・フットとジュディス・トムソンがトロッコ問題で浮き彫りにしたのは、まさしくこの論点だった。こうした葛藤を功利主義的なアプローチで解けると考えるのはまちがっている。映画に登場するロボットは判断を誤るし、実世界に存在したとしてもやっぱり誤るだろう。SFは実世界のあらゆる問題を解決する次のような普遍的法則を生み出すことなんてできない、ということを教えてくれる。

もしそんな普遍的法則をつくってしまったら、私たちはもっとも醜悪な道徳的罪を犯すはめになるだろう──未来の世代に対して決して申し開きのできない罪を。

若いころだったら、なんの行動も取らないのは、人類の論理的欠陥の証だと思ったかもしれない。たとえその行動というのが、太った男を線路上に突き落とすことだとしても。

でも、まちがっているのは私のほうなのだ。それは単純に、私が同じ人類に対して残酷すぎるから、というわけではない。むしろ、そんな結論を導き出す私のほうに論理的欠陥があるといえる。トロッコ問題はふたつのことを教えてくれる。ひとつ目に、実世界の疑問に対する純粋な数学的答えなんてないということ。この点は、数学の〝普遍〟性についてのポアンカレの反語的疑問に対するエイヤーの答えと同じだ。ダ・ヴィンチ・コードなんてものが存在しない理由はそこにある。数学が普遍的であるという私たちの感情は、数学が明かしてくれる奥深い真実ではなく、数学のトートロジー性の産物なのだ。数学を神の戒律として使うことなんてできない。本書でしているように、モデルやデータにまつわる研究を整理するための道具として使えるだけだ。

トロッコ問題が教えてくれるふたつ目のこととは、純粋な功利主義が（同じくらい正しくない）あらゆる道徳規範のなかでも、とりわけ悪質であるという点だ。純粋な功利主義というのは、人間の生命や幸福などの変数を最大化するために私たちの道徳を築くべきだという考え方のことだ。[10]「なるべく多くの人命を救う」とかいう法則は、たちまち私たちの道徳的直感と矛盾するし、私たちに残酷な行動を取らせる。最適な道徳規範を定めはじめたとたん、道徳の迷宮を生み出す結果になってしまう。

私は、こうした葛藤にすごく単純な答えがあると信じるようになった。私たち自身の道徳的な直感を信じ、活かすすべを学ぶべきなのだ。A・J・エイヤーはマイク・タイソンに立ち向かったとき、それを行なった。モア・バーセルは友達がナチスに追われるのを見て人種差別について調べると決めたとき、それを行なった。私はケンブリッジ・アナリティカ、フェイクニュース、アルゴリズムのバイアスについて調べたときや、スウェーデンにおける移民や右派の台頭に関するビョルンの論文を監督したとき、それを行なった。ニコル・ニスベットは政治的議論について調べたとき、それを行なった。それはスパイダーマンも同じだ。彼は直感に従い、自分の能力を活かして悪者をやっつけるのだ。

トロッコ問題は、こうした道徳的・哲学的な葛藤について考えるソフトな方法、つまりモデルとデータを適用するときのような残酷で厳しい正直さを補う方法が必要なことを教えてくれる。

社会に大きな貢献をするTENのメンバーたちは、常にソフトとハードの両面から物事を考える。道徳的な直感を用いて解決すべき問題を決める一方で、モデルとデータを組み合わせて導き出された答えを正直に見つめる。彼らは周囲の人々の価値観に耳を傾け、理解してきた。解決すべき問題を決める資格が人並み以上にあるとは思っていないけれど、問題を解決する資格ならあると信じているからだ。彼らはいわば、リチャード・プライスが260年ほど前にTENへともたらした精神を守り抜いてきた公僕なのだ。プライスは奇跡に関しては見誤っていたが[11]、数学の応用方法に道徳性が必要だという点については正しかった。

決定的な証明なんてできないけれど、論理実証主義が普遍的な功利主義という考え方の化けの皮をはがした今となっては、道徳的な直感に頼るよりない、と私は思っている。そう、解決すべき問題を教えてくれるのは、ソフトな考え方のほかにないのだから。

TENのメンバーに求められること

TENのメンバーたちに必要なのは、話をすることだ。自分たちに与えられた力をどう使うべきなのか？　スパイダーマンが、進化のたびにみずからの弱さを認識するように、その疑問について学んでいくべきなのだ。

では、〝ソフト〟な考え方とはどういうものだろう？　それは、無知な投資銀行家のお金をむやみに増やさせないということだ。儲けのために基本的な数式を特許で固めたりはしないということだ。私たちの用いるアルゴリズムを公開しつづけるということだ。そして、私たちの秘密を学ぶ気概のある人々と、その秘密をすべて共有するということだ。

私たちは、直感を用いて重要な疑問へと目を向けるべきだ。他人の気持ちに耳を傾け、相手にとって何が大事なのかを理解するべきだ。多くの人々はすでにそれを行なっているけれど、私たち自身の人間性や行動理由と正直に向き合うことが、今、切に求められている。問題を定義するときはソフトに。問題を解決するときは残酷なくらいハードに。それが私たちに課せられた責務なのだ。

TENとは誰だったのか

私は今、イングランド北部のとある大学の数学棟の地下セミナー室に座っている。リーズ大学で政治学の学術研究員をしているヴィクトリア・スパイザーが私たちの前に立ち、その日の講演者たちを紹介している。彼女は、研究パートナーであり人生のパートナーでもあるリチャード・マンとともに、社会運動のための数学をテーマにした2日がかりのワークショップを主催した。ワークショップの目的は、数学者、データ科学者、公共政策の立案者、ビジネス界の人々が一堂に会し、数学的モデルをよりよい世界づくりに活かす方法を見つけるというものだった。

ヴィクトリアと出会ったのは8年くらい前で、リチャードがその少し前だったと思う。私たちは、私の博士課程の教え子のシャム・ランガナタンとともに、スウェーデンの学校における人種隔離や[12]、国家間の民主改革のモデリング、そして国連が矛盾した持続開発目標にたどり着く経緯について研究した。いつも声に出すとはかぎらなかったけれど、私たちは常に、数学を世界の分析だけでなく向上に活かすべきだと密かに信じていた。今回の会議のタイトルに「運動《アクティビズム》」という単語が選ばれたのは、私たちの目標をオープンにする試みの第一歩だった。

そう考えているのは私たちだけではない。ヴィクトリアが会議の幕を開けると、参加者たちが次々と立ち上がっては、自分の取り組みについて語りはじめる。イギリスの非営利団体「データカインド」のアダム・ヒルは、傘下関係を伏せたイギリスの匿名企業の取締役どうしの関係性を示すネットワークを構築した。傘下関係を結びつけることで、腐敗やマネーロンダリングの兆候を検出することができる。ウガンダのカンパラにあるマケレレ大学で働いているベティ・ナニョンガは、同僚たちが数学的モデルを用いて同大学の学生ストライキの原因を理解しようとしていることを話してくれた。リーズ大学の学術研究員のアン・オーウェンは、イギリスが二酸化炭素排出量をごまかしているというグレタ・トゥーンベリの主張が正しいことを証明した。[13] アンは中国から輸入される全プラスチック製品の生産や輸送まで加味した正しい計算結果を見せてくれた。60～69歳の平均的な人々は、休暇で飛行機に乗ったり、大型車を運転したりすることで、30歳未満の平均的な若者より年間64％も多く二酸化炭素を排出しているという。自分たちの二酸化炭素排出量について誰よりきちんと考える必要があるのは、トゥーンベリを批判しがちなこの高齢世代の人々だ。

もしかすると、あなたは今まで私たちＴＥＮの存在を知らなかったかもしれない。でも、今は知っている。秘密は暴露された。

そう、私たちがＴＥＮだ。

謝辞

この本は、ヘレン・コンフォードから投げかけられたひとつの挑戦から始まった。人のために書くのはやめて、自分の本当に言いたいことを書いてみたらどう？　私はそんなに面白い人間じゃないし、と答えると、それは私のほうで判断するから、と言われた。そこで、彼女の言葉に従ってみることにした。

面白い内容が書けたという自信はないけれど、ヘレンと、のちにカシアナ・ヨニータは、私の本当に言いたいことを理解し、面白くしてくれた。特に、繊細であると同時に厳しい編集作業を通じて、本書を完成へと導いてくれたのはカシアナだ。本当にありがとう。

私の頼りになるエージェント、クリス・ウェルビラブは、執筆やアイデアの構成について、多くのことを教えてくれた。数学のミスまで指摘してくれたこともある。うまく説明できないけれど、本を書いていると、カシアナ、クリス、ヘレンが、頭のなかでああでもないこうでもないと言い争う声がしょっちゅう聞こえてくる。3人の架空の言い争いに、お礼を言いたい。

それから、入念に編集をしてくれたジェーン・ロバートソン、数学的内容をダブルチェックしてくれたボリス・グラノフスキー、本書をまとめ上げてくれたルース・ピエトローニと出版社ペンギンのチームの方々にも感謝を申し上げる。
ロルフ・ラーションは、本書を丁寧に読み込み、ひとつの「重大な誤り」と、いくつかの軽微な誤りを見つけてくれた。オリバー・ジョンソンは、入念なフィードバックを寄せ、図2を提案してくれた。本当にありがとう。

私にとっていちばん筆が乗るのは、活動や人生にふけっているときだ。この1年間、その貴重な〝人生〟を提供してくれた、ハンマルビー・フットボール、ウプサラ大学数学科、娘のエリスと息子のヘンリー、友人たち、特にペリングズにお礼を言いたい。

父は、A・J・エイヤーを紹介してくれた。母は、今回〝カット〟になってしまい申し訳ないけれど、母について書いた内容はすべて真実であることに変わりはない。母の存在は、周囲の全員にとって刺激になっている。詳しく思慮に富んだ感想をくれたふたりに、ありがとうを言いたい。

そして誰より、妻のロヴィーサに感謝したい。私が本当に語りたいのは、私たちふたりの人生や、これまでの話し合い、合意、議論の数々についてだ。その一部が本書の血肉になったことを願って。

訳者あとがき

世界を支配する10の方程式と聞いて、何を真っ先に思い浮かべるだろう？　ニュートンが導き出した万有引力の法則？　波動を数学的に表現した波動方程式？　それとも、アインシュタインが質量とエネルギーのあいだに見出した有名な等式 $E = mc^2$ だろうか？　あるいは、エネルギー保存の法則やシュレーディンガー方程式のようなものを思い浮かべる人もいるかもしれない。これらは、この世界、もっといえば宇宙を物理的な意味で支配していると考えられる根本原理だ。万有引力の法則に逆らえる人なんていないし、無からエネルギーを生み出せる人もいない。

しかし、本書で紹介されているのは、そういう方程式ではない。実世界や人間社会で成功を手にし、ときには世界を操っている人たちが知っている10の方程式だ。その方程式とはいったいどのようなものなのか？

本書『世界を支配する人々だけが知っている10の方程式――成功と権力を手にするための数学講座』は、David Sumpter 著、*The Ten Equations that Rule the World: And How You Can Use Them Too* の全訳だ。直訳すれば、「世界を支配する10の方程式――そしてその応用法」といったところだろう。サンプター氏の著書の邦訳としては、『サッカーマティクス』（２０１７年）、『数学者が検証！　アルゴリズムはどれほど人を支配しているのか？』（２０１９年）に続く3冊目となる。

　著者のデイヴィッド・サンプターは、ロンドン生まれ、スコットランド育ちの応用数学者。マンチェスター大学で数学の博士号を取得後、スウェーデンに移住し、現在では同国のウプサラ大学で、サッカー、機械学習、性差、社会、ネットワーク、生物といった多岐にわたる話題について、数学的モデルを用いた研究を行なっている。そうした研究をもとに書かれた前々作『サッカーマティクス』は、イングランドのサッカーチームの構造、パス・ネットワーク、戦術を数学的に分析して話題を呼び、日本でも「サッカー本大賞２０１８優秀作品」に選出。前作『数学者が検証！　アルゴリズムはどれほど人を支配しているのか？』では、アルゴリズムやＡＩ（人工知能）の限界を数学的な視点から冷静に見極め、ＡＩを盛んに危険視する世の中の風潮に異を唱えた。研究や執筆活動に加えて、数多くのメディアのインタビューや講演にも精を出しており、有名サッカークラブやナショナルチームへの数学的な助言も行なっているそうだ。

　そんな著者ががらりとテーマを変えて臨んだのが今回の最新作だ。本書では、世界の成功者たちが知っている10個の数式にスポットライトを当て、その数式の意味するところを解説していっている。賭けに勝つには？　つまらない仕事、ドラマ、人間関係にいつ見切りをつけるべきなのか？　成功が実力のおかげなのかどうかはどうすれば判断できる？　人気者はどうして人気者になるのか？　著者はその10の数式を、「賭け」「判断」「信頼」「スキル」「影響力」「市場」「広告」「報酬」「学習」「普遍」の数式と名づけ、その秘法を知る者をＴＥＮという秘密結社のメンバーに見立てながら、その数式を使って成功をつかんだ人々の思考回路を暴き出していく。

本書を読むと、一般の人々と数学を知る人々の思考のちがいが見えてくる。たとえば、ギャンブルの勝ち方などはその典型で、一般の人々が勝つ馬やチームを予測（もっといえば予言）しようとするところを、数学的思考の持ち主は結果自体を予測したりはせずに、真のオッズと胴元の提示するオッズとのあいだに見られる乖離を巧妙に突いて体系的に利益を上げようとする。道理で、お気に入りのチームに賭けて勝敗に興奮する素人ギャンブラーでは勝ちようがないはずだ。私生活においても数学的な考え方は役立つ。一般の人々は就職の失敗や失恋が数回続くとつい落ち込んでしまうが、信頼区間の考え方を知っていれば、それが何回続けば偶然では説明できなくなるのかがおおよそわかり、必要以上に落ち込むことはなくなる。そしてもちろん、数学を直接の武器に変えてビジネスの世界で大儲けをしているエリートたちもいるだろう。そんな人たちの思考の根底に、この10の数式があると著者は言う。ところどころ、少し話が飛躍しているように感じる部分もあるが、一つひとつの数式が言わんとしているメッセージを読み取り、話を膨らませていくという著者の手法は、とてもユニークな試みに感じた。

著者も言うとおり、数式自体は決してどう行動すべきかを教えてくれるわけではないが、物事をどうとらえるべきなのか、その思考のよりどころを与えてくれる。私自身も本書を訳しながら、物事を確率的に考えることの重要性や、個々の出来事に一喜一憂しないことの大切さを教わった。たったいちどの成功を実力ととらえてはいけないし、いちどの失敗をすべての終わりと考えてもいけない。本書は、成功を謙虚に、失敗を楽観的にとらえるすべを教えてくれたように思う。本書は決して数学書ではない。読者のみなさんが、本書からひとつでも新しい見方や考え方を感じ取ってくれたなら、訳者としてはたいへんうれしい。

なお、この場をお借りして、本書で使用している訳語について、ひとつだけコメントしておきたい。原題にもある equation という単語は、等号（=）の両側にあるふたつの量が等しい式のことであり、「方程式」と訳すのがふつうなのだが、日本語で「方程式」と言った場合には、未知数が含まれていて解を求められるものを指すことが多い。本書のテーマである10個の式のなかには、厳密に言うと未知数を含まない恒等式と呼ぶのが正しいものや、等号自体が含まれていないものもあるので、すべてを「方程式」とひとくくりに訳すことが難しい。そのため、統一性の観点から、本文内では equation に「数式」という少し意味の広い訳語を当てた。この訳語を不自然に感じる方がいたら、それは原文に起因するものではないことを付記しておきたい。

最後に、本書の翻訳の機会をくださった光文社編集者の小都一郎さんと、同社の校正者の方々、分量の多い訳稿に詳しく目を通し、たいへん的確な編集をしてくださった北烏山編集室の津田正さんに、深くお礼を申し上げたい。それでも本書の翻訳に不備が残っているとすれば、それはすべて訳者の責任だ。

千葉　敏生

た、ということでしか説明できないのだ。

12 Viktoria Spaiser, Peter Hedström, Shyam Ranganathan, Kim Jansson, Monica K. Nordvik and David J. T. Sumpter, 'Identifying complex dynamics in social systems: a new methodological approach applied to study school segregation', *Sociological Methods & Research* 47 (2) (March 2018): 103-35.

13 アンの計算は、次の報告書に含まれている。'UK's carbon footprint 1997-2016: annual carbon dioxide emissions relating to UK consumption', 13 December 2012, Department for Environment, Food & Rural Affairs; at 〈https://www.gov.uk/government/statistics/uks-carbon-footprint〉.

and Clifford Stein, *Introduction to Algorithms*, third edition (Cambridge, MA: MIT Press, 2009).(邦訳：T・コルメン、R・リベスト、C・シュタイン、C・ライザーソン『アルゴリズムイントロダクション第3版 総合版(世界標準MIT教科書)』浅野哲夫・岩野和生・梅尾博司・山下雅史・和田幸一訳、近代科学社、2013年)

3 Po-Shen Loh, *The Most Beautiful Equation in Math*, video, Carnegie Mellon University, March 2016; at 〈https://www.youtube.com/watch?v=IUTGFQpKaPU〉.

4 ユークリッド幾何学における三角形の話とする。

5 Ben Rogers, *A. J. Ayer: A Life* (London: Chatto and Windus, 1999).

6 Philippa Foot, 'The problem of abortion and the doctrine of double effect', *Oxford Review* 5 (1967): 5-15.

7 Henrik Ahlenius and Torbjörn Tännsjö, 'Chinese and Westerners respond differently to the trolley dilemmas', *Journal of Cognition and Culture* 12 (3-4) (January 2012): 195-201.

8 John Mikhail, 'Universal moral grammar: theory, evidence and the future', *Trends in Cognitive Sciences* 11 (4) (April 2007): 143-52.

9 Judith Jarvis Thomson, 'Killing, letting die, and the trolley problem', *The Monist* 59 (2) (1976): 204-17. 本文で用いているトロッコ問題についての説明は、この論文より。

10 トロッコ問題の哲学的な側面や道徳的な直感という概念について詳しくは、Laura D'Olimpioの記事'The trolley dilemma: would you kill one person to save five?', *The Conversation*, 3 June 2016; at 〈https://theconversation.com/the-trolley-dilemma-would-you-kill-one-person-to-save-five-57111〉を参照。

11 第3章と第5章では、TENの歴史をありのままに伝えるため、リチャード・プライスの奇跡に関する議論が誤っている理由を詳しく説明しなかった。キリストの復活のような奇跡を否定する科学的証拠は、その根底にある生物学への理解から得られるものであって、2000年前のキリスト復活の報告以来、誰ひとりとして同じ奇跡を目にしていないという事実から得られるわけではない。プライスの主張は、キリストの復活が起こりえたという証明ではなく、むしろ証拠に対する私たちの思考を厳密化する方法としてとらえるべきなのだ。彼の主張は、正真正銘の重要な日常的教訓を与えてくれる。つまり、過去に珍しい出来事をいちども目撃したことがないという事実を、将来その出来事が起こらないという証拠として用いてはならないし、それはデータとモデルを組み合わせた科学的分析に太刀打ちできるものではない。キリストの復活は、キリストがもともと死んでいなかったとか、彼の死が誤報だっ

2 Celie O' Neil-Hart and Howard Blumenstein, 'The latest video trends: where your audience is watching', Google, *Video, Consumer Insights*; at 〈https://www.thinkwithgoogle.com/consumer-insights/video-trends-where-audience-watching/〉.

3 Chris Stokel-Walker, 'Algorithms won't fix what's wrong with YouTube', *The New York Times*, 14 June 2019; at 〈https://www.nytimes.com/2019/06/14/opinion/youtube-algorithm.html〉.

4 K. G. Orphanides, 'Children's YouTube is still churning out blood, suicide and cannibalism', *Wired*, 23 March 2018; at 〈https://www.wired.co.uk/article/youtube-for-kids-videos-problems-algorithm-recommend〉.

5 Max Fisher and Amanda Taub, 'On YouTube's digital playground, an open gate for pedophiles', *The New York Times*, 3 June 2019; at 〈https://www.nytimes.com/2019/06/03/world/americas/youtube-pedophiles.html?module＝inline〉.

6 David Silver, Aja Huang, Chris J. Maddison, Arthur Guez, Laurent Sifre, George van den Driessche, Julian Schrittwieser et al., 'Mastering the game of Go with deep neural networks and tree search', *Nature* 529 (7587) (January 2016): 484-89.

7 もうひとつはソフトマックス関数と呼ばれているもので、数式 (1) とよく似ているが、状況によってはかなり使いやすい。ほとんどの場合、ソフトマックス関数と数式 (1) は入れ替えて使える。

8 Volodymyr Mnih, Koray Kavukcuoglu, David Silver, Andrei A. Rusu, Joel Veness, Marc G. Bellemare, Alex Graves et al., 'Human-level control through deep reinforcement learning', *Nature* 518 (7540) (February 2015): 529-33.

9 Tomáš Mikolov, Martin Karafiát, Lukáš Burget, Jan Černocký and Sanjeev Khudanpur, 'Recurrent neural network based language model', conference paper, *Interspeech 2010*, Eleventh Annual Conference of the International Speech Communication Association, Japan, September 2010.

第10章 | 普遍の数式

1 Thomas J. Misa and Philip L. Frana, 'An interview with Edsger W. Dijkstra', *Communications of the ACM* 53 (8) (2010): 41-47.

2 次の見事な教科書を参照。Thomas H. Cormen, Charles E. Leiserson, Ronald L. Rivest

11 もうひとつの追跡変数の式も書き出すことができる。次のような式となり、別の選択肢に対する報酬を追跡する。

$$Q'_{t+1} = (1-\alpha)\,Q'_t + \alpha\left(\frac{(Q'_t+\beta)^2}{(Q_t+\beta)^2+(Q'_t+\beta)^2}\right)R'_t$$

12 たとえば、Malcolm Gladwell, *The Tipping Point: How Little Things Can Make a Big Difference* (Boston, MA: Little, Brown, 2000)（邦訳：マルコム・グラッドウェル『ティッピング・ポイント――いかにして「小さな変化」が「大きな変化」を生み出すか』高橋啓訳、飛鳥新社、2000年）およびPhilip Ball, *Critical Mass: How One Thing Leads to Another* (London: Heinemann, 2004) を参照。

13 Audrey Dussutour, Stamatios C. Nicolis, Grace Shephard, Madeleine Beekman and David J. T. Sumpter, 'The role of multiple pheromones in food recruitment by ants', *Journal of Experimental Biology* 212 (15) (August 2009): 2337-48.

14 Tristan Harris, 'How technology is hijacking your mind—from a magician and Google design ethicist', Medium, 18 May 2016; at 〈https://medium.com/thrive-global/how-technology-hijacks-peoples-minds-from-a-magician-and-google-s-design-ethicist-56d62ef5edf3〉.

15 John R. Krebs, Alejandro Kacelnik and Peter D. Taylor, 'Test of optimal sampling by foraging great tits', *Nature* 275 (5675) (September 1978): 27-31.

16 Brian D. Loader, Ariadne Vromen and Michael A. Xenos, 'The networked young citizen: social media, political participation and civic engagement', *Information, Communication & Society* 17 (2) (January 2014): 143-50.

17 アンナ・ドーンハウスは、この点について詳しく研究している。一例として、D. Charbonneau, N. Hillis and Anna Dornhaus, '"Lazy" in nature:ant colony time budgets show high "inactivity" in the field as well as in the lab', *Insectes Sociaux* 62 (1) (February 2014): 31-35がある。

第9章｜学習の数式

1 Paul Covington, Jay Adams and Emre Sargin, 'Deep neural networks for YouTube recommendations', conference paper, *Proceedings of the 10th ACM Conference on Recommender Systems*, September 2016, pp.191-98.

$$Q_{10} = 0.9 \cdot 1.000 + 0.1 \cdot 0 = 0.900$$
$$Q_{11} = 0.9 \cdot 0.900 + 0.1 \cdot 1 = 0.910$$
$$Q_{12} = 0.9 \cdot 0.910 + 0.1 \cdot 1 = 0.919$$
$$Q_{13} = 0.9 \cdot 0.919 + 0.1 \cdot 0 = 0.827$$
$$Q_{14} = 0.9 \cdot 0.827 + 0.1 \cdot 0 = 0.744$$
$$Q_{15} = 0.9 \cdot 0.744 + 0.1 \cdot 1 = 0.770$$
$$Q_{16} = 0.9 \cdot 0.770 + 0.1 \cdot 0 = 0.693$$
$$Q_{17} = 0.9 \cdot 0.693 + 0.1 \cdot 1 = 0.724$$

3 Wolfram Schultz, 'Predictive reward signal of dopamine neurons', *Journal of Neurophysiology* 80 (1) (July 1998): 1-27.

4 ドーパミン・ニューロンと数学的モデルの関連についてより詳しく評価したものとしては、Yael Niv, 'Reinforcement learning in the brain', *Journal of Mathematical Psychology* 53 (3) (June 2009): 139-54を参照。

5 Andrew K. Przybylski, C. Scott Rigby and Richard M. Ryan, 'A motivational model of video game engagement', *Review of General Psychology* 14 (2) (June 2010): 154-66.

6 デジタルゲームやマインドフルネス・アプリについて語るエミリー・コリンズ博士の動画は、以下を参照。EurekAlert!, University of Bath; at 〈https://www.eurekalert.org/multimedia/767727〉.

7 Rudolf Emil Kálmán, 'A new approach to linear filtering and prediction problems', *Journal of Basic Engineering* 82 (1) (1960) : 35-45.

8 François Auger, Mickael Hilairet, Josep M. Guerrero, Eric Monmasson, Teresa Orlowska-Kowalska and Seiichiro Katsura, 'Industrial applications of the Kálmán filter: a review', *IEEE Transactions on Industrial Electronics* 60 (12) (December 2013): 5458-71.

9 Irmgard Flügge-Lotz, C. F. Taylor and H. E. Lindberg, *Investigation of a Nonlinear Control System*, Report 1391 for the National Advisory Committee for Aeronautics (Washington DC: US Government Printing Office, 1958).

10 この分野の最有力研究者のひとりであり、このモデルを形式化した人物のひとりが、ジャン＝ルイ・ドヌブールだ。歴史的な起点となった論文が、Simon Goss, Serge Aron, Jean-Louis Deneubourg and Jacques Marie Pasteels, 'Self-organized shortcuts in the Argentine ant', *Naturwissenschaften* 76 (12) (1989): 579-81だ。

8 Anja Lambrecht and Catherine E. Tucker, 'On storks and babies: correlation, causality and field experiments', *GfK Marketing Intelligence Review* 8 (2) (November 2016): 24-29.

9 David Sumpter, *Outnumbered: From Facebook and Google to Fake News and Filter-Bubbles—The Algorithms that Control Our Lives* (London: Bloomsbury Publishing, 2018).(邦訳：デイヴィッド・サンプター『数学者が検証！　アルゴリズムはどれほど人を支配しているのか？――あなたを分析し、操作するブラックボックスの真実』千葉敏生・橋本篤史訳、光文社、2019年)

10 Cathy O'Neil, *Weapons of Math Destruction: How Big Data Increases Inequality and Threatens Democracy* (New York: Crown Publishing Group, 2016).(邦訳：キャシー・オニール『あなたを支配し、社会を破壊する、AI・ビッグデータの罠』久保尚子訳、インターシフト、2018年)

11 Carole Cadwalladr, 'Google, democracy and the truth about internet search', *The Guardian*, 4 December 2016; at 〈https://www.theguardian.com/technology/2016/dec/04/google-democracy-truth-internet-search-facebook〉.

12 Aylin Caliskan, Joanna J. Bryson and Arvind Narayanan, 'Semantics derived automatically from language corpora contain human-like biases', *Science* 356 (6334) (2017):183-86.

13 Julia Angwin, Ariana Tobin and Madeleine Varner, 'Facebook (still) letting housing advertisers exclude users by race', *ProPublica*, 21 November 2017; at 〈https://www.propublica.org/article/facebook-advertising-discrimination-housing-race-sex-national-origin〉.

14 Anja Lambrecht, Catherine Tucker and Caroline Wiertz, 'Advertising to early trend propagators: evidence from Twitter', *Marketing Science* 37 (2) (March 2018): 177-99.

第8章｜報酬の数式

1 Herbert Robbins and Sutton Monro, 'A stochastic approximation method', *Annals of Mathematical Statistics* 22 (3) (September 1951): 400-7.

2 完全な計算は次のとおり。

9 Sam Mamudi, 'Virtu touting near-perfect record of profits backfired, CEO says', *Bloomberg News*, 4 June 2014; at 〈http://www.bloomberg.com/news/2014-06-04/virtu-touting-near-perfect-record-of-profits-backfired-ceo-says.html〉.

10 444,000/0.0027 = 164,444,444

11 個人情報保護の観点から名前を変更した。

12 Paul Krugman, 'Three Expensive Milliseconds', *The New York Times*, 13 April 2014; at 〈https://www.nytimes.com/2014/04/14/opinion/krugman-three-expensive-milliseconds.html〉.

第7章｜広告の数式

1 詳しくは、〈https://medium.com/me/stats/post/2904fa0571bd〉を参照。

2 Snapchat Marketing, 'The 17 types of Snapchat users', 7 June 2016; at 〈http://www.snapchatmarketing.co/types-of-snapchat-users/〉.

3 Noah A. Rosenberg, Jonathan K. Pritchard, James L. Weber, Howard M. Cann, Kenneth K. Kidd, Lev A. Zhivotovsky and Marcus W. Feldman, 'Genetic structure of human populations', *Science* 298 (5602) (December 2002): 2381-85.

4 Shepherd Laughlin, 'Gen Z goes beyond gender binaries in new Innovation Group data', *J. Walter Thompson Intelligence*, 11 March 2016; at 〈https://www.jwtintelligence.com/2016/03/gen-z-goes-beyond-gender-binaries-in-new-innovation-group-data/〉.

5 たとえば、Ronald Inglehart and Wayne E. Baker, 'Modernization, cultural change, and the persistence of traditional values', *American Sociological Review* 65 (1) (February 2000): 19-51を参照。

6 Ronald Inglehart and Christian Welzel, *Modernization,Cultural Change, and Democracy: The Human Development Sequence* (Cambridge: Cambridge University Press, 2005).

7 Michele Dillon, 'Asynchrony in attitudes toward abortion and gay rights: the challenge to values alignment', *Journal for the Scientific Study of Religion* 53 (1) (March 2014): 1-16.

第6章｜市場の数式

1　たとえば、Jean-Philippe Bouchaud, 'Power laws in economics and finance: some ideas from physics', *Quantitative Finance* 1 (1) (September 2000): 105-12およびRosario N. Mantegna and H. Eugene Stanley, 'Turbulence and financial markets', *Nature* 383(6601) (October 1996): 587を参照。

2　$\sqrt{n}=n^{1/2}$である点に注意。したがって、$n>1$ならば、$n^{2/3}$は$n^{1/2}$よりも大きい。

3　Nassim Nicholas Taleb, *Fooled by Randomness:The Hidden Role of Chance in Life and in the Markets* (London: Random House, 2005)（邦訳：ナシーム・ニコラス・タレブ『まぐれ ── 投資家はなぜ、運を実力と勘違いするのか』望月衛訳、ダイヤモンド社、2008年）、Nassim Nicholas Taleb, *The Black Swan: The Impact of the Highly Improbable* (London: Allen Lane, 2007)（邦訳：ナシーム・ニコラス・タレブ『ブラック・スワン ── 不確実性とリスクの本質』望月衛訳、ダイヤモンド社、2009年）、Robert J. Shiller, *Irrational Exuberance*, revised and expanded third edition (Princeton, NJ: Princeton University Press, 2015).（邦訳：ロバート・J・シラー『投機バブル 根拠なき熱狂 ── アメリカ株式市場、暴落の必然』植草一秀監訳、沢崎冬日訳、ダイヤモンド社、2001年）

4　David M. Cutler, James M. Poterba and Lawrence H. Summers, 'What moves stock prices?', NBER Working Paper No. 2538, National Bureau of Economic Research, March 1988.

5　Paul C. Tetlock, 'Giving content to investor sentiment: the role of media in the stock market', *Journal of Finance* 62 (3) (2007): 1139-68.

6　Werner Antweiler and Murray Z. Frank, 'Is all that talk just noise? The information content of Internet stock message boards', *Journal of Finance* 59 (3) (2004): 1259-94.

7　John Detrixhe, 'Don't kid yourself—nobody knows what really triggered the market melt-down', *Quartz*, 13 February 2018; at 〈https://qz.com/1205782/nobody-really-knows-why-stock-markets-went-haywire-last-week/〉.

8　彼はその結果を次の論文で発表した。Greg Laughlin, 'Insights into high frequency trading from the Virtu initial public offering', paper published online 2015; at 〈https://online.wsj.com/public/resources/documents/VirtuOverview.pdf〉. また、Bradley Hope, 'Virtu's losing day was 1-in-1,238: odds say it shouldn't have happened at all', *Wall Street Journal*, 13 November 2014; at 〈https://blogs.wsj.com/moneybeat/2014/11/13/virtus-losing-day-was-1-in-1238-odds-says-it-shouldnt-have-happened-at-all/〉も参照。

少ないことを証明するには、次のように、人物jのフォローする人々全員のフォロワー数の期待値（平均）を計算すればよい。

$$\mathrm{E}[X_i=k|j\ \text{フォロー}\ i]=\Sigma_k k\cdot P(X_i=k|j\ \text{フォロー}\ i)=\Sigma_k \frac{k^2\cdot P(X_i=k)}{\mathrm{E}[X_i]}$$

$$=\Sigma_k \frac{\mathrm{E}[X_i]^2+\mathrm{Var}[X_i]}{\mathrm{E}[X_i]}$$

よって、

$$\mathrm{E}[X_i=k|j\ \text{フォロー}\ i]=\mathrm{E}[X_i]+\frac{\mathrm{Var}[X_i]}{\mathrm{E}[X_i]}>\mathrm{E}[X_i]$$

となる。

$\mathrm{E}[X_i]=\mathrm{E}[X_j]$というのは、この社会的ネットワークの全員に対して成り立つので、人物jのフォロワー数の期待値は、人物iより小さくなる（人物iが人物jにフォローされていると仮定した場合）。

6 Nathan O. Hodas, Farshad Kooti and Kristina Lerman, 'Friendship paradox redux: your friends are more interesting than you', in *Proceedings of the Seventh International AAAI Conference on Weblogs and Social Media*, 2013.

7 次の論文として発表済み。Michaela Norrman and Lina Hahlin, 'Hurtänker Instagram? En statistisk analys av två Instagramflöden'「Instagramはどう考えるのか？　ふたつのインスタグラムアカウントの統計的分析」（学士論文）, Mathematics department, University of Uppsala, 2019. 〈http://urn.kb.se/resolve?urn＝urn:nbn:se:uu:diva-388141〉より取得した。

8 Amanda Törner, 'Anitha Schulman: "Instagram går mot en beklaglig framtid"'「インスタグラムは不幸な未来へと向かいつつある」, Dagens Media, 5 March 2018; at 〈https://www.dagensmedia.se/medier/anitha-schulman-instagram-gar-mot-en-beklaglig-framtid-6902124〉.（アニータ・シュルマンの旧姓はクレメンス）

9 Kelley Cotter, 'Playing the visibility game:how digital influencers and algorithms negotiate influence on Instagram', *New Media & Society* 21 (4) (April 2019): 895-913.

10 Lawrence Page, 'Method for node ranking in a linked database', US Patent 6,285,999 B1, issued 4 September 2001; at 〈https://patentimages.storage.googleapis.com/37/a9/18/d7c46ea42c4b05/US6285999.pdf〉.

第5章｜影響力の数式

1　ここでは、国連の定義する都市の規模を用いている。*The World's Cities in 2018—Data Booklet* (ST/ESA/SER.A/417), United Nations, Department of Economic and Social Affairs, Population Division (2018) を参照。

2　行列の掛け算の方法は次のとおり。

$$\begin{bmatrix} 0 & 1/2 & 0 & 0 & 0 \\ 1/2 & 0 & 1/3 & 1/3 & 1/3 \\ 1/2 & 1/2 & 0 & 1/3 & 1/3 \\ 0 & 0 & 1/3 & 0 & 1/3 \\ 0 & 0 & 1/3 & 1/3 & 0 \end{bmatrix} \cdot \begin{bmatrix} 1 \\ 0 \\ 0 \\ 0 \\ 0 \end{bmatrix} = \begin{bmatrix} 0\cdot1+1/2\cdot0+0\cdot0+0\cdot0+0\cdot0 \\ 1/2\cdot1+0\cdot0+1/3\cdot0+1/3\cdot0+1/3\cdot0 \\ 1/2\cdot1+1/2\cdot0+0\cdot0+1/3\cdot0+1/3\cdot0 \\ 0\cdot1+0\cdot0+1/3\cdot0+0\cdot0+1/3\cdot0 \\ 0\cdot1+0\cdot0+1/3\cdot0+1/3\cdot0+0\cdot0 \end{bmatrix} = \begin{bmatrix} 0 \\ 1/2 \\ 1/2 \\ 0 \\ 0 \end{bmatrix}$$

ほかの行列の掛け算も、法則は同じ。行列内の各行の各項に、列ベクトルの項を掛ける。新しいベクトルは、すべての項にわたる掛け算の和となる。

3　この研究分野について、学術的な観点から詳しく学びたい方には、Mark Newman, *Networks*, 2nd edition (Oxford: Oxford University Press, 2018) をお勧めする。

4　Scott L. Feld, 'Why your friends have more friends than you do', *American Journal of Sociology* 96 (6) (1991): 1464-77.

5　ここで、この結果をより厳密に証明しよう。$P(Xi=k)$ を、人物iがk人のフォロワーを持つ確率とする。まず、ひとりの人物jを選び、jのフォローする人々から人物iを選ぶことを考えよう。人物iがX_i人のフォロワーを持つ確率は$P(Xj=k)$ と書ける。この確率は、ベイズの定理（数式 (2)）を使って次のように計算できる。

$$P(X_i=k|j\ \text{フォロー}\ i)=\frac{P(j\ \text{フォロー}\ i|X_i=k)\cdot P(X_i=k)}{\Sigma_{k'}P(j\ \text{フォロー}\ i|X_i=k')\cdot P(X_i=k')}$$

Nをグラフ内のエッジの合計数とすると、$P(j$がiをフォロー$|Xi=k)=k/N$が成り立つので、

$$P(X_i=k|j\ \text{フォロー}\ i)=\frac{(k/N)\cdot P(X_i=k)}{\Sigma_{k'}(k'/N)\cdot P(X_i=k')}=\frac{k\cdot P(X_i=k)}{\Sigma_{k'}k'\cdot P(X_i=k')}=\frac{k\cdot P(X_i=k)}{\mathrm{E}[X_i]}$$

となる。よって、$k>\mathrm{E}[X_i]$ ならば$P(X_i=k|j$がiをフォロー$)>P(X_i=k)$ となり、同様に、$k<\mathrm{E}[X_i]$ ならば$P(X_i=k|j$がiをフォロー$)<P(X_i=k)$ となる。このことから、ランダムに選び出された人物にフォローされているランダムな人物は、ランダムに選び出された人物よりもフォロワー数が多い確率が高いことがわかる。

ランダムに選び出された人物が、その人のフォローする平均的な人物よりフォロワー数が

$(M|D)$ の値を更新し、よりよい判断ができるようになる。当初の $P(M)$ はあっという間に関係なくなるはずだ。

34 スカンジナビアのトーク番組「*Skavlan*」の2018年11月のインタビューより。

35 これらの引用は、ピーターソンの2019年2月のブログ記事より。'The gender scandal: part one (Scandinavia) and part two (Canada)'; at 〈https://www.jordanbpeterson.com/political-correctness/the-gender-scandal-part-one-scandinavia-and-part-two-canada/〉.

36 Janet Shibley Hyde, 'The gender similarities hypothesis', *American Psychologist* 60 (6) (September 2005): 581-92.

37 Ethan Zell, Zlatan Krizan and Sabrina R. Teeter, 'Evaluating gender similarities and differences using metasynthesis', *American Psychologist* 70 (1) (January 2015): 10-20.

38 Janet Shibley Hyde, 'Gender similarities and differences', *Annual Review of Psychology* 65 (January 2014): 373-98.

39 Gina Rippon, *The Gendered Brain:The New Neuroscience that Shatters the Myth of the Female Brain* (London: Bodley Head, 2019).

第4章｜スキルの数式

1 エイヤー本人の語る様子は、'A. J. Ayer on Logical Positivism and its legacy' (1976) ; at 〈https://www.youtube.com/watch?v＝nG0EWNezFl4〉で視聴できる。

2 Kevin Reichard, 'Measuring MLB's winners and losers in costs per win', *Ballpark Digest*, 8 October 2013; at 〈https://ballparkdigest.com/201310086690/major-league-baseball/news/measuring-mlbs-winner-and-losers-in-costs-per-win〉.

3 George R. Lindsey, 'An investigation of strategies in baseball', *Operations Research* 11 (4) (July-August 1963): 477-501.

4 Bruce Schoenfeld, 'How data (and some breathtaking soccer) brought Liverpool to the cusp of glory', *New York Times Magazine*, 22 May 2019; at 〈https://www.nytimes.com/2019/05/22/magazine/soccer-data-liverpool.html〉.

26 Allison Master, Sapna Cheryan and Andrew N. Meltzoff, 'Computing whether she belongs: stereotypes undermine girls' interest and sense of belonging in computer science', *Journal of Educational Psychology* 108 (3) (April 2016): 424-37.

27 John A. Ross, Garth Scott and Catherine D. Bruce, 'The gender confidence gap in fractions knowledge: gender differences in student belief-achievement relationships', *School Science and Mathematics* 112 (5) (May 2012): 278-88.

28 Emily T. Amanatullah and Michael W. Morris, 'Negotiating gender roles: gender differences in assertive negotiating are mediated by women's fear of backlash and attenuated when negotiating on behalf of others', *Journal of Personality and Social Psychology* 98 (2) (February 2010): 256-67.

29 数学やエンジニアリングにおけるこうした問題について包括的にまとめたものとして、Sapna Cheryan, Sianna A. Ziegler, Amanda K. Montoya and Lily Jiang, 'Why are some STEM fields more gender balanced than others?', *Psychological Bulletin* 143 (1) (January 2017): 1-35およびStephen J. Ceci, Donna K. Ginther, Shulamit Kahn and Wendy M. Williams, 'Women in academic science: a changing landscape', *Psychological Science in the Public Interest* 15 (3) (November 2014): 75-141を参照。

30 Conor Friedersdorf, 'Why can't people hear what Jordan Peterson is saying?', *The Atlantic*, 22 January 2018; at 〈https://www.theatlantic.com/politics/archive/2018/01/putting-monsterpaint-onjordan-peterson/550859/〉より。

31 この方法論についてのわかりやすい学術的説明として、Peter Hedström and Peter Bearman (eds), *The Oxford Handbook of Analytical Sociology* (Oxford: Oxford University Press, 2011) がある。

32 Joseph C. Rode, Marne L. Arthaud-Day, Christine H. Mooney, Janet P. Near and Timothy T. Baldwin, 'Ability and personality predictors of salary, perceived job success, and perceived career success in the initial career stage', *International Journal of Selection and Assessment* 16 (3) (September 2008): 292-99.

33 あくまでも学者ぶって63%対37%の情報を使うと言い張るなら、それはそれでかまわないけれど、それなら同じアプローチを貫くべきだ。ひとつ前の章に戻って、ジェーンとジャックに話しかけるときに判断の数式を適用するのが筋だろう。まず、モデルMを「ジェーンのほうがジャックよりも同調性が高い」と定義し、$P(M)=63\%$とする。次に、部屋に入り、ふたりにまったく同じように話しかけてみよう。ちょっとしたアイコンタクトや二言三言を交わすだけでも、ふたりの同調性についてのデータDが十分に得られるだろう。そうすれば、P

15 Marianne Bertrand and Sendhil Mullainathan, 'Are Emily and Greg more employable than Lakisha and Jamal? A field experiment on labor market discrimination', *American Economic Review* 94 (4) (September 2004): 991-1013.

16 Zinzi D. Bailey, Nancy Krieger, Madina Agénor, Jasmine Graves, Natalia Linos and Mary T. Bassett, 'Structural racism and health inequities in the USA: evidence and interventions', *The Lancet* 389 (10077) (April 2017): 1453-63.

17 これは私が役立つと思う経験則だが、少し数学的な説明が必要だ。この例では、人口全体のうち、特定の種類の人々（たとえば白人）の占める割合はpだ。分散は$p=1/2$のときに最大となるので、すべてのpの値に対して、分散は$1/2(1-1/2)=1/4$未満となり、標準偏差は1/2未満となる。1.96はほぼ2に等しいので、標本pに対する信頼区間は、$1.96\frac{1/2}{\sqrt{n}} \approx 1/\sqrt{n}$ となる。よって、経験則が成り立つ。

18 一例として、Karl Pearson, 'Historical note on the origin of the Normal Curve of Errors', *Biometrika* 16 (3-4) (December 1924): 402-4にて議論されている。

19 Tukufu Zuberi and Eduardo Bonilla-Silva (eds), *White Logic, White Methods: Racism and Methodology* (Lanham, MD: Rowman & Littlefield Publishers, 2008).

20 John Staddon, 'The devolution of social science', *Quillette*, 7 October 2018; at 〈https://quillette.com/2018/10/07/the-devolution-of-social-science/〉.

21 Jordan B. Peterson, *12 Rules for Life: An Antidote to Chaos* (Toronto, ON: Penguin Random House Canada, 2018).（邦訳：ジョーダン・ピーターソン『生き抜くための12のルール ―― 人生というカオスのための解毒剤』中山宥訳、朝日新聞出版、2020年）

22 たとえば、スカンジナビアのトーク番組「*Skavlan*」の2018年11月のインタビューより。

23 Katrin Auspurg, Thomas Hinz and Carsten Sauer, 'Why should women get less? Evidence on the gender pay gap from multifactorial survey experiments', *American Sociological Review* 82 (1) (2017): 179-210.

24 Corinne A. Moss-Racusin, John F. Dovidio, Victoria L. Brescoll, Mark J. Graham and Jo Handelsman, 'Science faculty's subtle gender biases favor male students', *Proceedings of the National Academy of Sciences* 109(41) (October 2012): 16474-79.

25 Eric P. Bettinger and Bridget Terry Long, 'Do faculty serve as role models? The impact of instructor gender on female students', *American Economic Reviews* 95 (2) (May 2005):152-57.

8 Richard E. Just and Quinn Weninger, 'Are crop yields normally distributed?' *American Journal of Agricultural Economics* 81(2) (May 1999): 287-304.

9 Nate Silver, *The Signal and the Noise: The Art and Science of Prediction* (London: Allen Lane, 2012).（邦訳：ネイト・シルバー『シグナル&ノイズ――天才データアナリストの「予測学」』川添節子訳、日経BP、2013年）

10 $$\sigma^2 = \frac{1}{3}\cdot(0-(-1))^2 + \frac{2}{3}\cdot\left(0-\frac{1}{2}\right)^2 = \frac{1}{3}+\frac{1}{6}=\frac{1}{2}$$

よって、標準偏差は$\sigma = 0.71$。

11 これらの値は、自分がまちがいを犯しておらず、hが実際に0以下であるということを（95%ではなく）97.5%確信するために必要な観測回数を示す。確実性が97.5%となるのは、95%の信頼区間には、hの下限と上限、その両方が含まれるからだ。私たちが自分の優位性を過小評価している確率、つまり優位性が信頼区間の示す値より大きい確率も、2.5%ある。しかし、優位性を過小評価するのは、ギャンブルで儲けるうえでは問題にならないので、憂慮すべきなのは、優位性を過大評価している2.5%の確率のほうだ。また、ここでは優位性は正、つまり$h>0$と仮定しているが、優位性を負とし、hを－hで置き換えても、同じ結果が成り立つ。

12 いくつかのホテルについて標準偏差を確かめた結果、1を少し下回ることが多かった。たとえば、0.8くらいだ。しかし、1と仮定するのは十分に合理的だろう。

13 Mahmood Arai, Moa Bursell and Lena Nekby, 'The reverse gender gap in ethnic discrimination: employer stereotypes of men and women with Arabic names', *International Migration Review* 50 (2) (2016): 385-412.

14 外国生まれの名前に対する反応の分散は、

$$\sigma_F^2 = \frac{43}{187}\left(1-\frac{43}{187}\right)^2 + \frac{(187-43)}{187}\left(0-\frac{43}{187}\right)^2 = 0.177$$

一方、スウェーデン人の名前に対する反応の分散は、

$$\sigma_S^2 = \frac{79}{187}\left(1-\frac{79}{187}\right)^2 + \frac{(187-79)}{187}\left(0-\frac{79}{187}\right)^2 = 0.244$$

したがって、分散の合計は、$\sigma^2 = \sigma_F^2 + \sigma_S^2 = 0.177 + 0.244 = 0.421$となり、$\sigma = 0.6488$となる。計算の誤りを指摘してくれたロルフ・ラーションにお礼を言いたい。

(7693) (February 2018): 432-34.

15 この結果はもともと、イギリスのティーンエイジャー調査からのもの。Andrew K. Przybylski and Netta Weinstein, 'A large-scale test of the Goldilocks hypothesis: quantifying the relations between digital-screen use and the mental well-being of adolescents', *Psychological Science* 28 (2) (January 2017): 204-15を参照。

第3章｜信頼の数式

1 ド・モアブルが1738年の確率に関する著書の第2版のなかで（対数形式で）書き出した正規曲線の式は、次のとおり。

$$\frac{1}{\sqrt{2\pi\sigma^2}}\exp\left(-\frac{(x-\mu)^2}{2\sigma^2}\right)$$

ここで、μは平均、σは標準偏差。

2 第3版と最終版は、Google Booksで閲覧できる。Abraham de Moivre, *The Doctrine of Chances: Or, A Method of Calculating the Probabilities of Events in Play. The Third Edition* (London: A. Millar, 1756).

3 配られた5枚のカードに2枚のAがある確率を考えるときは、まず1枚目でAが配られる確率(4/52)に、2枚目でもAが配られる確率(3/51)を掛け、続けて次の3枚でAを配られない確率(それぞれ48/50、47/49、46/48)を掛ければよい。これで、最初の2枚がA、残りの3枚がAでない確率が求められるが、5枚のカードのなかの2枚のAが取りうる順序は、10通り存在することも忘れてはならない。よって、全体的な確率は、次のようになる。

$$10\cdot\frac{4\cdot3\cdot48\cdot47\cdot46}{52\cdot51\cdot50\cdot49\cdot48}=\frac{259440}{6497400}=\frac{2162}{54145}=4\%$$

4 Helen M. Walker, 'De Moivre on the law of normal probability' (2006) ; at 〈https://www.semanticscholar.org/paper/DE-MOIVRE-ON-THE-LAW-OF-NORMAL-PROBABILITY-Walker/d40c10d50e86f0ceed1a059d81080a3bd9b56ffd#citing-papers〉.

5 中心極限定理の歴史については、次にまとめられている。Lucien Le Cam, 'The central limit theorem around 1935', *Statistical Science* 1(1) (1986): 78-91.

6 ただし、ひとつ注意がある。この結果が成り立つためには、各測定値の平均と標準偏差が有限でなければならない。

7 統計は、〈https://stats.nba.com/search/team-game/〉より。

$\theta=0.98$とし、太陽が昇る真の確率を98%と仮定しよう。だとしたら、観測した100日すべてで太陽が昇ったとしても、驚きはしないだろう。この場合、100日連続で太陽が昇る確率は、$0.98^{100}=13.3\%$ある。小さいが無視できるほどではない。同じロジックは、$\theta=0.985$（$0.985^{100}=22.1\%$）や、$\theta<0.99$のほかの値にも当てはまる。実際には、θの値は99%を超えるだろうが、99%より小さいことも十分にありうるのだ（厳密にいうと、36.2%の確率）。

4 David Hume, *An Enquiry Concerning Human Understanding* (London, 1748).（邦訳：デイヴィッド・ヒューム『人間知性研究』斎藤繁雄・一ノ瀬正樹訳、法政大学出版局、2004年）

5 この引用と当段落の議論は、David Owen, 'Hume *versus* Price on miracles and prior probabilities: testimony and the Bayesian calculation', *Philosophical Quarterly* 37(147) (April 1987): 187-202より。

6 興味のある方は、注2の式を参考にして、実際に計算を行なってみてほしい。

7 同上。

8 Martha K. Zebrowski, 'Richard Price: British Platonist of the eighteenth century', *Journal of the History of Ideas* 55 (1) (January 1994): 17-35.

9 Richard Price, *Observations on Reversionary Payments...To Which Are Added, Four Essays on Different Subjects in the Doctrine of Life-Annuities...A New Edition, With a Supplement, etc.*, Vol. 2 (London: T. Cadell, 1792).

10 Geoffrey Poitras, 'Richard Price, miracles and the origins of Bayesian decision theory', *European Journal of the History of Economic Thought* 20 (1) (February 2013): 29-57.

11 Richard Price and Anne-Robert-Jacques Turgot, *Observations on the Importance of the American Revolution, and the Means of Making it a Benefit to the World* (London: T. Cadell, 1785).

12 Ian Vernon, Michael Goldstein and Richard G. Bower, 'Galaxy formation: a Bayesian uncertainty analysis', *Bayesian Analysis* 5 (4) (2010): 619-69.

13 Christine Carter, 'Is screen time toxic for teenagers?', *Greater Good Magazine*, 27 August 2018; at 〈https://greatergood.berkeley.edu/article/item/is_screen_time_toxic_for_teenagers〉.

14 Candice L. Odgers, 'Smartphones are bad for some adolescents, not all', *Nature* 554

8 Ruth N. Bolton and Randall G. Chapman, 'Searching for positive returns at the track: a multinomial logit model for handicapping horse races', *Management Science* 32(8) (August 1986):1040-60.

9 David R. Cox, 'The regression analysis of binary sequences', *Journal of the Royal Statistical Society: Series B(Methodological)* 20(2)(1958): 215-32.

第2章｜判断の数式

1 1000万分の1という数値は、精密な値ととらえないでほしい。イギリス民間航空局の報告書 *Global Fatal Accident Review 2002 to 2011*, CAP 1036 (June 2013) の推定によると、2002年から2011年までのフライトにおける致命的な事故は、100万回のフライト当たり0.6件だった（テロ攻撃は除く）。致命的な事故で全員が死ぬわけではないし、国によって統計は異なるので、厳密な値を出すのは難しいが、いずれにせよ数百万分の1という小さなスケールではあるだろう。

2 ベイズの法則（数式（2））からこの式を導出するには、積分の知識が必要になる。0から1までの連続した値を取りうるθのような測定値の場合、ベイズの法則は次のように書かれる。

$$p(\theta|D)=\frac{P(D|\theta)\cdot p(\theta)}{\int_0^1 P(D|x)\cdot p(x)dx}$$

ここで、関数$p(\ )$は密度関数と呼ばれるものだ。分母はθの取りうるすべての値に対する積分であり、数式（2）における和と同じ役割を果たす。ここから、次のように書ける。

$$\mathrm{P}(\theta>0.99|100\text{ 日の出})$$

$$=\int_{0.99}^1 p(\theta|100\text{ 日の出})d\theta=\frac{\int_{0.99}^1 p(100\text{ 日の出}|\theta)\cdot p(\theta)d\theta}{\int_0^1 p(100\text{ 日の出}|x)\cdot p(x)dx}$$

ここから、$p(100\text{回連続の日の出}|\theta)=\theta^{100}$は、特定の日に太陽が昇る確率を$\theta$とした場合に、100回連続で太陽が昇る確率だとわかる。次に、項$p(x)=1$と設定する。この式が言わんとしているのは、男性が地球にやってくる前、xはどの値も等しく取りうるという仮定であり、ベイズが地球に初めてやってきた男性の問題について記述するときに立てた仮定と同じである。これらの値を上の式に代入すると、

$$p(\theta>0.99|100\text{ 日の出})=\frac{\int_{0.99}^1 \theta^{100}\cdot 1d\theta}{\int_0^1 \theta^{100}\cdot 1dx}=\frac{(1-0.99^{101})/101}{1/101}=1-0.99^{101}\approx 0.638$$

となり、本文で示したとおりになる。

3 この結果はかなり直感に反するけれど、数学的に正しい。まだ納得できない人のため、

原注

第1章｜賭けの数式

1　当該の記事は、出版プラットフォームMediumにて発表された。〈https://soccermatics.medium.com/if-you-had-followed-the-betting-advice-in-soccermatics-you-would-now-be-very-rich-1f643a4f5a23〉を参照。このモデルについては、拙著『サッカーマティクス――数学が解明する強豪チーム「勝利の方程式」』（千葉敏生訳、光文社、2017年）で詳しく説明している。

2　賭けるたびに持ち金が1.0003倍になる（1回当たり0.03%の増加）とする。1年間、毎日100回ずつ賭ければ、年末時点の持ち金は$1{,}000 \times 1.0003^{100 \times 365} = 56{,}860{,}593.80$になると期待される。

3　ある事象が起こるオッズと起こらないオッズを掛けて1に等しくなるとき、そのブックメーカーのオッズは公平である。たとえば、片方のチームの勝利のオッズが3/2なら、引き分けまたは相手チームの勝利のオッズは合計2/3でなければならない（$3/2 \times 2/3 = 1$なので）。現実には、ブックメーカーが公平なオッズを提示することはありえない。したがって、上記の例の場合、オッズはそれぞれ7/5と4/7というふうになるだろう（$7/5 \times 4/7 < 1$となる）。この場合、ブックメーカーの利ざやは、$1/(1+7/5)+1/(1+4/7)-1=0.05$（5%）となる。

4　1回当たりの損益の期待値は、

$$\frac{2}{5}\times\frac{7}{5}+\frac{3}{5}\times-1=\frac{14}{25}-\frac{15}{25}=-\frac{1}{25}$$

なので、1回当たり4セントの損失となる。

5　5回連続で失敗したとしても、くよくよしすぎる必要はない。各面接の合格率が5分の1だとすれば、5回連続で失敗する可能性も$(1-1/5)^5=33\%$くらいはあるのだ。

6　William Benter, ‘Computer based horse race handicapping and wagering systems:a report’, in Donald B. Hausch, Victor S. Y. Lo and William T. Ziemba (eds) , *Efficiency of Racetrack Betting Markets* revised edn (Singapore: World Scientific Publishing Co. Pte Ltd, 2008) , pp.183-98.

7　Kit Chellel, ‘The gambler who cracked the horse-racing code’, *Bloomberg Businessweek*, 3 May 2018; at 〈https://www.bloomberg.com/news/features/2018-05-03/the-gambler-who-cracked-the-horse-racing-code〉.

世界《せかい》を支配《しはい》する人々《ひとびと》だけが知《し》っている10の方程式《ほうていしき》
成功《せいこう》と権力《けんりょく》を手《て》にするための数学講座《すうがくこうざ》

2022年10月30日　初版1刷発行

著者 ―――― デイヴィッド・サンプター
訳者 ―――― 千葉敏生《ちばとしお》
装幀・本文デザイン ―――― Malpu Design（清水良洋　佐野佳子）
編集協力 ―――― 津田正（北烏山編集室）
発行者 ―――― 三宅貴久
組版 ―――― 新藤慶昌堂
印刷所 ―――― 新藤慶昌堂
製本所 ―――― ナショナル製本
発行所 ―――― 株式会社光文社
〒112-8011　東京都文京区音羽1-16-6
電話 ―――― 翻訳編集部 03-5395-8162
書籍販売部 03-5395-8116
業務部 03-5395-8125

落丁本・乱丁本は業務部へご連絡くだされば、お取り替えいたします。

ISBN978-4-334-96260-9 Printed in Japan

■好評既刊

デイヴィッド・サンプター 著　千葉敏生・橋本篤史 訳

数学者が検証！ アルゴリズムはどれほど人を支配しているのか？

あなたを分析し、操作するブラックボックスの真実

四六判・ソフトカバー

データの錬金術師たちに惑わされるな

検索サイト、SNS、ネット通販を使うたび、私たちの行動と嗜好は、特定のアルゴリズムに分析され、リターゲティング広告やフェイクニュース含む情報配信、あるいは危険分子の監視に利用されている。だが実のところそれはどれほど正確で公正で効果的なのか。人気数学者がアルゴリズムとAIの現在の到達点、将来の可能性と限界を評価。AI脅威論の真実に迫る。

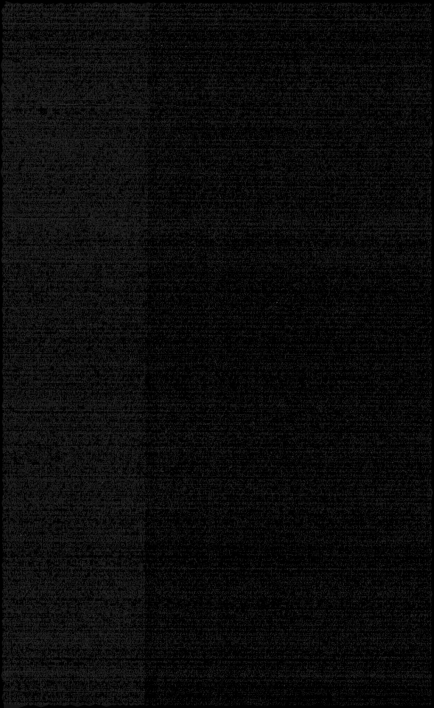